电焊机维修技术

张永吉　乔长君　等编

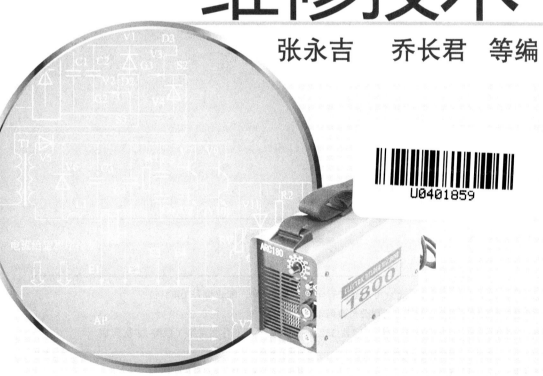

化学工业出版社
·北京·

图书在版编目（CIP）数据

电焊机维修技术/张永吉，乔长君等编 .—北京：化学工业出版社，2010.10（2025.6重印）
ISBN 978-7-122-09381-3

Ⅰ．电… Ⅱ．①张…②乔… Ⅲ．电弧焊-焊机-维修 Ⅳ．TG434

中国版本图书馆CIP数据核字（2010）第166761号

责任编辑：高墨荣　　　　　　　　装帧设计：王晓宇
责任校对：王素芹

出版发行：化学工业出版社（北京市东城区青年湖南街13号　邮政编码100011）
印　　装：北京科印技术咨询服务有限公司数码印刷分部
787mm×1092mm　1/16　印张14¼　字数352千字　2025年6月北京第1版第22次印刷

购书咨询：010-64518888　　　　　　　售后服务：010-64518899
网　　址：http://www.cip.com.cn
凡购买本书，如有缺损质量问题，本社销售中心负责调换。

定　　价：38.00元　　　　　　　　　　　　　　　　　　　　版权所有　违者必究

前　言

近年来，电焊机正以惊人的速度改进和发展，数量、品种不断增多，电焊机维修人员渴望能有一本比较系统的电焊机故障维修方面的书籍，因此，我们根据多年积累的电焊机检修资料整理编写了本书，以期能对维修人员的实际工作提供一定的帮助。

本书收集了常见电焊机的电气原理图及技术参数，主要包括交流弧焊机、CO_2 半自动电焊机、钨极氩弧焊机、埋弧自动焊机、硅整流弧焊机、晶闸管整流式弧焊机、IGBT 逆变式弧焊机及空气等离子切割机等机型，同时列举了各类常用电焊机的检修实例，对故障的性质和产生的原因进行了分析，提出了故障的排除方法，并在书后附有电焊机常用配套件。

本书由长期工作在生产检修一线、具有丰富实践经验的工程技术人员编写，注重解决维护保养中的难题，书中案例都是难得的经验之作。

本书具有以下特点：

(1) 真实性。本书收集的数据、电路原理图都来源于生产厂家的说明书及各专业参考书籍，真实可靠。

(2) 实用性。本书的检修方法都来源于实践，原理分析与维修过程紧密联系，突出技能和技巧。

(3) 完整性。本书既介绍了传统焊接设备，也介绍了近几年刚刚兴起的逆变式弧焊机，并且着重加以阐述。

本书可供从事电焊机维修工作的电工和电气技术人员阅读，也可供具有一定经验的焊工及焊接技术人员参考。

参加本书编写的有张永吉、乔长君、马天钊、汪深平、马军、杨春林、姜延国等。

由于编者水平有限，书中不妥之处，欢迎广大读者批评指正。

编　者

目 录

第1章 电焊机维修基础知识 ……………………………………………………… 1
1.1 电焊机维修人员应掌握的知识 …………………………………………… 1
1.1.1 对维修人员的要求 ………………………………………………… 1
1.1.2 焊接设备故障排除的一般方法 …………………………………… 1
1.1.3 维修人员应掌握的技能 …………………………………………… 2
1.1.4 电焊机故障的分类 ………………………………………………… 3
1.2 电焊机常用材料 …………………………………………………………… 3
1.2.1 电焊机用导电材料 ………………………………………………… 7
1.2.2 电焊机用绝缘材料 ………………………………………………… 8
1.2.3 电焊机用导磁材料 ………………………………………………… 12
1.3 电焊机修理常用设备、仪表及工具 ……………………………………… 15
1.3.1 电焊机修理常用设备 ……………………………………………… 15
1.3.2 电焊机修理常用仪表 ……………………………………………… 16
1.3.3 电焊机修理常用工具 ……………………………………………… 16
1.4 线圈绕制工艺 ……………………………………………………………… 16
1.4.1 多匝绕组的绕制 …………………………………………………… 17
1.4.2 铁芯的制造与修理 ………………………………………………… 19
1.4.3 铁芯夹紧螺杆与夹件的绝缘 ……………………………………… 21
1.4.4 导线的接长方法 …………………………………………………… 21
1.4.5 大截面的铜导线缺损的焊补 ……………………………………… 23
1.4.6 电缆与接头的冷压连接 …………………………………………… 23

第2章 交流弧焊机检修 …………………………………………………………… 24
2.1 交流弧焊机的结构及工作原理 …………………………………………… 24
2.1.1 同体式交流弧焊变压器的结构及工作原理 ……………………… 24
2.1.2 分体式交流弧焊变压器的结构及工作原理 ……………………… 26
2.1.3 动铁分磁半开式交流弧焊变压器的结构及工作原理 …………… 27
2.1.4 动绕组增强漏磁式交流弧焊变压器的结构及工作原理 ………… 29
2.1.5 动铁分磁全开式交流弧焊变压器的结构及原理 ………………… 30
2.2 弧焊变压器技术数据 ……………………………………………………… 32
2.3 交流电焊机的故障原因及处理方法 ……………………………………… 37
2.3.1 动铁式交流弧焊机的维修 ………………………………………… 37
2.3.2 动圈式交流弧焊机的维修 ………………………………………… 39
2.3.3 抽头式交流弧焊机的维修 ………………………………………… 42

第3章 CO_2 半自动电焊机维修 ………………………………………………… 44
3.1 CO_2 半自动电焊机的工作原理 …………………………………………… 44

3.1.1	CO_2 电弧焊的特点和应用	44
3.1.2	焊接材料	44
3.1.3	焊接规范选择	45
3.1.4	基本操作技术	46

3.2 日本大阪 X 系列 CO_2 半自动电焊机 ············ 47
   3.2.1 概述 ············ 47
   3.2.2 日本大阪 X 系列（XⅢ-500PS）CO_2 半自动电焊机故障分析和处理 ············ 58
   3.2.3 NBC-250 型 CO_2 气体保护半自动电焊机 ············ 63

3.3 MBC-500S 型 CO_2 自动电焊机故障分析及维修 ············ 68
   3.3.1 MBC-500S 型 CO_2 自动电焊机结构组成 ············ 68
   3.3.2 故障分析及维修 ············ 68

3.4 NBC-200 型 CO_2 气体保护半自动电焊机故障分析及维修 ············ 72
   3.4.1 NBC-200 型 CO_2 气体保护电焊机基本原理 ············ 72
   3.4.2 CO_2 气体保护半自动弧焊机的维护保养 ············ 74
   3.4.3 NBC-200 型半自动 CO_2 电焊机常见故障分析和处理 ············ 77

3.5 Thyarc 牌 NBC-400 型逆变式 CO_2 气体保护电焊机、NBM-400 型逆变式脉冲 MIG/MAG 电焊机的故障处理 ············ 79
   3.5.1 基本原理 ············ 79
   3.5.2 NBC-400 型逆变式 MAG/CO_2 气体保护电焊机故障检修 ············ 80

3.6 气体保护电焊机技术数据 ············ 83

第 4 章 钨极氩弧焊机检修 ············ 86

4.1 氩弧焊机基本原理 ············ 86
   4.1.1 手工直流钨极氩弧焊机原理 ············ 86
   4.1.2 NSA-500-1 型手工交流钨极氩弧焊机原理 ············ 87

4.2 其他钨极氩弧焊机电路图及技术参数 ············ 90
   4.2.1 NSA-300 型直流手工钨极氩弧电路 ············ 90
   4.2.2 KW 型手工钨极氩弧焊机控制电路 ············ 90
   4.2.3 钨极氩弧焊机主要技术数据 ············ 90

4.3 钨极氩弧焊机的使用及维护保养 ············ 93
   4.3.1 钨极氩弧焊机的组成和特点 ············ 93
   4.3.2 直流氩弧焊与脉冲氩弧焊的区别 ············ 96
   4.3.3 焊前准备和焊前清洗 ············ 96
   4.3.4 焊接规范参数 ············ 96
   4.3.5 焊接操作 ············ 97
   4.3.6 手工钨氩弧焊机维护保养 ············ 97

4.4 钨极氩弧焊机检修实例 ············ 99
   4.4.1 NSA4-300 型手工直流钨极氩弧整流电路故障分析及处理 ············ 99
   4.4.2 NSA-500-1 型手工交流钨极氩弧焊机故障分析及处理 ············ 101
   4.4.3 NSA-300 型手工直流钨极氩弧整流电路故障分析及处理 ············ 103
   4.4.4 KW 型手工钨极氩弧机控制箱常见故障与处理 ············ 107

第 5 章 埋弧自动焊机检修 ············ 109

5.1 埋弧自动焊机的工作原理 ············ 109
   5.1.1 MZ-1000 型交流埋弧焊机工作原理 ············ 109

5.1.2　MZ1-1000 型交流自动埋弧焊机工作原理 …………………………… 112
　5.2　埋弧自动焊机其他电路 ……………………………………………………… 114
　5.3　埋弧自动焊机的维护和使用 ………………………………………………… 116
　　　5.3.1　埋弧自动焊机的维护保养 …………………………………………… 116
　　　5.3.2　埋弧焊机使用规范参数 ……………………………………………… 116
　5.4　埋弧自动焊机技术数据 ……………………………………………………… 120
　　　5.4.1　埋弧自动焊机技术数据 ……………………………………………… 120
　　　5.4.2　埋弧半自动焊机技术数据 …………………………………………… 120
　5.5　检修实例 ……………………………………………………………………… 125
　　　5.5.1　MZ-1000 型交流埋弧自动焊机的故障 ……………………………… 125
　　　5.5.2　MZ1-1000 型交流自动埋弧焊机常见故障分析及处理 …………… 131

第 6 章　硅整流（晶体管）弧焊机检修 …………………………………………… 135
　6.1　硅整流弧焊机基本原理及结构 ……………………………………………… 135
　　　6.1.1　ZXG7-300-1 型弧焊整流器工作原理 ……………………………… 135
　　　6.1.2　动圈变压器式（ZXG1-160）硅整流弧焊机基本原理 ……………… 137
　　　6.1.3　电磁调节型（ZXG-300）硅弧焊整流器电焊机原理 ……………… 138
　　　6.1.4　ZXG-1500 型硅整流器式直流电焊机原理 ………………………… 140
　6.2　弧焊整流器技术数据 ………………………………………………………… 141
　6.3　硅整流弧焊机使用与维护 …………………………………………………… 145
　　　6.3.1　手工硅弧焊整流器的一般检查试验 ………………………………… 145
　　　6.3.2　整流弧焊机的安装 …………………………………………………… 146
　　　6.3.3　整流弧焊机的使用 …………………………………………………… 147
　　　6.3.4　整流弧焊机电源线选用 ……………………………………………… 147
　6.4　整流弧焊机常见故障分析及处理 …………………………………………… 147
　6.5　整流弧焊机改造实例 ………………………………………………………… 153

第 7 章　晶闸管整流式弧焊机检修 ………………………………………………… 155
　7.1　ZX5 系列晶闸管式弧焊整流器原理 ………………………………………… 155
　　　7.1.1　概述 …………………………………………………………………… 155
　　　7.1.2　主电路 ………………………………………………………………… 156
　　　7.1.3　触发电路 ……………………………………………………………… 156
　7.2　典型电路 ……………………………………………………………………… 162
　　　7.2.1　ZX5-400 型晶闸管整流弧焊机电气原理图 ………………………… 162
　　　7.2.2　ZDK-500 型晶闸管弧焊整流器主电路原理图 ……………………… 163
　　　7.2.3　GS-300SS 型晶闸管弧焊整流器主电路图 ………………………… 163
　　　7.2.4　ZX5-250 型晶闸管弧焊整流器主电路 ……………………………… 164
　　　7.2.5　LHF-250 型晶闸管弧焊整流器主电路图 …………………………… 164
　7.3　直流晶闸管式弧焊机技术数据 ……………………………………………… 165
　7.4　直流晶闸管弧焊整流器故障分析及处理 …………………………………… 166
　　　7.4.1　ZX5-400 型晶闸管弧焊整流器故障分析及处理 …………………… 166
　　　7.4.2　ZDK-500 型晶闸管弧焊整流器故障分析及处理 …………………… 168
　　　7.4.3　GS-300SS 型晶闸管弧焊整流器故障分析及处理 ………………… 170
　　　7.4.4　ZX5-250 型晶闸管弧焊整流器故障分析及处理 …………………… 170
　　　7.4.5　LHF-250 型晶闸管弧焊整流器故障分析及处理 …………………… 172

第8章　IGBT 逆变式弧焊机检修 … 173
8.1　逆变式弧焊机基本原理 … 173
8.1.1　ZX7 系列可控硅逆变弧焊整流器原理 … 173
8.1.2　KEMPPI 公司 Mastertig 1500/2200 型直流手工焊/脉冲氩弧焊两用逆变弧焊机工作原理 … 176
8.2　其他逆变式氩弧焊机电路图及技术参数 … 179
8.2.1　其他逆变式氩弧焊机电路图 … 179
8.2.2　逆变式氩弧焊机维护及技术参数 … 179
8.3　逆变式弧焊机的故障处理 … 185
8.3.1　ZX7 系列逆变式弧焊机的故障处理 … 185
8.3.2　IGBT-ZX7-400（500）型逆变电焊机的故障处理 … 186
8.3.3　WSM 系列多功能电焊机故障处理 … 187
8.3.4　Thyarc 牌 WSM5 系列逆变式直流脉冲氩弧焊机故障处理 … 188
8.3.5　TIG160、180、125、135 型逆变式氩弧焊机故障处理 … 189

第9章　空气等离子切割机检修 … 193
9.1　苏达牌 CUT 系列空气等离子切割机 … 193
9.1.1　特点与用途简介 … 193
9.1.2　技术参数及工作原理 … 193
9.1.3　操作过程 … 198
9.1.4　割炬安装、维护及零件更换 … 201
9.1.5　故障检修 … 203
9.2　逆变式切割机的维修 … 205
9.2.1　瑞佳 CTU30、40 型逆变式切割机的维修 … 205
9.2.2　瑞佳 CTU60、70、100、120 型逆变式切割机的维修 … 207

附表　电焊机常用配套件 … 209
附表 1　快速接头 … 209
附表 2　冷却风扇 … 210
附表 3　焊钳 … 210
附表 4　焊枪 … 211
附表 5-1　氩弧焊焊炬（一）… 211
附表 5-2　氩弧焊焊炬（二）… 212
附表 6　空气等离子弧切割炬 … 212
附表 7　碳弧气刨枪 … 213
附表 8　面罩 … 213
附表 9　导电嘴 … 213
附表 10　CO_2 气体减压流量计 … 214
附表 11　氩气减压流量调节器 … 214
附表 12　混合气体配比器 … 214
附表 13　电磁气阀 … 214
附表 14　电极及材料 … 215
附表 15　携带充气式小钢瓶 … 215
附表 16　电焊条保温筒 … 216
附表 17　焊剂烘干机 … 216

  附表 18-1 焊条烘干设备（一） ………………………………………………………… 217
  附表 18-2 焊条烘干设备（二） ………………………………………………………… 217
  附表 19 印刷电动机 ………………………………………………………………………… 218
  附表 20 电器元件 …………………………………………………………………………… 218

参考文献 ………………………………………………………………………………………… 219

第1章 电焊机维修基础知识

1.1 电焊机维修人员应掌握的知识

1.1.1 对维修人员的要求

(1) 维修人员要能够看懂主电路，分清焊接设备的主回路和控制回路由哪几部分组成，明白其作用原理。

(2) 对电路中一些不清楚的元器件或控制单元，要结合维修焊接设备查询相关资料。对一些复杂的电路，要进行简化处理，并且要掌握主要元件的工作原理。

(3) 看焊接设备电气原理图时，要弄懂各电路之间的联系。电路是怎样实现各种功能的，要形成整体概念。另外掌握其辅助设备的相互联系和作用也很关键。

(4) 可以用符号、图形及简短的语言，按照自己的思路和需要，写出设备的操作程序（即工作流程），对图纸资料做一个概括性总结，以后维修焊接设备时，按照工作流程来查找故障。

(5) 记住一些必须掌握的主要技术参数以及设备在正常工作时某些测试点的数据或波形，以便今后维修时进行比较，对今后的维修很有帮助。

(6) 在工作中不断加深和完善电气原理图的理解和熟悉。

(7) 在维修工作中，要做好原始记录。如故障性质、时间、原因、处理方法以及分析和修理的过程和方法要一一记录下来。

1.1.2 焊接设备故障排除的一般方法

(1) 首先要正确地使用焊接设备（应仔细阅读说明书），了解故障现象及其产生的原因，结合自己掌握的知识及经验，作出正确的分析和判断，确定是哪方面的问题，是电气设备故障还是机械原因，或是焊接工艺规范使用不当等。

(2) 对设备进行检查，要断开电源，对自己所怀疑的地方，先易后难或查找可能性最大的地方。检查接头插头是否松脱，电线、电缆是否有破损，印制板元件或线路有没有脱焊或烧坏，而且不要放过附属设备的问题，注意机内有没有糊味等。

(3) 外观检查后，再进行通电检查或试机。在通电前，应注意有没有异常声音、气味和火花。如有，则立刻断开电源，进行排除；如没有，则继续检查，观察设备的部件和检测元器件工作是否正常。根据工作流程和图纸资料利用万用表（或相关的仪器和示波器）进行检测，还可以用观察相关的指示灯在电路中的作用来判断，也可以更换印制板等办法查找故障出在哪一环节。通电后，要特别注意人身安全和设备状况，哪些部件已有电，要做到心中有数，即使认为没有电的地方，也要把它当作有电对待。

(4) 设备故障点有时候不很明显，往往电路的各参数都很正常，但设备就是不能正常使用，叫人"莫名其妙，无从下手"，或者设备时好时坏（软故障），故障现象不定，像"捉迷藏"。对于这类极少数的疑难故障，应细致地检查分析可能是什么原因引起的，分析和处理方法如下。

① 电路板的元器件接触不良。这类接触不良故障，不易被发现，特别是元器件虚焊（旧焊接设备或用时间比较久的焊接设备，非常容易出现此类似故障），甚至用万用表测量电阻、电压都没有问题或无明显问题，因此，应细心地观察是否有生锈点、接触是否有点松动、接触面是否平整等。

② 可能有虚焊点。对焊点重新焊接。

③ 有个别的器件（如二极管、三极管、电源块、集成块），用万用表测量是好的。但在使用中，即动态时就不行了。对所怀疑的元器件，可换上好的元器件试一试。如果电线要断不断，电缆内部某线间绝缘不可靠，也可以用这种"代替法"试一试。

④ 可以用优选法（分段、分片）缩小范围。如果不清楚故障出在什么地方，可断开线路或换上好的元器件，将范围缩小，再用前述方法寻找故障。

⑤ 特别是别人已修过的设备，要认真检查接线或元件参数是否有错误。对照设备的原理图或根据设备的性能进行分析，确定有错误后，则加以改正。值得一提的是维修人员在修理时要细心，必要时要做好"记号"，不要接错线。用替代元器件时，要知道换上该元器件行不行（在实际应用中有的元器件技术参数要求是很严格的，不可忽视），如果维修人员不清楚，还是照葫芦画瓢为好，不能随便使用代用元器件或改线，否则，越修越糟，甚至会搞坏设备。

⑥ 有的元器件是不能用一般的方法进行检测好坏的，此时要对照原理图，用示波器测定各点波形。

⑦ 如果检查电气没有问题，就要从机械、工艺规范等其他方面寻找原因。

(5) 关于印制电路板的检修

一般焊接设备的印制电路板，厂家都没有提供电气原理图，只有外部接线图和主电气原理图。可采用下面的办法查找印制电路板的故障点。

① 用万用表对所怀疑的元件、线路做检查。针对所怀疑的焊点和连接点要重新焊接和处理。

② 查不出问题时，在有条件的情况下（备件齐全），可用万用表将坏了的印制电路板与好的印制电路板的元件或线路对比测量，分析判断（一般在板上测量，不要焊下元件）注意避免把元件和印制电路板搞坏。

③ 根据设备印制电路板，画出电气原理图或发生故障部分原理图，对故障进行分析检查。

④ 根据对原理图的分析，掌握重要环节的参数及波形，用示波器进行检查。

1.1.3 维修人员应掌握的技能

(1) 机械钳工的技能：常用的是锯、锉、刮、研、钻孔、攻螺纹、套螺纹、画线、测量、拆卸、装配等钳工的基本技能。

(2) 机械维修工的技能：一般机械的维修、机械传动机构的维修、气压传动机构的维修和液压传动机构的维修等。

(3) 综合电工的技能：电焊机就其本质来讲是一种特殊的电气机械，所以它的维修要求电气的工种类别较多，其技能主要有以下几个方面。

① 通用电工基本技能。

② 一般电机维修工艺的技能。
③ 低压电器维修工的技能。
④ 自控系统中关于继电控制电路的维修技能。
⑤ 电气装配工的技能。
⑥ 关于变压器铁芯叠片、线圈绕制、绝缘处理等技能。
⑦ 一般的半导体电子电路维修技能。

1.1.4 电焊机故障的分类

任何电焊机经过一定时期的使用，必然会产生各种各样的故障。电焊机的故障，概括地讲是指其应有功能的丧失。电焊机是机电设备中的一大类别，所以按设备故障诊断学的观点，电焊机的故障可以从不同角度来进行分类，这对于深入了解电焊机故障的产生、性质和危害，及时地采取技术对策（排除故障或加强维护保养工作）均有很大的益处。

（1）从故障产生的时间特点分

① 间歇性故障：指在很短时间内电焊机出现功能丧失的状况，过后电焊机的功能又能恢复到标准状态的现象。

② 永久性故障：指电焊机丧失了功能，只有在更换某些零部件之后才能恢复其原功能的现象。

（2）从故障产生的速度分

① 突发性故障：指电焊机不能靠早期试验或预测而突然产生的故障。

② 渐发性故障：指电焊机能够早期发现和预测的故障。

（3）从故障对电焊机的功能影响分

① 局部性故障：指电焊机的某些个别功能的丧失。

② 全局性故障：指电焊机的全部或大部分功能的丧失。

（4）按电焊机故障产生的原因分

① 磨损性故障：指电焊机因自然耗损产生的故障，这是可以预料到的。

② 错用性故障：指电焊机因使用不当造成的故障，这属于责任事故。

③ 薄弱性故障：指电焊机因设计和缺陷或制造不良使零部件性能不佳而造成的故障，这是由于产品质量不合格便出厂所致。

（5）从故障的修复费用分

① 可修复的故障：指故障不严重，修复费用不大的故障。

② 不可修复的故障：严格来说，不存在不可修复的故障。这里指的不可修复，是指修复工作量大，耗用材料多，所用费用接近或超过原电焊机的价值时，就认为此类故障为不可修复。

1.2 电焊机常用材料

电焊机的修理工作，需要选择和使用电气材料，需要使用修理工具和仪表，有时还需要使用专用设备。有了这些条件，配合适当的焊接修理工艺，才能将电焊机的故障排除，恢复其应有的功能，将电焊机修好。为此，本章将扼要阐述电焊机修理所用材料、工具、仪表、设备和基本工艺。

表 1-1 对导电铜合金的性能要求、选用及应用中注意事项

名称	性能要求	选用的铜合金	应用中注意事项
电动机、发电机的整流子片和滑环	电导率 大于 85% IACS 抗拉强度 大于 300MPa 伸长率 大于 2% 硬度 大于 80HBS 软化温度超过工作温度,接触性好,耐磨性高	银铜、稀土铜、镉铜、锆铜和铬锆铜等	冷作铜虽导电性很好,但强度和耐热性低,通常用到80℃,高于150℃就开始软化;稀土铜、银铜和镉铜适于作250℃以下的电机换向器片;锆铜(0.2%~0.4%Zr)适于作350℃以下的电机整流子片;铬锆铜(锆砷铜、锆铪铜)在500℃以下有足够高的强度、高的耐磨性、高的电导率,适于作350~500℃的高功率电机的换向器片
电焊机电极、电极支承座、电极臂和导电滑环	电极的作用是传导必要的焊接电流和传递必要的焊接压力。因被焊接的材料是多种多样的,要求材料性能也在很大范围内变化。 要求的主要特性为: (1)具有比焊接材料更高的导电性和导热性,否则将发生电极和被焊接材料的熔焊现象或电极表面合金化 (2)要求强度高,特别是高温硬度高,以保持电极形状的持久性 (3)与被焊材料不发生合金化和粘着 (4)抗氧化性好,使用中不生成氧化皮 电极支承座和电极臂要求有较高的电导率(以减少焊接回路阻抗)和强度。 导电滑环要求有高的电导率和耐磨性	根据被焊接材料的不同,使用电极可分四类: (1)铝、镁轻合金和铜合金的焊接,电极可用银铜、镉铜、锆铜和弥散硬化铜 (2)低碳钢、镍合金和低合金钢的焊接,电极可用锆铜、银铜、铬铜、铬锡铜、铬铝镁铜和铬锆铜等 (3)不锈钢和耐热合金的焊接,电极可用高导电铍铜、钴铍铜、镍硅铜、镍钛铜和铬钛铜等 (4)铂(箔、带)、金饰和灯丝等的特殊焊接以及工件表面不允许有铜迹时(如银钨触头焊接于支座),电极可用钨、钼、铜钨合金、弥散硬化铜和复合电极(铬铜镶钨或弥散硬化铜)	选择电极材料时,在保证成良好焊接的情况下,应着重提高使用寿命。 (1)铝、镁轻合金的焊接,其特点是散热快,要求输入更大热量,即短时间通入大电流。同时,由于铝、镁熔点低,容易发生粘着现象,所以要求电极材料的电导率大于 85% IACS 和抗软化温度高 (2)低碳钢等的焊接,电极材料的电导率要求大于 75% IACS (3)耐热合金等的焊接,其特点是焊接温度高,时间长,焊接时所加压力大,要求电极材料具有高的强度、硬度和耐热性,电导率大于 40% IACS

表 1-2 导电铜合金的品种、性能和主要用途

类别	名称	室温性能				高温性能		主要用途
		抗拉强度 (×10MPa)	伸长率 /%	硬度 /HBS	电导率 /% IACS	软化温度 /℃	高温强度 (×10MPa)	
中强度、高导电铜合金(抗拉强度为350~600MPa,电导率为70%~98% IACS)	冷作铜	35~45	2~6	80~110	98	150	20~24 (200℃)	换向器片、架空导线、电线车
	银铜	35~45	2~4	95~110	96	280	25~27 (290℃)	换向器片、点焊电极、发电机转子绕组、引线、导线
	银铬铜	40~42	24	130	82	500		点焊电极和缝焊轮
	稀土铜	35~45	2~4	95~110	96	280		换向器片、导线
	镉铜	60	2~6	100~115	85	280		点焊电极、缝焊轮、电焊机零件、高强度绝缘导线、滑接导线
	铬铜	45~50	15	110~130	80~85	500	31 (400℃)	点焊电极、缝焊轮、电极支承座、开关零件、电子管零件

续表

类别	名称	室温性能				高温性能		主要用途
		抗拉强度/(×10MPa)	伸长率/%	硬度/HBS	电导率/% IACS	软化温度/℃	高温强度/(×10MPa)	
中强度、高导电铜合金(抗拉强度为350~600MPa，电导率为70%~98% IACS)	铬铝镁铜	40~45	18	110~130	70~75	510		点焊电极和缝焊轮
	锆铜	40~45	10	120~130	90	500	35(400℃)	换向器片、开关零件、导线、点焊电极
	锆铜	45~50	10	130~140	85	500	37(400℃)	
	锆铜	50~55	9	135~160	80	500		点焊电极、缝焊轮、铜线连续退火的电极轮
	铬锆铜	50~55	10	140~160	80~85	520		换向器片，点焊电极、缝焊轮、开关零件、导线
	锆砷铜	50~55	10	150~170	90	520		换向器片，点焊电极和缝焊轮
	锆铪铜	52~55	12	150~180	70~80	550	43(400℃)	
中强度、高导电铜合金(抗拉强度为350~600MPa，电导率为70%~98% IACS)	铜-氧化铝	48~54	12~18	130~140	85	900	20(800℃)	点焊电极、导电弹簧、高温导电零件
	铜-氧化铍	50~56	10~12	125~135	85	900	30(800℃)	
	铅铜	30~35	12	80~85	97~99	150		易切削导电连接件
高强度、中导电铜合金(抗拉强度为600~900MPa，电导率为30%~70% IACS)	铍钴铜	75~95	5~10	210~240	50~55	400	35(425℃)	不锈钢和耐热合金的焊接电极、导电滑环
	镍铍铜	55~60	15	160~180	55~60	400		
	铬铍铜	50~60		140~160	60~70	400		
	钴硅铜	75~80	6	240	45~55	550		
	镍硅铜	60~70	6	150~180	40~45	540		电焊机的导电部件、导电弹簧、导电滑环
	镍钛铜	60	10	150~180	50~60	600	40(500℃)	电焊机电极，对焊模
	铬钛锡铜	65~80	7~12	210~250	42~50	450	39(425℃)	电焊机电极，高强度导电零件
特高强度、低导电铜合金(抗拉强度大于900MPa，电导率为10%~30% IACS)	铍铜	130~147	1~2	350~420	22~25	520		开关零件、熔断器和导电元件的接线夹、在周围介质温度150℃下使用的电刷弹簧
	钛铜	90~110	2	300~350	10	520		可代用铍铜，用途同铍铜
	钛铜	70~90	5~15	250~300	10~15	550		
	铝铜	55~65	3~7	310~420	21~25			电焊机电极、自动焊机导电阻、各种耐磨耐蚀零件

表 1-3 电焊机常用裸铜扁线的规格及截面积

宽度 b/mm \ 厚度 a/mm	0.80	0.90	1.00	1.12	1.25	1.40	1.60	1.80	2.00	2.24	2.50	2.80	3.15	3.55	4.00	4.50	5.00	5.60	6.30	7.10
圆角半径 r/mm	r=a/2	r=a/2	r=a/2	r=0.50	r=0.50	r=0.50	r=0.50	r=0.65	r=0.65	r=0.65	r=0.80	r=0.80	r=0.80	r=0.80	r=1.00	r=1.00	r=1.00	r=1.00	r=1.20	r=1.20
2.00	1.463	1.626	1.785	2.025	2.285	2.585														
2.24	1.655	1.842	2.025	2.294	2.585	2.921	3.369													
2.50	1.863	2.076	2.285	2.585	2.91	3.285	3.785	4.137												
2.80	2.103	2.346	2.585	2.921	3.285	3.705	4.265	4.677	5.237											
3.15	2.383	2.661	2.936	3.313	3.723	4.195	4.825	5.307	5.937	6.693										
3.55	2.703	3.021	3.335	3.761	4.223	4.755	5.465	6.027	6.737	7.589	8.326									
4.00	3.063	3.426	3.785	4.265	4.785	5.385	6.185	6.837	7.637	8.597	9.451	10.65								
4.50	3.463	3.876	4.285	4.825	5.41	6.085	6.985	7.737	8.637	9.717	10.7	12.05	13.63							
5.00	3.863	4.326	4.785	5.385	6.035	6.785	7.785	8.637	9.637	10.84	11.95	13.45	15.2	17.2						
5.60	4.343	4.866	5.385	6.057	6.785	7.625	8.745	9.717	10.84	12.18	13.45	15.13	17.09	19.33	21.54					
6.30	4.903	5.496	6.085	6.841	7.66	8.605	9.865	10.98	12.24	13.75	15.2	17.09	19.3	21.82	24.34	27.49				
7.10		6.216	6.885	7.737	8.66	9.725	11.15	12.42	13.84	15.54	17.2	19.33	21.82	24.66	27.54	31.09	34.64			
8.00			7.785	8.745	9.785	10.99	12.59	14.04	15.64	17.56	19.45	21.85	24.65	27.85	31.14	35.14	39.14	43.94		
9.00				9.865	11.04	12.39	14.19	15.84	17.64	19.8	21.95	24.65	27.8	31.4	35.14	39.64	44.14	49.54		
10.00					12.29	13.79	15.79	17.64	19.64	22.04	24.45	27.45	30.95	34.95	39.14	44.14	49.14	56.14		
11.20						15.47	17.71	19.8	22.04	24.73	27.45	30.81	34.73	39.21	43.94	49.54	55.14	61.86		
12.50							19.79	22.14	24.64	27.64	30.7	34.45	38.83	43.83	49.13	55.39	61.64	69.14	77.51	87.51
14.00								24.84	27.64	31	34.45	38.65	43.55	49.15	55.14	62.14	69.14	77.54	86.96	98.14
16.00									31.64	35.48	39.45	44.25	49.85	56.25	63.14	71.14	79.14	88.74	99.56	112.4
18.00											44.45	49.85	56.15	63.35	71.14	80.14	89.14	99.94	112.2	126.6
20.00											49.45	55.45	62.45	70.45	79.14	89.14	99.14	111.1	124.8	140.8
22.40											55.45	62.17	70.01	78.97	88.74	99.94	111.1	124.6	139.9	157.8
25.00												69.45	78.2	88.2	99.14	111.6	124.1	139.1	156.3	176.3
28.00															111.1	125.1	139.1	155.9	175.2	197.6
31.50															125.1	140.9	156.6	175.5		
35.50															141.1	158.9	176.6	197.9		

$$S = ab - 0.858r^2 \ (\mathrm{mm}^2)$$

表 1-4 玻璃丝扁线绝缘物尺寸

图示	导线标称尺寸/mm		绝缘物厚度/mm	
	a	b	$A-a$	$B-b$
	0.9～1.95	2～3.75	0.28～0.35	0.25
		4～6	0.3～0.37	
		6.3～8	0.31～0.39	
		8.5～14.5	0.35～0.45	
	2～3.75	2.8～6	0.3～0.38	0.32
		6.3～10	0.33～0.41	
		10.6～14	0.35～0.44	
		15～18	0.37～0.46	
	4～5.6	5.6～10	0.36～0.45	0.4
		10.4～14	0.38～0.48	
		15～18	0.42～0.52	

1.2.1 电焊机用导电材料

(1) 常用导电材料

铜及其合金是电焊机制造和修理中最常用的导电材料,电焊机对导电铜合金的性能要求、选用及应用中的注意事项见表1-1。导电铜合金的品种、成分、性能和用途见表1-2。这些材料主要用来制作电焊机中的电极、夹具及绕组等。

导电用铜导线(电磁线)是用电解铜经轧制、拔丝等工艺制成的圆线或扁线。导线的规格是按裸线尺寸标定的,不包括导线外表的绝缘物尺寸。所以设计使用时,绝缘层的尺寸不可忽略。电焊机常用裸铜扁线的规格及截面积见表1-3,玻璃丝扁线绝缘物尺寸见表1-4,电焊机常用的电磁圆铜线的直径、截面积和绝缘物的外径见表1-5。

表1-5 电焊机常用电磁圆铜线规格及参数

直径/mm	截面积/mm²	每千米净重/kg	每千米直流电阻(20℃)/Ω	漆包线最大外径/mm		玻璃包线最大外径/mm		丝包线最大外径/mm			
				薄漆层	厚漆层	单线漆包线	双线漆包线	双丝包线	单丝漆包线	双线漆包线	双丝聚酯漆包线
0.20	0.0314	0.279	560	0.23	0.24	—	—	0.32	0.30	0.35	0.36
0.31	0.0755	0.671	233	0.35	0.36	—	—	0.44	0.43	0.48	0.49
0.47	0.1735	1.54	101	0.51	0.53	—	—	0.61	0.60	0.65	0.67
0.62	0.302	2.71		0.68	0.70	0.83	0.89	0.77	0.77	0.83	0.84
0.71	0.396	3.52		0.76	0.79	0.93	0.98	0.86	0.86	0.91	0.94
0.90	0.636	5.66	27.50	0.96	0.99	1.12	1.17	1.06	1.06	1.12	1.15
1.00	0.785	6.98	22.30	1.07	1.11	1.25	1.29	1.17	1.18	1.24	1.28
1.12	0.985	8.75	17.80	1.20	1.23	1.37	1.41	1.29	1.31	1.37	1.40
1.25	1.227	10.91	14.30	1.33	1.36	1.50	1.54	1.42	1.44	1.50	1.53
1.40	1.539	13.69	11.40	1.48	1.51	1.65	1.69	1.57	1.59	1.65	1.68
1.60	2.06	17.87		1.69	1.72	1.87	1.91	1.78	1.80	1.87	1.90
1.80	2.55	22.60	—	1.89	1.92	2.07	2.11	1.98	2.00	2.07	2.10
2.00	3.14	27.93		2.09	2.12	2.27	2.31	2.18	2.20	2.27	2.30
2.24	3.94	35.03		2.33	2.36	2.51	2.60	2.42	2.44	2.51	2.54
2.36	4.37	38.89		2.45	2.48	2.63	2.72	2.54	2.56	2.63	2.66
2.50	4.91	43.64		2.59	2.62	2.77	2.86	2.68	2.70	2.77	2.80

(2) 电焊机用导线电流密度的选择

电焊机的绕组在设计时首先要确定该绕组的电流密度。在确定电流密度时,要考虑电焊机的容量等级、绝缘等级,该绕组的散热条件,以及绕组的具体结构。对于铜导线的绕组,可按表1-6选取。

表1-6 电焊机绕组的电流密度

绝缘等级、冷却方式 \ 焊机容量	1~10kV·A	10~100kV·A	>100kV·A
B级、自冷	2~2.8	1.8~2.6	1.6~2.4
B级、风冷	3.5~5.5	3.5~4.5	3~3.5
F级、风冷	4~6	3.5~5	3~4
H级、风冷	5~7	4~5.5	3.5~5

绕组的结构设计不同时，电流密度的选取将不同，如单层裸导线或具有导风沟槽的绕组，其电流密度可按表1-6取数值的上限；而多层密绕的绕组又无风道时，则电流密度可取下限值，或更低一些。

对于铝导线的绕组，由于其电阻率高于铜，所以其电流密度的选取可按上述铜导线的选取条件和因素去考虑，将按表1-6选取的数值除以1.7便可。

1.2.2　电焊机用绝缘材料

（1）电焊机所用绝缘材料的主要性能参数

① 电阻率。绝缘材料并不是绝对不导电的。当对绝缘材料施加一定的直流电压之后，绝缘材料中也会流过极其微小的电流，并呈现随时间增长而减小的特点。稳定以后，此微小电流称为漏导电流。

固体绝缘材料的漏导电流，可由两部分组成，即表面漏导电流和体积漏导电流。不同的绝缘材料，此漏导电流值不同，为此，表示材料绝缘能力的电阻率也相应有两部分，即表面电阻率，单位为Ω，表示材料的表面绝缘性能；体积电阻率，单位为$\Omega \cdot cm$，表示材料内部的绝缘特性，通常所称绝缘材料的电阻率，均指体积电阻率。一般固体绝缘材料的体积电阻率，通常在$10^9 \sim 10^{21}\Omega \cdot cm$的范围。

② 击穿强度。固体绝缘材料于电场中，当施加其上的电场强度高于某临界值时，会使流过该绝缘材料的电流剧增，从而使绝缘材料破坏分解，完全丧失绝缘性能，这种现象叫绝缘击穿。绝缘材料发生绝缘击穿时的电压，称为击穿电压。发生击穿时的电场强度叫击穿强度。

③ 耐热等级。绝缘材料受热后，其绝缘能力会有所下降，随温度的升高，绝缘材料的电阻率呈指数形式急剧下降。为此，为保证绝缘材料能可靠地工作，对绝缘材料的耐热能力规定了一定的温度限制。所以，对于绝缘材料，按其在正常条件下所允许的最高工作温度进行的分级，叫耐热等级。常用绝缘材料的耐热等级共分七级，见表1-7。

表1-7　绝缘材料的耐热等级及极限温度

绝缘材料	级别	极限工作温度/℃
木材、棉花、纸、纤维等天然纺织品，以醋酸纤维和聚胺为基础的纺织品，以及易于热分解和溶化点较低的塑料(脲醛树脂)	Y	90
工作于矿物油中的和用油树脂复合胶浸的Y级材料。漆包线、漆布、漆丝的绝缘及油性漆、沥青漆等	A	105
聚酯薄膜和A级材料复合、玻璃布、油性树脂漆、聚乙烯醇缩醛高强度漆包线、乙酸乙烯耐热漆包线	E	120
聚酯薄膜、经合适树脂粘合式浸渍涂覆的云母、玻璃纤维、石棉等，聚酯漆、聚酯漆包线	B	130
以有机纤维材料补强和石带补强的云母片制品、玻璃丝和石棉、玻璃漆布、以玻璃丝布和石棉纤维为基础的层压制品、以无机材料作补强和石带补强的云母粉制品、化学热稳定性较好的聚酯和醇酸类材料、复合硅有机聚酯漆	F	155
无补强或以无机材料为补强的云母制品、加厚的F级材料、复合云母、有机硅云母制品、硅有机漆、硅有机橡胶聚酰亚胺复合玻璃布、复合薄膜、聚亚酰胺漆等	H	180
不采用任何有机黏合剂及浸渍剂的无机物如石英、石棉、云母、玻璃和电瓷材料等	C	180以上

（2）电焊机中常用的各种绝缘材料

① 层压制品规格、性能及用途见表1-8。

② 层压管的规格、性能、特性和用途见表1-9。
③ 纤维制品和薄膜的规格、性能及用途见表1-10。
④ 漆管的规格、性能和用途见表1-11。
⑤ 粘带的品种、性能及用途见表1-12。
⑥ 绝缘漆的特性及用途见表1-13。
⑦ 硅钢片漆的品种、特性和用途见表1-14。

表1-8 绝缘层压制品规格、性能及用途

名称	型号	标称厚度/mm	耐热等级	主要用途
酚醛层压纸板	3020 3021 3022	0.2~0.5(相隔0.1mm) 0.6、0.8、1.0、1.2、1.5、1.8、2.0、2.5、3.0、4.0、4.5、5.5、6.0、6.5、7.0、7.5、8.0、9.0、10.0 11~40(相隔0.1mm) 42~50(相隔0.1mm) 52~60(相隔0.1mm)	A	绝缘性能和耐油性较好,适合于电气设备中作绝缘结构零件,可在变压器油中使用,可用作电焊机电源绕组中的撑条板、绝缘垫圈、控制线路板等
酚醛层压布板	3025	0.3、0.5 0.8、1.0…10(相隔2mm)	A	具有高的力学性能和一定的绝缘性能,用途同A级
	3027	65~80(相隔5mm)	E	具有高的绝缘性能,耐油性能好,用途同A级
苯胺酚醛玻璃布板	3231	0.5、0.6、0.8、1.0、1.2、1.5、1.8、2.0、2.5、3.0、3.5、4.0、4.5、5.0、5.5、6.0、6.5、7.0、7.5、8.0、9.0、10 11~40(相隔1mm) 42~50(相隔2mm)	B	力学性能及绝缘性能比酚醛层压布板高,耐潮湿,广泛代替酚醛层压布板作绝缘结构零部件,并使用于湿热带地区。可作电焊机电源绕组撑条板、夹件绝缘、端子板、绝缘垫圈等
环氧酚醛玻璃布板	3240	0.2、0.30 0.5、0.8	B	具有高的力学性能、绝缘性能和耐水性,用途同B级
有机硅玻璃布板	3250	1.0、1.2、1.5、1.8、2.0、2.5、3.0、3.5、4.0、4.5、5.0、5.5、6.0、6.5、7.0、8.0、9.0、10、11~30(相隔1mm) 32~40(相隔2mm) 42~50(相隔2mm)	F	具有较高的耐热性能和绝缘性能,使用于耐热180℃及热带电机、电器中作绝缘零部件使用,用途同B级
	3251	52~60(相隔2mm) 65~80(相隔5mm)	H	具有高的耐热性和绝缘性能,但机械强度较差,用途同F级

表1-9 层压管规格、性能、特性和用途

品名	型号	组成		垂直壁层耐压/kV				耐热等级	特性和用途
		底材	胶黏剂	1mm	1.5mm	2.0mm	3.0mm		
酚醛纸管	3520	卷绕纸	苯酚甲醛树脂	11	16	20	24	E	电气性能,适于电机、电器绝缘、可在变压器油中使用
	3523			—	16	20	24	E	电能性能好,可用于电焊机变压器铁芯、夹件、螺杆的绝缘
酚醛布管	3526	煮炼布		—	—	—	—	E	有较高机械强度,一定的电气性能,用途同酚醛纸管
环氧酚醛玻璃布管	3640	无碱玻璃布	环氧酚醛树脂	—	12	14	18	B-F	有高的电气性能和力学性能,用途同酚醛布管,亦可在高电场强度、潮湿环境中使用
有机硅玻璃布管	3650		改性有机硅树脂	—	—	10	15	H	具有高耐热性、耐潮湿性能好,适用于H级的电机。电器绝缘构件使用

注:垂直壁层耐压数据中,3650是常态下数据,其余为变压器油中数据。

表 1-10 常用绝缘纤维制品和薄膜的规格、性能及用途

名称	型号	标称厚度/mm	耐热等级	主 要 用 途
醇酸玻璃漆布	2432	0.11、0.13、0.15、0.17、0.2、0.24	E	电焊绕组层间绝缘
环氧玻璃漆布	2433		B	
有机硅玻璃漆布(带)	2450		H	用于温度180℃的电机、电焊机、电器中线圈绝缘
聚酯薄膜	2820	0.015、0.02、0.025、0.03、0.04、0.05、0.07、0.1	B	电焊绕组层间绝缘
聚酰亚胺薄膜	6050	0.025~0.1	H	用于温度180℃电机、电焊机层间绝缘及绝缘包扎之用
聚酰亚胺复合薄膜	F46	0.08~0.3	H	主要用于BX1系列、盘形绕组的匝间绝缘
聚四氟乙烯薄膜	SFM-1~SFM-4	0.005~0.5	H	电容器制造、导线的绝缘、电器仪表中绝缘、无线电器的绝缘等

表 1-11 漆管的规格、性能和用途

名称	型号	组成		耐热等级	击穿电压/kV		特性和用途
		底材	绝缘漆		常态	缠绕后	
油性漆管	2710	棉纱管	油性漆	A	5~7	2~6	具有良好的电气性能和弹性,但耐热性、耐潮性和耐霉性差。可作电机、电器和仪表等设备引出线和连接线绝缘
油性玻璃漆管	2714	无碱玻璃纱管		E	>5	>2	
聚氨酯涤纶漆管	—	涤纶纱管	聚氨酯漆	E	3~5	2.5~3	具有优良的弹性和一定的电气性能和力学性能,适用于电机、电器、仪表等设备的引出线和连接线绝缘
醇酸玻璃漆管	2730	无碱玻璃丝管	醇酸漆	B	5~7	2~6	具有良好的电气性能和力学性能,耐油性和耐热性好,但弹性稍差,可代替油性漆管作电机、电器和仪表等设备引出线和连接线绝缘
聚氯乙烯玻璃漆管	2731		改性聚氯乙烯树脂	B	5~7	4~6	具有优良的弹性和一定的电气性能、力学性能和耐化学性,适于作电机、电器和仪表等设备引出线和连接线绝缘
有机硅下漆管	2750		有机硅漆	H	4~7	1.5~4	具有较高的耐热性和耐潮性,良好的电气性能,适于作H级电机、电器等设备的引出线和连接线绝缘
硅橡胶玻璃丝管	2751		硅橡胶	H	4~9	—	具有优良的弹性、耐热性和耐寒性,电性能和力学性能良好,适用于在-60℃~180℃工作的电机、电器和仪表等设备的引出线和连接线绝缘

表 1-12 电工常用粘带的品种、性能及用途

名 称	常态击穿强度 kV/mm	厚度/mm	用 途
聚乙烯薄膜粘带	>30	0.22~0.26	有一定的电气性能和力学性能,柔软性好,粘接力较强,但耐热性低于Y级,可用于一般电线接头包扎绝缘
聚乙烯薄膜纸粘带	>10	0.10	包扎服帖,使用方便,可代替黑胶布带作电线接头包扎绝缘
聚氯乙烯薄膜粘带	>10	0.14~0.19	有一定的电气性能和力学性能,较柔软,粘接力强,但耐热性低于Y级,供作电压为500~6000V电线接头包扎绝缘
聚酯薄膜粘带	>100	0.055~0.17	耐热性较好,机械强度高,可用于半导体元件密封绝缘和电机线圈绝缘
环氧玻璃粘带	>6①	0.17	具有较高的电气性能和力学性能,可作变压器铁芯绑扎材料,属B级绝缘
有机硅玻璃粘带	>0.6①	0.15	有较高的耐热性、耐寒性和耐潮性,以及较好的电气性能和力学性能,可用于H级电机、电器线圈绝缘和导线连接绝缘
硅橡胶玻璃粘带	3~5①	—	同有机硅玻璃粘带,但柔软性较好

① 击穿电压(kV)。

表 1-13 常用绝缘漆的特性及用途

名称		型号	颜色	主要成分	溶剂	干燥类型	漆膜干燥条件 温度/℃	漆膜干燥条件 时间/h	耐热等级	特性及主要用途
绝缘浸渍漆	耐油清漆	1012	黄、褐色	甘油、松香脂、干性植物油	200号溶剂	烘干	105±2	2	A	干燥迅速,具有耐油性,耐潮湿性,漆膜平滑有光泽,适于浸渍电机绕组
	甲酚清漆	1014	黄、褐色	甲酚甲醛树脂、干性油、松香脂	有机溶剂	烘干	105±2	0.5	A	干燥快,具有耐油性,适于浸渍电机绕组,但由漆包线制成的绕组不能使用
	晾干醇酸清漆	1231	黄、褐色	植物油改性、季戊四醇树脂、苯二甲酸酐	200号溶剂油、二甲苯	气干	20±2	20	B	干燥快,硬度大、有较好的弹性、耐温、耐气候性好,具有较高的介电性能,适于不宜高温烘焙的电器或绝缘零件表面覆盖
	醇酸清漆	1030	黄、褐色	甘油、苯二甲酸酐、干性植物油、松香脂	甲苯及二甲苯	烘干	105±2	2	B	性能较沥青漆及清烘漆好,具有较好的耐油性及耐电弧性,漆膜平滑有光泽,适于浸渍电机电器线圈及作覆盖用
	丁基酚醛醇酸漆	1031	黄、褐色	油改性醇酸树脂漆与丁醇改性酚醛树脂漆复合而成	二甲苯和200号溶剂油	烘干	120±2	2	B	具有较好的流动性,干透性、耐热性和耐潮湿性,漆膜平滑有光泽,适于湿热带用电器线圈浸渍
	三聚氰胺醇酸树脂漆	1032	黄、褐色	油改性醇酸树脂漆与丁醇改性三聚氰胺树脂漆复合而成	甲苯等	烘干	105±2	2	B	具有较好的干透性、耐热、耐油性、耐电弧性和附着力,漆膜平滑有光泽,适用于湿热带浸渍电机电器线圈用
	环氧脂漆	1033	黄、褐色	亚麻油脂肪酸和环氧树脂经酯化聚合后与部分三聚氰胺树脂漆复合而成	二甲苯和丁醇等	烘干	120±2	2	B	具有较好的耐油性、耐热性、耐潮湿性,漆膜平滑有光泽,有弹性,适用于湿热带浸渍电机绕组或作电机电器零部件的表面覆盖层
	晾干环氧脂漆	9120	黄、褐色	环氧树脂、氨基树脂、干性油	二甲苯	气干	25		B	晾干或低温下干燥,其他性能和1033同,适用于不宜高温烘焙的湿热带电器绝缘零件表面覆盖
	胺基酚醛醇酸树脂漆	—	黄、褐色	酚醛改性醇酸树脂、氨基树脂	二甲苯及溶剂油	烘干	105±2	1	B	固化性好,对油性漆包线溶解性小,适用于浸渍电机电器线圈
	无溶剂漆	515-1 515-2	黄、褐色	环氧聚酯和苯乙烯共聚物	—	烘干	130	1/6	B	固化快,耐潮性及介电性能好,不需用活性溶剂,适于浸渍电器线圈
	硅有机清漆	1050	淡黄色	硅有机树脂	甲苯	烘干	—	1/2	H	耐热性高,固化性良好,耐霉、耐油性及介电性能优良,适用于高温线圈浸渍及石棉水泥零件防潮处理
		1051					200	—		同1050,但耐热性稍低,干燥快
		1052					20	1/4		性能与1050相似,但耐热性稍低,用于高温电器线圈浸渍及绝缘零件表面修补(低温干燥)

表 1-14 硅钢片漆的品种、特性和用途

名称	型号	主要成分	耐热等级	特性和用途
醇酸漆	9161 3564	油改性醇酸树脂,丁醇改性三聚氰胺树脂	B	在 300～350℃干燥快,耐热性好,可供一般电机、电器硅钢片用,但不宜涂覆磷酸盐处理的硅钢片
环氧酚醛漆	H521 E-9114	环氧树脂,酚醛树脂	F	在 200～350℃下干燥快,附着力强,耐热性好,耐潮性好,供大型电机、电器硅钢片用,且宜涂覆磷酸盐处理的硅钢片
聚酰胺酰亚胺漆	PAI-Q	聚酰胺,酰亚胺树脂	H	干燥性好,附着力强,耐热性高,耐溶剂性优越,可供高温电机、电器的各种硅钢片用

(3) 电焊机选用绝缘材料的原则

电焊机初级输入电压是 380V（个别也有 220V），输出电压最高不超过 100V。所以，电焊机属低压电器。

电焊机里的绝缘材料，主要用在绕组与铁芯之间的绝缘、绕组与绕组之间绝缘、绕组内线圈各层之间的绝缘、裸线绕组匝与匝之间绝缘，这些地方绝缘不好，就会产生绕组短路、绕组烧毁以及使机壳带电，会导致操作者触电。

电焊机的输入、输出端子都接在层压板制成的端子板上，予以绝缘和固定。为了增强绝缘材料的绝缘和防潮能力，对绕制好了的绕组和直接应用的绝缘层压制品，都还要进行浸绝缘漆处理。为了减少导磁材料硅钢片的涡流损失，对热轧硅钢片和表面没有绝缘层的冷轧硅钢片也都要浸绝缘漆。

电焊机在选用绝缘材料时，一般要考虑以下几点。

① 绝缘材料的击穿电压。绝缘材料的击穿电压必须足够大，以保证电焊机工作时绝缘可靠和使用的安全。

② 绝缘材料的耐热等级。绝缘材料的耐热等级，限制着电焊机工作时的最高温升，这将对电焊机设计、结构、制造的经济性，以及电焊机的使用价值都有极大的影响。

③ 电焊机的结构和重量。欲使电焊机结构紧凑和重量轻巧，可选用耐热等极高、击穿电压高的材料；反之，可选用耐热等级低、击穿电压低的材料。

④ 电焊机的成本和价格。绝缘材料的耐热等极越高，击穿电压越高，则材料的价格越高，而材料的配套件和加工制作的工艺要求也越高，因而电焊机的成本、价格也将提高。

⑤ 材料的供应状况。不能选择那种资料介绍性能优越，而实际买不到的材料，或者价格昂贵的材料。

总之，选择绝缘材料，必须综合以上各点要求，以达到保证电焊机性能、安全运行和经济耐用的目的。

1.2.3 电焊机用导磁材料

电焊机产品中应用的导磁材料主要是硅钢片，可用作变压器、电抗器的铁芯和发电机的磁极。

电气工程上所用的硅钢片，也叫电工硅钢片，用 D 表示。按其轧制方法和轧后硅钢片

的晶粒取向（所谓晶粒取向，就是硅钢片经冷轧以后，由于晶粒排列方向的不同，沿着轧制方向其导磁性能特别好，而垂直于轧制方向的导磁性能较差，冷轧硅钢片的这种导磁性能的差别叫晶粒取向），可将硅钢片分成三类：

a. 热轧硅钢片，代号为DR；

b. 冷轧无取向硅钢片，代号为DW；

c. 冷轧有取向硅钢片，代号为DQ。

因此，使用冷轧有取向的硅钢片时，磁力线的方向必须和轧制方向相吻合。

电工硅钢片的品种性能代号的意义如下：

D△ * * * -□□

其中：D 表示电工硅钢片；

△ 表示硅钢片的轧制工艺的字母代号，即：R 热轧；Q 冷轧有取向；W 冷轧无取向；

* * * 表示三位数字，表示该材料在50Hz的磁场强度作用下，每千克材料的铁损值的100倍。

□□ 表示两位数字，表示硅钢片厚度的100倍。

例：DR315-50，表示为热轧硅钢片，钢片厚度为0.5mm，它在50Hz频率下磁感强度为1.5T时，每千克硅钢片铁损为3.15W。

电焊机中常用的硅钢片品种、规格和性能参数，见表1-15～表1-17。

表1-15　热轧硅钢板电磁性能（GB 5212—85）

厚度/mm	牌号	最小磁感/T		最大铁损/(W/kg)		密度/(g/cm³)	旧牌号
		B25	B50	P10/50	P15/50	酸洗钢板	
0.5	DR530-50	1.61	1.61	2.20	5.30	7.75	D22
	DR510-50	1.54	1.54	2.10	5.10		D23
	DR490-50	1.56	1.56	2.00	4.90		D24
	DR450-50	1.54	1.54	1.85	4.50		—
	DR420-50	1.54	1.54	1.80	4.20		—
	DR400-50	1.54	1.54	1.65	4.00		—
	DR440-50	1.46	1.57	2.00	4.40	7.65	D31
	DR405-50	1.50	1.61	1.80	4.05		D32
	DR360-50	1.45	1.56	1.60	3.60	7.55	D41
	DR315-50	1.45	1.56	1.35	3.15		D42
	DR265-50	1.44	1.55	1.10	2.65		D44
0.35	DR360-35	1.46	1.57	1.60	3.60	7.65	D31
	DR320-35	1.45	1.56	1.35	3.20	7.55	D41
	DR280-35	1.45	1.56	1.15	2.80		D42
	DR255-35	1.44	1.54	1.05	2.55		D43
	DR225-35	1.44	1.54	0.90	2.25		D44

表 1-16　冷轧无取向硅钢片的电磁性能（GB 2521—88）

厚度/mm	牌号	最小磁感/T B50	最大铁损/(W/kg) P15/50	密度/(g/cm³)	武钢牌号
0.35	DW240-35	1.58	2.40	7.65	—
	DW265-35	1.59	2.65		W10
	DW310-35	1.60	3.10		W12
	DW360-35	1.61	3.60		W14
	DW440-35	1.64	4.40		W18
0.35	DW500-35	1.65	5.00	7.75	W20
	DW550-35	1.66	5.50		W23
0.50	DW270-50	1.58	2.70	7.65	—
	DW290-50	1.58	2.90		—
	DW310-50	1.59	3.10		W10
	DW360-50	1.60	3.60		W12
	DW400-50	1.61	4.00		W14
	DW470-50	1.64	4.70		W18
	DW540-50	1.65	5.40	7.75	W20
	DW620-50	1.66	6.20		W23
	DW800-50	1.69	8.00	7.80	W30

表 1-17　冷轧取向硅钢片的电磁性能（GB 2521—88）

厚度/mm	牌号	最小磁感/T B10	最大铁损/(W/kg) P17/50	密度/(g/cm³)	武钢牌号
0.30	DQ113G-30	1.89	1.13	7.65	—
	DQ122G-30	1.89	1.22		Q8G
	DQ133G-30	1.89	1.33		—
	DQ133-30	1.79	1.33		Q09
	DQ147-30	1.77	1.47		Q10
	DQ162-30	1.74	1.62		Q11
	DQ179-30	1.71	1.79		Q12
0.35	DQ117G-35	1.58	2.70	7.65	—
	DQ126G-35	1.58	2.90		—
	DQ137G-35	1.59	3.10		W10
	DQ137-35	1.60	3.60		W12
	DQ151-35	1.61	4.00		W14
	DQ166-35	1.64	4.70		W18
	DQ183-35	1.65	5.40		W20

1.3 电焊机修理常用设备、仪表及工具

在电焊机的修理工作中,有时电焊机的故障及其原因很明显,修理方法也简单,只用一般常用工具便可将故障排除,但这种情况为数不多,多数的故障需借助于仪表的检测才能发现原因,而修理时还要使用专用工具,甚至还可能需要一定的专用设备,才能将电焊机修好。因此,专职的电焊机维修人员,必须有相应的工具、仪表和设备,才能完成电焊机修理工作。

1.3.1 电焊机修理常用设备

① 通用绕线机或简易绕线支架。通用绕线机(图1-1)用于绕制多匝密绕的绕组,是电焊机制造厂的必备设备,对于一般修理厂可不必专门备置。确有多匝绕组需用绕线机时,亦可自制简易的木支架(土绕线机),同样可绕制出合格的绕组。

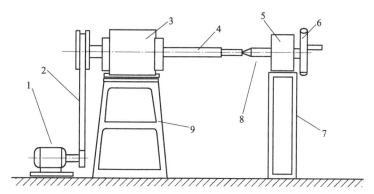

图1-1 绕线机结构示意图
1—电动机;2—皮带;3—减速器;4—输出转轴(装绕组骨架);5—尾座;
6—手轮;7—支架;8—顶尖;9—机架

② 立绕机或立绕胎膜。有的电焊机绕组采用扁线立绕结构,这种特殊结构绕组,没有立绕机或专用胎模具是难以制成的。立绕胎模复杂,有多种结构形式。其中的有一种简易形式,使用方便,易于制作,适用于维修单位。

③ 负载电阻箱。可作为电焊机的负载,用以测定修理后电焊机的输出电流、电焊机的外特性和电流调节范围,是校验电焊机的必备设备。负载箱有200A、300A两种规格。在大负载的情况下可以多台并联。

如果没有负载电阻箱,也可以使用自制的盐水电阻箱代替,只不过测试的误差稍大一些。

④ 浸漆槽。用于各种绕组和变压器整体浸漆之用,也可用于其他电器或元件的浸漆。

⑤ 硅钢片涂漆机。经常性的需要大量的硅钢片涂漆,可自制一台硅钢片手摇涂漆机。它结构简单,使用方便,可以使硅钢片的漆膜均匀,可提高硅钢片的叠片系数。

⑥ 烘干炉或烘箱。用于烘干浸过漆而又经淋干的绕组或器件的炉或箱。可以置备,也可用焊条烘箱或热处理用的烘炉代用。

⑦ 台钻。用于修理工作中的钻孔。

⑧ 焊接设备。根据各单位的现用条件,可设置气焊、电阻焊(对焊)或氩弧焊设备,

用于导线的接长、导线的焊补、绕组引出线的焊接等。

1.3.2 电焊机修理常用仪表

① 万用表。万用表是电焊机修理中最常用的仪表。它的精度虽然不高,但由于它量程多、用途广、使用方便,因此较受欢迎。使用中多用于测试电网电压、电焊机的空载电压和线路的检查。

万用表使用时,一定要注意被测量的种类和量程的选择,用错了会使表头和表内线路受到破坏。

② 兆欧(摇)表。兆欧表用于测量各绕组的对地绝缘电阻,是电焊机修理工作中不可缺少的仪表。一般使用电压500V,量程为0~500MΩ的兆欧表,就可满足要求。

使用兆欧表的注意事项如下。

a. 在测量前,被测设备要切断电源并进行充分放电(需经2~3min),以保障仪表及人身安全。

b. 兆欧表的接线柱与被测设备间的连接线不可使用绞线或双股绝缘线,要使用单根独立的连线,以避免测量误差。

c. 兆欧表在测量前应进行一次开路和短路试验,检查兆欧表是否良好,同时又可减少测量误差。

d. 摇动手柄时应由慢渐快,最后达到均匀。当出现指针已指零时,不能再继续摇动手柄,以防烧坏仪表。

e. 禁止在雷电时或在邻近有带高压导体的设备时进行兆欧表测量。

③ 交直流电流表、分流器及电流互感器。这是为精确测量电焊机的电流调节范围和外特性而用的。表的精度可选用1.0级或1.5级。表的量程要与电焊机的最大电流相适应。

④ 交、直流电压表。可用于精确测量电焊机的空载电压和外特性。表的精度可用1.0级,表的量程在120~150V为佳。

⑤ 温度计。用以测电焊机的温升,量程可在0~150℃。

⑥ 通用示波器。在晶闸管式弧电焊机和氩弧电焊机控制电路的维修中可能用到。

1.3.3 电焊机修理常用工具

① 普通电工工具。克丝钳、旋具(一字和十字)、活扳手、电工刀、试电笔、断线钳、电烙铁及手电钻等。

② 钳工常用工具。台虎钳、手工钢锯、手锤、各式钢锉、丝锥及板牙等。

③ 常用测量工具。卷尺、板尺、卡尺、90°角尺等。

④ 铁芯叠片工具。铜锤、铜撞块、拨片刀等。

⑤ 绕线工具。木槌、绕线模、立绕模具、导线拉紧器等。

⑥ 特殊专用工具。电焊机有修理或制造过程中,某些特殊的工序的加工或装卸工具等。

1.4 线圈绕制工艺

现以电焊机的主要构件即降压变压器为例,简介电焊机线圈修理工艺。

绕组是电焊机变压器的重要部件，也是易损坏的部件，故绕组的固定必须牢靠。否则，绕组工作时受电场机械力及发热的共同影响下，容易变形、绝缘击穿和短路。因此，绕制修理时必须保证绕组能长期地可靠工作；绕组的接头焊接，既要导电良好，又能要连接牢固。如果接触电阻大，在大电流流过时就会发热，使接头烧毁。

综上所述，绕组的固定、绝缘质量、接头焊接质量等问题，在修理工作中要特别注意。

1.4.1 多匝绕组的绕制

一般电焊机变压器的一次绕组，都是多层密绕的结构形式，采用双玻璃丝包扁线绕成，如图1-2所示，就是BX3系列动圈式弧焊变压器的一次绕组。其加工步骤如下。

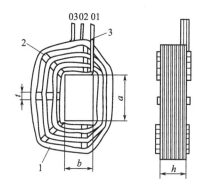

图1-2 BX3弧焊变压器的一次绕组
1—玻璃丝包扁铜线；2—撑条；3—引出线；01——次绕组的始端；02——次绕组的抽头；03——次绕组的末端；a——次绕组内孔长度；b——次绕组内孔宽度；t—撑条宽度；h—绕组高度

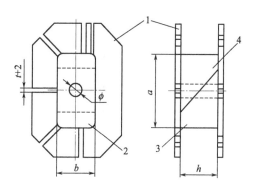

图1-3 BX3一次绕组线模结构示意图
1—模板；2—模芯；3—下半模芯；4—上半模芯；a—模芯长度；b—模芯宽度；t—模芯宽度；h—模芯高度；ϕ—套绕线机转轴孔直径

(1) 绕线模的制作

要使绕组绕制得规整，没有绕线模是不行的。绕线模的材料，可根据修理的绕组数量来决定。若一次性地修理，可以用硬质的木材制作；经常使用的绕线模，应使用铝材、钢材或层压绝缘板制作。

绕线模的结构和尺寸应按绕组的图样尺寸要求来设计。它是由模芯和模板构成，见图1-4。两块模板的间距h（正是模芯的高度），它可以保证绕制的绕组高度，同时可挡住绕组两边的导线，使之平整。模板上根据绕组图样的要求设有若干开口和凹槽，是为了固定绕组的引出线、抽头和撑条使用。

为了卸模方便，模芯做成两个相同的楔形体半模芯，使用时两个半模芯对成一个整模芯（见图1-3），要保持转轴孔（ϕ）贯通和模芯的尺寸（a和h）。

(2) 绕组活络骨架的制作

电焊机中的电源变压器、电抗器、磁饱和电抗器、输出变压器及控制变压器等部件都有绕组。大、中功率电焊机的绕组制作不用骨架，其与铁芯的绝缘是使用撑条。这样处理既保证了绕组与铁芯的绝缘，又有利于绕组散热。对中小功率电焊机（250A以下）的绕组要使用骨架。电焊机厂批量生产的电焊机，其骨架都采用注塑件。在电焊机的修理或单机的试制工作中，如果注塑骨架找不到，可以自制矩形铁芯的活络骨架，制作方法如下。

① 材料可选用0.5～2.0mm厚的酚醛玻璃丝布板。

② 骨架的结构尺寸，是根据铁芯柱的截面积尺寸、窗口的尺寸、绕组的匝数和导线的规格来确定。

③ 骨架组件（片）的制作是先画线，再用锯和细板锉按图 1-4(a)～(c) 一一加工。

④ 骨架的组装。将图 1-4(a)、(b)、(c) 件各两块装成图 1-4(d) 所示的样式。

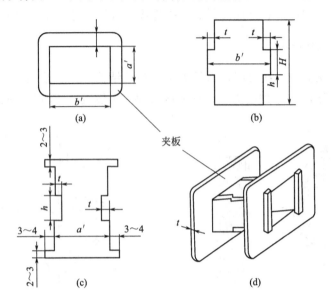

图 1-4 活络骨架的结构

t—夹板厚度

（3）绕组出线端的加固处理

绕组的出线端头，因要接输入或输出线，接触电阻较大，温升高，又常受机械力扰动，极易产生故障。因而，绕组的引出线端常采用如下加强措施。

① 当绕组的导线较细（$\phi 2mm$ 以下）时，易折断，所以常用较粗的多股软线作引出线。引出线的长度要保证在绕组内的部分能占到半圈以上。导线与出线的接头可采用银钎焊。

② 引出线要加强绝缘，一般都采用在引出线外再套上绝缘漆管的方法。漆管的长度要大于引出线，并能把引出线与绕组导线的焊接接头也套入内。

③ 当绕组的导线较粗时，就不用另接引出线了，用绕组的导线直接引出。但是，同样应套上绝缘漆管。

④ 无骨架绕组的起头和尾头，在最边缘的一匝起点和终点折弯处，应采用从其邻近数匝线下面用绝缘布拉紧带固定，见图 1-5(b)。导线较粗时，可多设几处紧带固定点。

⑤ 有骨架的绕组 [图 1-5(a)]，其起头和尾头的引出线不用固定，只在骨架一端的挡板上适当位置设穿线孔便可。有骨架绕组的引出线亦应套上绝缘漆管。

⑥ 无论有骨架或无骨架的绕组，加了绝缘漆管的

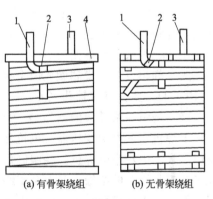

(a) 有骨架绕组　　(b) 无骨架绕组

图 1-5 扁线绕组引出线示意图

1—尾头；2—拉紧带；

3—起头；4—骨架端板

引出线，将随绕组整体一并浸漆，以使绕组结构固化，绝缘加强。

（4）绕组的绝缘处理

绕组绕制好以后进行绝缘漆的浸渍，使绕组有较高绝缘性能、机械强度和耐潮防腐蚀性能。

当前电焊机的绕组主要浸渍 1032 漆或 1032-1 漆，都属于 B 级绝缘。

绝缘处理的步骤为预热、浸渍和烘干三个过程。

① 预热：目的是驱除绕组中的潮气。预热的温度应低于干燥的温度，一般应在 100℃ 以下炉中进行。

② 浸渍：当预热的绕组冷却至 70℃ 时沉浸到绝缘漆中，当漆槽液面不再有气泡时便浸透了，取出绕组淋干后放入烘干炉中烘干，再准备第二次浸漆、淋干、烘干。

③ 烘干：使用烘干炉。热源可以用高压蒸汽，或者电阻丝，或者红外线管都行。烘干温度和时间以漆种不同而有区别：1032 和 1032-1 漆，均可加热 120℃；时间差别很大，1032 漆需烘 10h，而 1032-1 漆只要 4h 便可。

如果没有烘干炉而需烘干时，可以利用绕组自身的电阻，通电以电阻热烘干。此方法简单，只要接一个可以调节的直流电源，电流由小到大的试调，选择合适为止。加热时不要离开人，防止过热把绕组烧坏。

1.4.2 铁芯的制造与修理

铁芯是电焊机的重要部件之一，除了极少数的逆变器电焊机以外，绝大多数电焊机里的铁芯部件都是用硅钢片制作的。铁芯的质量主要取决于硅钢片的冲剪和叠装技术。

（1）硅钢片的剪切

剪切和冲压使用的设备有各种规格的剪板机，不同吨位的冲床等。使用的工具有千分尺、卡尺、钢直尺、卷尺和 90°角尺等。

硅钢片的剪切方法简单，节省材料，而且可以使硅钢片的片长与扎制方向一致，这一点对冷扎有取向的硅钢片更为重要。

为了剪后的硅钢片尺寸准确、无毛刺、质量好，必须使剪床的上下刀刃的间隙合理，这一点可以用调整剪床上的调节螺栓来保证。工程上对硅钢片剪切毛刺的限制，要求小于 0.5mm。

为了提高定位的精确度，一般在剪床的工作台上安装纵向或横向的定位板。为了提高剪切速度，横向的定位可以安装在活动刀架上。

剪床剪切的首片硅钢片，要用卡尺测量和角度。不符合要求时，要调整剪床的定位板或刀刃间隙，直到达到要求时为止。硅钢片的长度与宽度，可以用卡尺或专用工具测量。

硅钢片的角度偏差，可取两片同样的硅钢片反向对叠比较法测量。如图 1-6 所示，测得的 Δ 值越小，角度偏差越小，质量越好。

冲床冲压的硅钢片，尺寸准确、生产率高。毛刺的大小，也应控制在 0.05mm 以内。

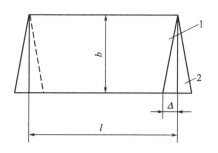

图 1-6　硅钢片角度偏差示意图
1—硅钢片 A；2—硅钢片 B
b—硅钢片厚度；l—硅钢片长度；
Δ—硅钢片偏差数值

（2）铁芯的叠装

① 铁芯的叠装的技术要求

a. 硅钢片边缘不得有毛刺。

b. 每一叠层的硅钢片片数要相等。

c. 夹件与硅钢片之间要绝缘。

d. 夹件与夹紧螺栓间要绝缘。

e. 铁芯硅钢片与夹紧螺栓间要绝缘。

f. 铁芯硅钢片的叠厚不得倾斜，应时刻检查，可以用一片硅钢片进行检查，见图 1-7。

g. 要控制叠片接缝间隙在 1mm 以内，间隙太大会使空载电流增加。

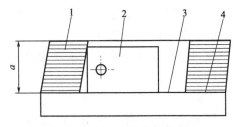

图 1-7 硅钢片叠厚倾斜度

a—叠片厚度；1—叠起的硅钢片；2—单片硅钢片（检尺）；3—夹件绝缘板；4—夹件

② 硅钢片的叠片的系数 ξ。铁芯的硅钢片的片数是根据图样的尺寸、硅钢片厚度和叠片系数计算的，硅钢片的叠片系数是与硅钢片表面绝缘层（漆膜）厚度、硅钢片的波浪形、切片质量及夹紧程度有关。叠片系数越大，一定厚度的叠片数就越多。电焊机电源变压器、电抗器铁芯硅钢片的叠片系数，可按表 1-18 选取。

表 1-18　电焊机用硅钢片叠片系数 ξ

序号	硅钢片种类及表面状况	硅钢片厚度/mm	叠片系数 ξ
1	冷扎硅钢片,表面不涂漆	0.35	0.94
2	热扎硅钢片,表面不涂漆	0.35	0.91
3	冷扎、热扎硅钢片,表面不涂漆	0.5	0.95
4	冷扎、热扎硅钢片,表面涂漆	0.5	0.93

③ 铁芯叠片方式。电焊机里的变压器、电抗器的铁芯大多数采用双柱或三柱铁芯结构。铁芯的叠装方式，见图 1-8。

④ 叠片工艺要点。叠片打底时可以使用一面的夹件，将夹件平放里面向上，外面向下使之垫平，如图 1-7 中夹件 4 那样。然后在夹件 4 上面垫上一层绝缘垫片，其后绝缘垫片上面按图 1-8 所示的形式，一层一层地叠片。每层硅钢片的片数可取 3 片或 4 片，按着硅钢片叠装要求进行。当铁芯的片数达到要求后进行整形，装绝缘垫片，装另一面夹件，在夹件紧固过程中进行最后整形。

叠片过程中要始终注意三点：

a. 铁芯的形状和尺寸要达到要求；

b. 硅钢片相对的缝隙要小而且均匀，不得相互叠压；

c. 铁芯组装的最后工序是防锈处理，即对铁芯硅钢片侧面的剪切口均涂防锈漆。也可以在以后绕组套装铁芯后，将变压器或电抗器整体浸漆一次，对提高电焊机的绝缘强度和防锈能力都会有所加强。

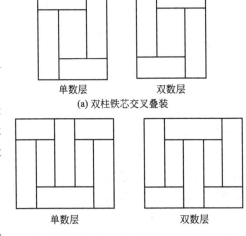

(a) 双柱铁芯交叉叠装

(b) 三柱铁芯交叉叠

图 1-8 铁芯交叉叠片的两种形式示意图

组装后的铁芯在吊运过程中，要注意防止铁芯变形。

(3) 硅钢片上残存废绝缘漆膜的清除

电焊机变压器硅钢片上的绝缘漆膜破坏时，必将引起铁芯涡流损耗增大，使铁芯发热。铁芯修理时，硅钢片上必须清除残漆膜，重新涂漆。若不清除硅钢片上的残漆膜就另涂新漆会使硅钢片厚度增加，叠成铁芯必然尺寸扩张，套不进绕组线圈。因此，必须清除旧残漆膜。

清除硅钢片残漆膜可采用"浸煮"法。浸煮液可用10%的苛性钠或20%磷酸钠溶液。待浸煮液加热到50℃，当其中的苛性钠全部溶解后将硅钢片浸入，散开浸泡，待漆膜都膨胀起来并开始脱落时可将硅钢片移到热水中刷洗，洗净后再放到清水中冲净、晾干或烘干，最后再涂新漆。

（4）硅钢片的涂漆

修理所用硅钢片，若片数不多可用手涂刷或喷涂法，但手涂刷漆膜厚度难以控制。若需涂漆的硅钢片数较多时，可以自制一台专用的手摇硅钢片涂漆机。硅钢片涂漆工艺及技术要求列于表1-19。

表1-19 硅钢片涂漆工艺要求

工艺	漆 标 号	
	1611号	1030号
稀释剂	松节油	苯或纯净汽油
黏度	用4号黏度计,(20±1)℃时为50~70Pa·s	用4号黏度计,(20±1)℃时为0~50Pa·s
干燥温度	200℃	(105±1)℃
干燥时间	12~15min	2h
漆膜厚度	两面厚度之和为0.01~0.15mm	两面厚度之和为0.01~0.15mm
技术要求	①漆中不应有杂质和不溶解的粒子 ②漆膜干燥后应光滑、平整、有光泽、无皱纹、烤焦点、空白点、漆包、气泡等	

1.4.3 铁芯夹紧螺杆与夹件的绝缘

变压器或电焊机的铁芯，是由夹件、绝缘板、硅钢片等用螺栓夹紧的。螺栓的螺杆与铁芯、铁芯与夹件、夹件与螺栓之间都互相绝缘，不然，在变压器工作时螺杆中会产生涡流而发热，时间长了能将螺杆烧红，会影响变压器或电焊机的质量。

1.4.4 导线的接长方法

绕组的绕制过程中导线的长度不够时，需用同规格的导线与其接起来，其连接手段因导线材质不同可选用不同焊接方法。

（1）铜导线的焊接方法

① 氧乙炔焰气焊法。该方法简便，应用普遍，设备投资少，焊接接头质量好。

设备及工具：氧气瓶一个，乙炔气瓶一个，气焊炬一把，氧气表一个，乙炔表一个。

焊丝及焊剂：焊丝可选购纯铜焊丝，或使用铜导线的一段，用CJ301铜气焊熔剂，或直接使用脱水硼砂。

接头形式应选用对接接头，使用中性火焰。因为纯铜导热性好，焊接必须使用较大的焊炬和喷嘴，用较大的火焰功率。焊后，应将接头锉光滑，进行绝缘包扎。

② 钎焊法。钎焊也是一种简便的焊接方法，焊接接头良好，设备投资少。

钎料和钎剂：铜导线的连接常用的钎料有两种。银钎料可使用Bag72Cu，配用QJ-102

钎剂；铜磷钎料可先 HLAgCu70-5，配用硼砂钎剂。

热源：热源较为广泛。可以使用氧乙炔中性焰、氧液化气焰、煤油喷灯或电阻接触加热。

接头形式：钎焊是非熔化焊接，所以接头要采用搭接。

导线钎焊后，应将接头锉光滑，包扎绝缘。

③ 电阻对焊法。电阻对焊法也是铜导线连接常用的一种方法。焊接时，将待焊的导线两端除去绝缘层，使导线露出裸铜，端面要锉平。然后将欲焊导线分别装夹在电焊机的两个夹具上，端面接触对正。调好电焊机的有关焊接参数，进行电阻对焊。

这种方法操作简便，焊接速度快，接头质量好，不用填充材料和焊剂，成本低，但是需要有一台对电焊机（UN-10 或 UN-16 型）。

焊后，卸下焊件，将接头边缘用锉修好，包扎绝缘便可。

④ 手工钨极直流氩弧焊。铜导线对接，使用手工钨极直流氩弧焊接是焊接质量最好的方法。

设备和工具：手工钨极直流氩弧电焊机（120A 或 200A）一台；工业用纯度为 99.9% 的氩气一瓶；氩气减压阀流量计一个；头戴式电焊防护帽一个。

填充材料可用待焊导线的一段。根据导线截面的大小，调好电焊机的规范参数，将接头焊好，焊后接头稍作修整便可包扎绝缘。

（2）铝导线的焊接方法

① 氧乙炔焰气焊法。火焰使用氧气炔中性焰。

填充材料可使用待焊铝导线上的一段，或用 $\phi 2\sim 5mm$ 的纯铝线。可选购 CJ401 铝气焊熔剂，也可以用氯气钾 50%、氯化钠（食盐）28%、氯化锂 14%、氯化钠 8% 等材料自己配制。

焊前应先将填充焊丝在 5% 的氢氧化钠水溶液（70~80℃）中浸泡 20min，以去除其表面的氧化膜，然后用冷水冲净、晾干备用，最好当天用完。

② 手工交流钨极氩弧焊。铝导线的手工交流钨极氩弧焊是焊接接头质量最好的一种焊接方法。

设备及工艺：NSA-120 手工钨极交流氩弧电焊机一台；工业用纯度为 99.9% 的氩气一瓶；流量和压力一体式减压阀一个；头戴式电焊防护帽一个。

填充材料可使用 $\phi 2\sim 4mm$ 纯铝线或被焊铝导线的一段。

焊接时，铝导线端部的绝缘物要去掉，裸铝线表面的氧化物要用 5% 苛性钠溶液清洗。

焊厚度 2mm 的导线参考工艺参数：钨极直径 $\phi 2mm$；电流 80A 左右；喷嘴直径 6mm；氩气流量 10L/min。焊后对接头进行修整并包扎绝缘。

③ 钎焊法。铝导线的钎焊接头要用搭接形式。

钎料：用 99.99% 的纯锌，取片状。

钎剂：用氯化锌 88%、氯化铵 10%、氟化钠 2% 材料，以蒸馏水或酒精调和，呈白色糊状即可备用，要现用现调。

焊时要将锌片涂上钎剂放置在导线搭接处中间。通过电阻接触加热，加热到 420℃ 时钎料熔化、流动并填满搭接接触面，待钎料发亮光时立即切断电源。整个焊接过程不要超过 5min，时间长了不利于焊接。

焊后要对接头修整，清洗掉钎剂的残渣，包扎好绝缘便可。

1.4.5 大截面的铜导线缺损的焊补

大容量的交流弧焊变压器,二次绕组截面积较大,当绕组导线烧损出现缺肉(输出端易发生)时,可以进行焊补,把缺肉处焊满填平。可以选用以下的焊接方法焊补:

① 手工钨极直流氩弧焊;
② 氧乙炔焰气焊;
③ 银钎料钎焊。

1.4.6 电缆与接头的冷压连接

电焊机内部的连接电缆,电缆与端头或电缆与铜套的连接,均应采用机械压接结合。这种方法不用焊接,不使用焊剂,所以电缆不会受到腐蚀。加工完的连接电缆,干净整洁,故被广泛采用。

压接时,先将电缆的外部绝缘层剥除,使导线端部裸露出来,将接头的套筒套在其上,然后套筒放入钳口内对应模具的位置,加压使上下压模闭合,导线与接头套筒被压缩到模具的固定位置而连接起来,压实后卸去压力,使模具钳口张开,取出压好的导线接头,一个完好电缆接头就做好了。

第 2 章　交流弧焊机检修

2.1　交流弧焊机的结构及工作原理

交流弧焊变压器基本工作原理。图 2-1 中，W_1 是一次绕组，W_2 是二次绕组。W_1 和 W_2 绕在同一铁芯上。一次绕组将电能传给铁芯，使铁芯中产生交变磁场，然后铁芯又把磁能传给二次绕组，使二次绕组产生感应电动势，这就是交流弧焊变压器的基本原理。

变压器一、二次绕组感应的电动势之比等于其匝数之比，其式为

$$\frac{E_1}{E_2}=\frac{N_1}{N_2}=K$$

式中　K——变压器的电压比。
　　　N_1，N_2——一、二次绕组的匝数。

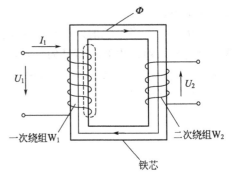

图 2-1　变压器示意图

2.1.1　同体式交流弧焊变压器的结构及工作原理

同体式交流弧焊变压器属于正常漏磁类弧焊变压器。这种变压器的结构如图 2-2 所示，其构造特点是变压器与电抗器组成一体。该交流弧焊变压器分上、下两部分：一个是正常漏磁的变压器，另一个是电抗器。它们之间不仅有电的联系，而且还有磁的联系。

该图中Ⅰ为变压器的一次绕组，Ⅱ为变压器的二次绕组，Ⅲ为电抗器绕组。变压器的一次绕组和二次绕组部分成两部分，分别绕在下部两侧的铁芯柱上，其漏磁通很小，可认为漏抗 $X_T=0$。用螺杆移动可动铁芯，能改变空气隙的大小，从而改变磁阻。

下面分别介绍一下变压器的工作原理。

由图 2-3 可知，$\Phi_0=\Phi_{B0}+\Phi_{C0}$。$\Phi_0$ 是空载电流 I_0 是通过一次绕组产生的主磁通，Φ_{B0} 和 Φ_{C0} 是分路磁通。由于 Φ_{B0} 所经过的磁路较长，而且磁路中有空气隙 δ，所以 Φ_{B0} 遇到的磁阻 R_{mc} 比 Φ_{C0} 要小得多。如果 δ 增大，Φ_{B0} 就会减少。通常 Φ_{B0} 只占主磁通 Φ_0 的 0.05～0.01，即变压器一次绕组Ⅰ与电抗器绕组Ⅲ的耦合系数为

$$K_{1.3}=\frac{\Phi_{B0}}{\Phi_0}=0.05\sim0.01$$

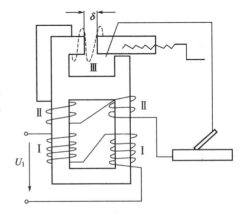

图 2-2　同体式弧焊变压器结构式

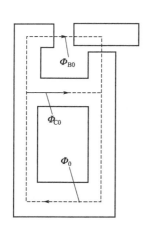 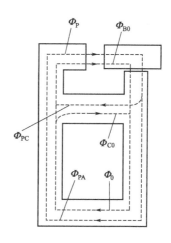

图 2-3 空载时磁通分布　　　　图 2-4 负载磁通分布

同体式弧焊变压器的二次绕组Ⅱ与电抗器绕组Ⅲ是串联反接，所以电焊机二次空载电压 U_0 为两者空载感应电动势之差：$U_0=E_{20}-E_{P0}$，因此，电焊机电压比 K_1 为

$$K_1=K_T\frac{U_1}{U_0}=\frac{N_1}{W_2-K_{1.3}N_P}$$

分析同体式弧焊变压器的空载情况。由于 $K_{1.3}$ 值很小，电动势 E_{P0} 只在 3～0.8V 之间变化，所以电抗绕组对 U_0 影响不大，可以不计。若增大空气隙 δ，磁阻 R_{mB} 也增大，耦合系数 $K_{1.3}$ 将减少，使空载电压 U_0 稍有提高。

在变压器的二次侧接通负载后，变压器铁芯内就有三个磁通，即：

一次电流 I_1 通过一次绕组产生磁动势 I_1N_1 所建立起来的磁通为 Φ_1；

二次电流 I_g 通过二次绕组产生磁动势 I_gN_2 所建立起来的磁通为 Φ_2；

二次电流 I_g 通过电抗绕组产生磁动势 I_gN_P 所建立起来的磁通为 Φ_P。

根据变压器原理，负载时变压器的铁芯中的主磁通与空载时相比，基本上是不变的仍为 Φ_0，所以有

$$\Phi_1+\Phi_2=\Phi_0$$

在负载时，变压器的主磁通 Φ_0 在各部分磁轭中的分配，也与空载时相同，其中绝大部分中间磁轭闭合为 Φ_{C0}，很小一部分由上部磁轭闭合为 Φ_{B0}，见图 2-4。

负载时，电抗绕组产生的磁通 Φ_P 也有两个回路，磁通 Φ_P 主要经过中间磁轭闭合为 Φ_{PC}，还有一部分经下部磁轭闭合为 Φ_{PC} 与 Φ_{PA}，中间磁轭与下部磁轭长度大约为 1 与 3 之比，所以磁通 Φ_{PC} 与 Φ_{PA} 之比约为 3∶1。因此，电抗绕组产生的磁通 Φ_P 约有 75% 通过中间磁轭，由图 2-4 可以看出，磁通 Φ_{PA} 与 Φ_0 方向相同，Φ_{PA} 对变压器主磁通 Φ_0 起增磁作用。

因此，一次绕组中励磁电流就会减少，节约了电能。而磁通 Φ_{PC} 与 Φ_{C0} 方向相反，合成磁通为两者之差。因此，中间磁轭的截面积可以减少，能够节约材料。这是变压器的二次绕组和电抗绕组串联反接的结果。

如果在大修时，绕组重新绕制后，把电抗绕组的两端搞错了，与二次绕组的接法改变成顺接，则中间铁轭就会极度饱和，磁导率急剧下降，磁阻加大，电抗绕组中的感抗也变小，结果会使变压器很快发热，电弧不能连续燃烧，也调节不到小的焊接电流数值，甚至会损坏

其变压器。

同体式弧焊变压器的短路电流 I_D，可按下式计算：

$$I_D = \frac{U_0}{X_P}; \quad X_P = 2\pi f \frac{N_P^2}{R_m}$$

改变电抗器的空气隙长度 δ。当增大 δ 时，电抗器磁路磁阻 R_δ 增大，电抗器的感抗 X_P 减小，$X_P \approx 2\pi f \frac{N_P^2}{R_m}$，电焊机电流增大。

此外，当 δ 增大时，耦合系数 $K_{1.3}$ 减小，使空载电压 U_0 稍有增加。图 2-5 中的曲线 1 和 2 就是改变长度所得到的两条不同的外特性曲线。

图 2-5 中的曲线 3 和 4 就是改变 N_1 所得的两条不同的外特性曲线。

由于变压器与电抗器复合为一体，又采用反接法，与分体式相比可以省去一根中间磁轭。

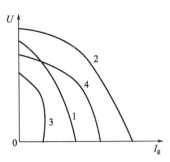

图 2-5 改变间隙 δ 和匝数 N_1 所得的外特性曲线

电抗绕组磁通分量 Φ_{PA} 对变压器主磁通起增磁作用，这样就减小了励磁电流，提高了焊机功率因数，节省电能。

电抗器动铁芯工作时振动，在小电流范围下，因振动而引起电流波动，焊接参数不稳定。

属于这类电焊机的产品有 BX 和 BX2 型。BX 型是手摇螺杆带动活动铁芯来改变气隙 δ 的大小，以调节焊接电流。

2.1.2 分体式交流弧焊变压器的结构及工作原理

分体式交流弧焊变压器是由一个平特性降压变压器和一个独立的电抗器组成。图 2-6 是这种弧焊变压器的示意图。

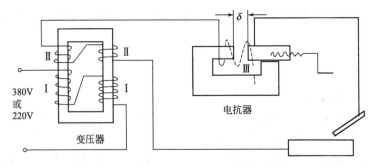

图 2-6 分体式交流弧焊变压器结构示意图

分体式交流弧焊变压器的原理应用在弧焊变压器的型号有 BX-500。此种弧焊变压器由于一、二次侧耦合得很好，漏磁很小，由漏磁引起的变压器漏抗 X_T 很小，一般可以忽略不计。

其电抗器是一个具有电感量的铁芯绕组。它的铁芯有一个活动部分，是由螺杆移动来调节磁路中空气隙的大小以改变磁阻，借以改变焊接电流的大小。

此种弧焊变压器的 X_T 和一、二次绕组中的电阻 r_1 和 r_2 可以不计，因此变压器输出的空载电压为

$$\frac{U_0}{U_1}=\frac{N_2}{N_1}, \quad U_0=\frac{1}{K_T}U_1$$

式中 K_T——变压器的电压比。

由此可见，U_0 只与 U_1 有关。

2.1.3 动铁分磁半开式交流弧焊变压器的结构及工作原理

动铁分磁半开式交流弧焊变压器是一种增强漏磁式弧焊变压器，它不需要另外接电抗器。而用活动铁芯增加焊接变压器本身的漏抗 X_T 来获得陡降外特性。BX1(BS) 系列弧焊变压器即属于这一类。

动铁分磁半开式交流弧焊变压器结构如图 2-7 所示。它的铁芯有两部分组成：一部分是口字形铁芯。左铁芯柱为 a，右铁芯柱为 b；另一部分是在口字形铁芯内的活动铁芯柱 c，它可在螺杆的带动下，做垂直于水平面方向的运动，以调节电焊机漏抗 X_T 的大小来调节焊接电流。动铁分磁半开式弧焊变压器的一次绕组的一部分与一次绕组绕在同一个芯柱 a 上的，即绕组 Ⅱ。另一部分 Ⅲ 绕在右芯柱 b 上。二次绕组 Ⅱ 与一次绕组 Ⅰ 耦合很好，它们之间漏磁小，而二次绕组 Ⅲ 与一次绕组 Ⅰ 耦合得差，漏磁大，所以称为半开式。二次绕组的两部分 Ⅱ 和 Ⅲ 是串联顺接的，也就是当二次电流流过这两个绕组时，在芯柱 a 及 b 上产生的磁通方向相同。

动铁分磁半开式交流弧焊变压器工作原理分以下三种情况。

① 电焊机一次绕组接通电源，二次绕组开路，焊接电流 $I_g=0$，一次绕组内有空载电流 I_0 流过，并且在铁芯柱 a 的绕组 Ⅰ 建立磁通 Φ_0，见图 2-8。

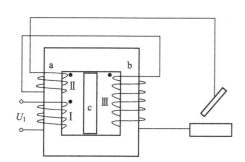

图 2-7 BX1 型电焊机变压器结构示意图

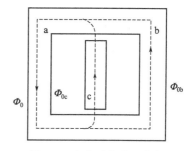

图 2-8 空载时的磁通分布

磁通 Φ_0 分成两个支路 Φ_{0b} 及 Φ_{0c}，第一支路 Φ_{0b} 穿过绕组 Ⅰ、Ⅱ、Ⅲ 经铁芯柱 b 闭合；另一个支路 Φ_{0c} 只穿过绕组 Ⅰ 及 Ⅱ，经活动铁芯 c 闭合。对于绕组 Ⅲ 来说，由于 Φ_{0c} 不从它中间通过，因此，Φ_{0c} 是绕组的漏磁通。

由于中间铁芯 c 是活动的，它与上下铁轭间各有一个空气隙，所以 Φ_{0c} 所经过的中间磁分路的磁阻 R_m 较大，而 Φ_{0b} 所经过的磁路中没有空气隙，磁阻较小。根据磁通按磁路的磁阻成反比分配原则，Φ_{0b} 比 Φ_{0c} 要大得多。它们的数量关系可以用耦合系数 K 来确定。绕组对绕组的耦合系数为

$$K_{1.3}=\frac{\Phi_{0b}}{\Phi_0}=\frac{\Phi_{0b}}{\Phi_{0b}+\Phi_{0c}}=\frac{R_{mc}}{R_{mc}+R_{mb}}$$

若以 K_M 代表 $K_{1.3}$，K_M 大约为 0.7~0.85，所以 $\Phi_{0b}=K_M\Phi_0=(0.7$~$0.85)\Phi_0$。

此种弧焊变压器由于绕组 Ⅱ 是串联顺接的，所以电焊机二次侧空载电压 U_0 为两者在空

载时感应产生的电动势之和,即 $U_0 = E_{2Ⅱ} + E_{2Ⅲ}$。

由此式可知,U_0 取决于 N_1、N_2 与 $K_M N_3$。如当活动铁芯柱外移时,中间磁分路的磁阻 R_m 增大,耦合系数 K_M 也增大,空载电压 U_0 有相应的提高。

② 二次绕组有焊接电流 I_g 通过,一次绕组相应也有一次电流 I_1 通过,所以,负载时,绕组Ⅰ、Ⅱ、Ⅲ 都产生磁通,分别为 $Φ_1$、$Φ_2$、$Φ_3$(见图 2-9)。

由图 2-9 可知,每个芯柱都由三部分磁通合成的。

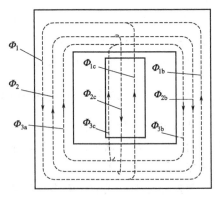

图 2-9 负载时的磁通分布

由此可以看出,负载时,三个铁芯内的磁通实际上由两个部分组成:一部分相当于空载时一次绕组Ⅰ建立起来的磁通 $Φ_0$,它的芯柱 b 和 c 中的支路是 $Φ_{0b}$ 和 $Φ_{0c}$,磁通 $Φ_0$、$Φ_{0b}$、$Φ_{0c}$ 与负载无关;另一部分是穿过绕组Ⅲ只通过芯柱 b 和 c 的磁通 $Φ_3(1-K_M^2)$。因此它不通过芯柱 a,所以它对绕组Ⅰ、Ⅱ 是漏磁通。这种漏磁通在绕组Ⅲ中感应出一个反电势,起抵消二次电动势的作用,与此相应的感抗 X_T 就是焊接变压器的漏抗。

③ 在短路情况下,$U_g = 0$,$I_g = I_D$。I_D 为短路电流。

这时,绕组Ⅱ及Ⅲ所建立的电动势(即二次空载电压 U_0)完全被变压器漏抗压降 $I_D X_T$ 所平衡。所以短路电流为

$$I_D = \frac{U_0}{X_T}, \quad U_0 = \frac{N_2 + K_M N_3}{N_1} U_1$$

根据以上分析,可以得出下述结论:

此种类型的电焊机由于一次绕组和部分二次绕组(即绕组Ⅲ),绕在不同的铁芯柱上,在这两个铁芯柱之间有漏磁分路,使电焊机的漏抗 X_T 较大。在负载时,漏抗压降随着负载电流的增大而增大,因而获得陡降外特性。

绕组Ⅲ在负载时起了电抗绕组的作用。此外,绕组Ⅲ与绕组Ⅱ是串联顺接的,所以绕组Ⅲ在空载时还起建立部分空载电压的作用 $\left(U_0 = \frac{N_2 + K_M N_3}{N_1} U_1\right)$,$K_M N_3$ 值越大,对建立空载电压的作用也越大。

绕组Ⅱ与绕组Ⅰ在同一铁芯柱上,它们之间的漏磁可以不计,所以绕组Ⅱ仅起建立空载电压的作用,不起电抗绕组的作用。

铁芯增强漏磁式弧焊变压器的特点如下。

a. 将分挡的粗调与改变活动铁芯的位置的细调结合起来,除能在较大范围内实现均匀调节外,主要能获得较理想的外特性。在小电流范围内,它有较高的空载电压,而在大电流挡时,降低空载电压,可以提高电焊机的功率因数 $\cos\varphi$,从而节约了电能。

b. 电焊机的变压器有活动的铁芯,并在磁分路有上下两个空气隙,所以杂散磁通引起的附加损耗较大。另外,在铁芯外摇以后,在交变电流作用下可引起铁芯振动。

c. 电焊机的变压器与电抗器制成一体,可以节省材料,减轻重量。

此类电焊机的代表性产品有 BX1-330,其粗调规范分挡接线原理如图 2-10 所示。分挡后的参数见表 2-1。

表 2-1 BX1-330（BS-330）分挡后参数表

级别	连接片接点	二次绕组匝数			焊接电流调节范围/A	空载电压/V
		N_2	N_3	$N_2+K_M N_3$		
第Ⅰ挡	a-b	3	23	22	50~180	70
第Ⅱ挡	b-c	10	12	20	160~450	60

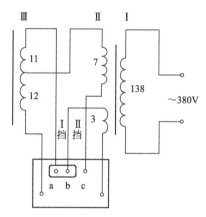

图 2-10 粗调规范分挡接线原理图

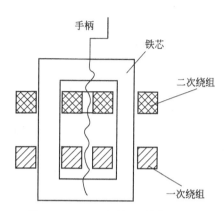

图 2-11 BX3 型弧焊机结构示意图

2.1.4 动绕组增强漏磁式交流弧焊变压器的结构及工作原理

动绕组增强漏磁式交流弧焊变压器结构及工作原理不另外串接电抗器，而用调节一次绕组和二次绕组之间的距离，以调节焊接变压器本身漏抗 X_T 办法来获得陡降外特性。这类产品的代表型号为 BX3。现将 BX3 型电焊机的结构和工作原理分述如下。

BX3 型交流弧焊机的铁芯呈口字形，其特点是两个铁芯柱做得较长，铁芯一般直立放置，见图 2-11。

变压器一次绕组匝数相等地分绕在两个铁芯柱的底部，固定不动，二次绕组的匝数也相等的分绕在两个铁芯柱上，但两面用非导磁材料作成夹板固定起来。夹板上装有螺母，借助手柄转动螺杆，就可使二次绕组沿铁芯柱上下移动，改变一次绕组和二次绕组间的距离。此外，还将一次绕组分别接成串联或并联，以增大电焊机电流的调节范围。

由于一次绕组、二次绕组之间作用着电磁斥力，在电流交变时，电磁斥力的大小也发生变化，使动绕组以 100 次/s 上下振动。为了消除这种振动，电焊机上采用弹簧装置，转动绕组与螺杆压紧。

BX3 型电焊机的工作原理分三种情况，分述如下。

① 空载时，电焊机一次绕组接通电源，二次绕组开路。一次绕组内有空载电流 I_0，空载电流 I_0 在一次绕组上产生磁动势 $I_0 N_1$，磁动势 $I_0 N_1$ 将产生磁通。磁通的绝大部分穿过二次绕组经铁芯闭合，称主磁通，用 Φ_M 表示，见图 2-12。

另一小部分磁通经过一次绕组附近的空气闭合。它不穿过二次绕组，这部分磁通称为一次绕组漏磁 Φ_{S1}。

主磁通 Φ_M 在一次绕组中感应出电动势 E_1，$E_1 = 4.44 f N_1 \Phi_M$。

主磁通 Φ_M 在二次绕组中感应出电动势 E_2，$E_2 = 4.44 f N_2 \Phi_M$。

漏磁 Φ_S，在一次绕组中感应出电动势 E_{S1}，$E_{S1} = 4.44 f N_1 \Phi_{S1}$。

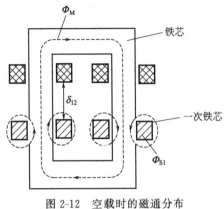

图 2-12 空载时的磁通分布

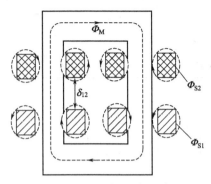

图 2-13 BX3 型弧焊机负载时的磁通分布情况

一次侧外加电压 U_1 由三部分电压平衡:克服 E_1 所需电压;克服 E_{S1} 所需电压;克服一次绕组的内阻压降 $I_0 r_1$ 所需电压。由于 $I_0 r_1$ 很小,可以不计。因此,可以近似认为, $U_1 = E_2 = 4.44 f N_1 (\Phi_M + \Phi_{S1})$。因空载时二次绕组中没有电流,所以 $U_0 = E_2 = 4.44 f N_2 \Phi_M$,则变压器的电压比为

$$K_T = \frac{U_1}{U_0} = \frac{N_1}{N_2} \frac{\Phi_M + \Phi_{S1}}{\Phi_M}$$

从上述分析可见,K_T 与 U_0 不仅与 N_1 和 N_2 有关,还与 K_M 有关。一、二次绕组间的距离 δ_{12} 增大时,漏磁通 Φ_S 稍有增大,耦合系数 K_M 稍微减小,而使二次侧空载电压 U_0 也稍有减小。实际上电焊机空载电压 U_0 的变化不超过 3%~5%。

② 电焊机在负载时,由于二次绕组电动势 E_2 的作用,二次绕组有电流 I_2 通过,并产生磁动势 $I_2 N_2$。该磁动势产生的磁通与主磁通 Φ_M 的方向相反,力图削弱主磁通 Φ_M,亦即削弱一次绕组的感应电动势 E_1,但在外加电压 U_1 不变的条件下,变压器铁芯的主磁通基本上不随负载的变化而变化。这就使一次绕组的磁动势和电流相应地从空载时的 $I_0 N_1$ 增大至 $I_1 N_1$,以补偿 $I_2 N_2$ 的抵消作用。

二次绕组产生的磁通,也有一部分在二次绕组附近的空间闭合,称为二次绕组的漏磁通 Φ_{S2}。图 2-13 即为弧焊机负载时的磁通分布情况。

③ 短路情况。短路时 $U_g = 0$。二次绕组所建立的空载电压 U_0,完全为电焊机漏抗压降 $I_D X_T$ 所平衡。所以,短路电流 $I_D = \frac{U_0}{X_T}$。

由此可知当电焊机空载电压确定后,电焊机短路电流 I_D 由电焊机漏抗决定。此类电焊机的接线图,如图 2-14 所示。

此类焊机用串、并联法粗调,与改变绕组间距的细调结合起来,使外特性能在较大范围内均匀调节。此外,在小电流范围内,它通过一次绕组抽头,适当提高空载电压,使引弧容易,在大电流范围内,降低空载电压,可以提高焊机功率因数。再者,该类焊机动绕组的振动较动铁芯的小,使用性能较好,国内产量很大。

2.1.5 动铁分磁全开式交流弧焊变压器的结构及原理

动铁分磁全开式交流弧焊变压器,采用梯形动铁芯是目前较先进的结构形式,其结构如

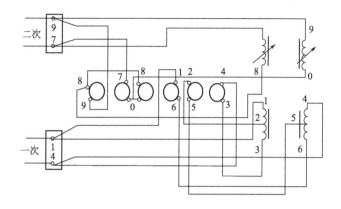

图 2-14 BX3-X 型弧焊机接线图

图 2-15 所示,动铁芯结构如图 2-16 所示。

动铁分磁全开式交流弧焊变压器的铁芯由两部分组成:一部分是口字形铁芯,其上下铁芯柱是主铁芯柱,其左右铁芯柱是铁轭;另一部分是口字形铁芯内的活动铁芯 c,它是梯形,可以沿螺杆方向运动。移动活动铁芯 c 时,不仅可以调节漏磁分路的漏磁面积,而且还改变了漏磁分路上空气隙 δ 的大小,这样便能更好地调节电焊机漏抗 X_T 的大小,以达到调节焊接电流的目的。活动铁芯 c 将上下主铁芯柱分成左右两半,令其左面上下主铁芯柱的一半连同铁轭为 a 芯柱,其右面上下主铁芯柱的一半连同铁轭为 b 芯柱。

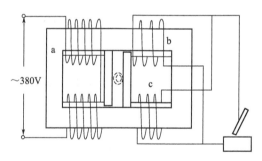

图 2-15 动铁分磁全开式
交流弧焊变压器接线图

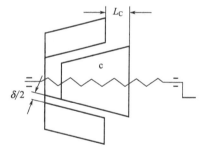

图 2-16 动铁分磁全开式交流弧焊
变压器动铁芯结构示意图

动铁分磁全开式交流弧焊变压器一次绕组平均分成两部分,分别绕在 a 芯柱上下主铁芯柱上;它的二次绕组也平均分成两部分,分别绕在 b 芯柱上下主铁芯柱上。一次绕组的结构形式采用盘形。一次绕组和二次绕组分别绕在铁芯柱 c 的两侧,耦合较差,故称为全开式弧焊变压器。

动铁分磁全开式交流弧焊变压器是一种漏磁很大的特殊变压器,它依靠自己产生的漏抗 X_T 来获得陡降外特性。现就其空载、负载、短路的工作原理分析如下。

① 空载时,$I_g=0$,一次绕组接入电网便有空载电流 I_0 流过,在一次绕组上建立磁通 Φ_0,如图 2-17 所示。当磁分路的磁阻增大,K_M 也随着增大,使 U_0 有相应的提高。

② 负载时,二次绕组有焊接电流 I_g,一次绕组有电流 I_1,一、二次绕组产生磁通 Φ_1 和 Φ_2,如图 2-18 所示。

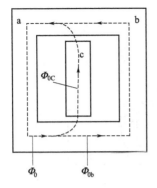
图 2-17 空载时的磁通分布

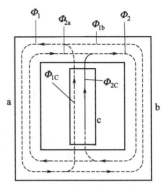
图 2-18 负载时的磁通分布

其外特性方程式为

$$U_g = \sqrt{U_0^2 - I_g^2 X_T^2}$$

$$I_g = \frac{\sqrt{U_0^2 - U_g^2}}{X_T}$$

由此可知，随着 I_g 的增大，U_g 是迅速下降的，故电焊机具有陡降的外特性。

③ 短路时 $U_g = 0$，焊接电流 I_g 为短路电流 I_D，即 $I_g = I_D$，这时，二次绕组所建立的电动势，即二次侧空载电压 U_0，完全被焊接变压器的漏抗压降 $I_D X_T$ 所平衡，所以

$$I_D = \frac{U_0}{X_T}$$

动铁分磁全开式焊机与半开式相比，它具有以下特点。

全开式电焊机的动铁芯呈梯形，移动铁芯 c 时，不仅可以调节漏磁分路的漏磁截面积，同时调节了分路上气隙 δ 的大小。动铁芯向外移动，动铁芯与静铁芯间的气隙增大，漏抗减小，因而使焊接电流增大。动铁芯向内移动，动铁芯与静铁芯气隙减小，漏抗增大，因而使焊接电流减小。焊接电流可在较大范围内均匀调节。电流调节不需换挡，故使用方便。

电焊机外特性陡降，$I_D/I_g = 1.15 \sim 1.30$，因此，焊接过程稳定，焊接工艺性能较好。

该电焊机不需要二次侧抽头分挡粗调，所以节省了绕组的导线。耦合系数 $K_M = 0.83 \sim 0.98$，比半开耦合系数 $K_M = 0.70 \sim 0.85$ 高。同样的一次绕组匝数和空载电压情况下，全开式电焊机的二次侧匝数可以减少，节约了导线。再者，盘形绕组较筒形绕组结构紧凑，也可节省了导线的消耗量。盘形绕组结构紧凑，使变压器铁芯窗口尺寸减少，减少了铁芯硅钢片的用量。

梯形动铁分磁全开式弧焊机的系列有 BX1 系列和 BXL1 系列。BX1 系列的绕组导线为铜导线，BXL1 系列的绕组导线为铝导线，并采用 H 级绝缘。H 级绝缘不仅提高了线圈允许温升，减少了有效材料消耗，而且提高了电焊机的耐潮性和使用寿命。BXL1 系列电焊机具有体积小、重量轻、使用灵活、调节方便、电弧稳定、飞溅少、技术经济指标好等优点，是一种很有发展前途、应用量大的交流弧焊机。

2.2 弧焊变压器技术数据

弧焊变压器技术数据见表 2-2～表 2-7；弧焊变压器绕组技术数据见表 2-8～表 2-11。

第 2 章 交/流/弧/焊/机/检/修

表 2-2 弧焊变压器技术数据（一）

结构形式		动圈式					
型号		BX3-120	BX3-300	BX3-500	BX3-1-400	BX3-1-500	BX3-400
额定焊接电流/A		120	300	500	400	500	400
一次电压/V		380	380	220/380	220/380	220/380	380
二次空载电压/V		80/70	75/60	接Ⅰ 70 接Ⅱ 60	接Ⅰ 88 接Ⅱ 80	接Ⅰ 88 接Ⅱ 80	接Ⅰ 75 接Ⅱ 70
额定工作电压/V		25	22～35	40	20	20	35
额定一次电流/A		24.15	54	148/85.5	93.4	119	78
焊接电流调节范围/A		Ⅰ 25～60 Ⅱ 60～160	Ⅰ 40～150 Ⅱ 120～380	Ⅰ 60～200 Ⅱ 180～655	Ⅰ 60～180 Ⅱ 75～500	Ⅰ 50～200 Ⅱ 200～600	Ⅰ 42～163 Ⅱ 63～510
额定负载持续率/%		60	60	60	60	60	60
相数		1	1	1	1	1	1
频率/Hz		50	50	50	50	50	50
额定输入容量/kV·A		9	20.5	32.5	35.6	45	29.1
各负载持率时容量/kV·A	100%	7	16	25	28	35	22.6
	额定负载持续率	9	20.5	32.5	35.6	45	29.1
各负载持续率时焊接电流/A	100%	93	323	388	310	387	310
	额定负载持续率	120	300	500	400	500	400
效率/%		77	82.5	87	70		87.5
功率因数			0.53	0.52			0.56
质量/kg		93	190	167	225	225	200
外形尺寸/mm	长	485	580	520	730	890	695
	宽	480	565	525	540	350	530
	高	631	900	800	900	550	905
用途		手弧焊电源	手弧焊电源,亦可作电弧切割用电源	手弧焊电源	手弧焊电源,亦可供于弧焊及电源切割用	手弧焊电源,亦可供于弧焊及电源切割用	手弧焊电源,亦可作电弧切割用电源

表 2-3 弧焊变压器技术数据（二）

结构形式		动圈式					
型号		BX3-120-1	BX3-160	BX3-200	BX3-250	BX3-300-1	BX3-300-2
额定焊接电流/A		120	160	200	250	300	300
一次电压/V		220/380	380	220/380	380	220/380	220/380
二次空载电压/V		接Ⅰ 75 接Ⅱ 70	接Ⅰ 78 接Ⅱ 70	70/70	接Ⅰ 78 接Ⅱ 70	75/60	接Ⅰ 78 接Ⅱ 70
额定工作电压/V		25	26.4	30	30	30	32
额定一次电流/A		41/23.5	31	67.5/39.5	48.5	54	105/61.9
焊接电流调节范围/A		Ⅰ 20～65 Ⅱ 60～160	Ⅰ 23～80 Ⅱ 79～252	35～100/ 95～250	Ⅰ 36～121 Ⅱ 12～376	40～400	Ⅰ 40～125 Ⅱ 120～400
额定负载持续率/%		60	60	40	60	60	60
相数		1	1	1	1	1	1
频率/Hz		50	50	50	50	50	50
额定输入容量/kV·A		9	11.8	15	18.4	20.5	23.4
各负载持续率时容量/kV·A	100%	7	9.15	9.4	14.25	15.9	18.5
	额定负载持续率	9	20.5	32.5	35.6	45	29.1
各负载持续率时焊接电流/A	100%	93	124	125	194	232	232
	额定负载持续率	120	160	200	250	300	300
效率/%		80	80	80	85	83	82.5
功率因数			0.44	0.43	0.48	0.53	0.53
质量/kg		100	100	100	150	190	183
外形尺寸/mm	长	485	580	445	630	580	730
	宽	470	430	410	480	600	540
	高	680	710	750	810	880	900
用途		手弧焊电源	手弧焊电源,亦可供于弧焊及电源切割用	手弧焊电源	手弧焊电源,亦可供于弧焊及电源切割用		

表 2-4 弧焊变压器技术数据（三）

结构形式		动 铁 式							
型 号		BX3-330	BX3-500	BX3-120	BX3-135	BX3-160	BX3-200	BX1-250	BX1-330
额定焊接电流/A		120	160	200	250	300	300	250	330
一次电压/V		380	220/380	220	380	220/380	220/380	380	380
二次空载电压/V		60～70	60	50	Ⅰ75/Ⅱ60	80	80	78	Ⅰ70/Ⅱ60
额定工作电压/V		30	30	30	30	21.6～27.8	21.6～27.8	22.5～32	22～37
额定一次电流/A		41/23.5	142/82	29.8	40/23	35.4		54	96/57
焊接电流调节范围/A		Ⅰ50～180 Ⅱ160～450	150～700	60～120	Ⅰ25～85 Ⅱ50～150	40～192	40～200	62.5～300	Ⅰ50～185 Ⅱ175～430
额定负载持续率/%		65	65	20	65	60	40	60	60
相数		1	1	1	1	1	1	1	1
频率/Hz		50	50	50	50	50	50	50	50
额定输入容量/kV·A		21	132	6	8.7	13.5	16.9	20.5	21
各负载持续率时容量/kV·A	100%	17	26	2.7		10.4	10.7	15.9	17
	额定负载持续率	21	32	6	8.7	13.5	16.9	20.5	21
各负载持续率时焊接电流/A	100%	266	400	54	110	124	126	194	255
	额定负载持续率	330	500	120	135	160	200	250	330
效率/%			86		78	77		80	82.5
功率因数			0.52		0.58	0.45		0.46	0.51
质量/kg		185	290	32	98	93	93	116	178
外形尺寸/mm	长	866	840	360	680	587	587	600	870
	宽	552	430	245	480	325	325	360	525
	高	748	860	305	580	665	645	720	785
用 途		手弧焊电源		手提轻便焊电源		手弧焊及电弧切割电源		手弧焊电源	

表 2-5 弧焊变压器技术数据（四）

结构形式		动 铁 式							
型 号		BX1-330-1		BX1-300	BX1-400	BX1-500		BX1K-500	BX1-630
额定焊接电流/A		330		300	300	400	500	500	630
一次电压/V		220/380		380	220/380	380	220/380	380	380
二次空载电压/V		Ⅰ78/Ⅱ66		70	78	77	77	80	80
额定工作电压/V		30		22.34	22.5～32	24～36	24～36	20～44	22～44
额定一次电流/A		104/60				83	142/82	110	147.5
焊接电流调节范围/A		50～180/ 160～450		50～380	62.5～300	100～480	100～500	125～600	110～760
额定负载持续率/%		65		60	40	60	40	60	60
相数		1		1	1	1	1	1	1
频率/Hz		50		50	50	50	50	50	50
额定输入容量/kV·A		22.8		21	25	31.4	39.5	42	56
各负载持续率时容量/kV·A	100%	18.4		16.3	15.8	24.4	25	32.5	43.4
	额定负载持续率	22.8		21	25	31.4	39.5	42	56
各负载持续率时焊接电流/A	100%	265		232	190	310	316	387	488
	额定负载持续率	330		300	300	400	500	500	630
效率/%		80			84.5	86	80	87	
功率因数		0.50			0.55	0.52	0.65		
质量/kg		155		160	116	144	144	310	270
外形尺寸/mm	长	820		670	600	640	640	926	760
	宽	542		400	360	390	390	520	460
	高	675		660	700	764	754	880	890
用 途		手弧焊电源			手弧焊电源,亦可作切割电源		手弧焊电源,也可作钨极氩弧和重力焊电源		手弧焊电源及切割电源,对较厚板材尤为适用

表 2-6 焊变压器技术数据（五）

结构形式		动 铁 式						
型 号		BX6-120-2	BXD6-120	BX-120	BX-200	BX5-120	BX6-120	BX6-120-1
额定焊接电流/A		120	120	120	200	120	120	120
一次电压/V		220/380	380	220	380	220	380	220/380
二次空载电压/V		52		50~55	48~70	35~60（六挡）	50	50
额定工作电压/V		22~26	25	22~26	22~28	25	25	22~26
额定一次电流/A		28.4/16.4	14.5/20.5	38	40	18	6	
焊接电流调节范围/A		50~160	Ⅰ 98~115 Ⅱ 110~130	50~160	60~200	50~160	45~160	45~160
额定负载持续率/%		20	60	20	20	30	20	20
相数		1	1	1	1	1	1	1
频率/Hz		50	50	50	50	50	50	50
额定输入容量/kV·A		6.24	8.4	8	15	6.6	6	6
各负载持续率时容量/kV·A	100%	2.8			3			2.7
	额定负载持续率	6.24	8.4	8	15	6.6		6
各负载持续率时焊接电流/A	100%	54				74	54	54
	额定负载持续率					120	120	120
效率/%						78.5		
功率因数						0.55	0.75	
质量/kg		22	35	24	49	28	20	25
外形尺寸/mm	长	345	320	390	270	290	445	400
	宽	246	225	285	351	220	240	252
	高	188	280	190	474	240	190	193
用 途		手提式弧焊电源						

表 2-7 焊变压器技术数据（六）

结构形式		同 体 式				分体式（饱和式）		
型 号		BX2-500	BX2-700	BX2-1000	BX2-2000	BX9-300	BX10-100	BX10-500
额定焊接电流/A		500	700	1000	2000	300	100	500
一次电压/V		220/380	380	220/380	380	380	380	380
二次空载电压/V		80	75	69~78	72~84	80	80	81
额定工作电压/V		45	28~56	4	50	35	15	30
额定一次电流/A			147	340/196	450		21	
焊接电流调节范围/A		200~600	200~600	400~1200	800~2200	40~375	15~100	50~500
额定负载持续率/%		60	60	60	50	60	60	60
相数		1	1	1	1	1	1	1
频率/Hz		50	50	50	50	50	50	50
额定输入容量/kV·A		42	56	76	170	24	8	40.5
各负载持续率时容量/kV·A	100%	32.5	44	59	120	18.6	6	31
	额定负载持续率	42	56	76	170	24	8	40.5
各负载持续率时焊接电流/A	100%	388	542	775	1400	230	77.5	387
	额定负载持续率	500	700	1000	2000	300	100	500
效率/%		85	89	90	89	84		
功率因数		0.6	0.5	0.62	0.69	0.52		
质量/kg		445	340	560	890	150	183	650
外形尺寸/mm	长	950	840	741	1020	550	614	670
	宽	744	430	950	818	461	340	810
	高	1215	880	1220	1260	645	470	1100
用 途		自动与半自动埋弧焊电源				手弧焊电源	小电流钨极氩弧焊电源	钨极氩弧焊电源

表 2-8　BX 及 BX1 系列焊变压器绕组的技术数据

型号		BX-500		BX1-135		BX1-330		BX1-500
	电压/V	220	380	220	380	220	380	380
一次线圈	导线名称	双玻璃丝包线	双玻璃丝包线	双玻璃丝包线	双玻璃丝包线	双玻璃丝包线	双玻璃丝包线	双玻璃丝包线
	导线尺寸/mm×mm	4.4×11.6	4.7×6.4	2.83×6.4	2.83×3.53	4.1×10	2.26×5.5	4.7×6.4
	并绕根数	2	2	1	1	1	2	2
	匝数	24	48	132	232	80	138	每个线圈48
	导线质量/kg	36.5	36.5	13	11	36.5	36.5	36.5
二次线圈	导线名称	裸扁铜线		裸扁铜线		裸扁铜线		裸扁铜线
	导线尺寸/mm×mm	4.7×16.8		3.8×8		5.1×13.5		4.7×16.8
	并绕根数	2		1		1		2
	匝数	8		13		10		每个线圈8
	导线质量/kg	20.5		3		5		20.5
电抗线圈	导线名称	裸扁铜线		裸扁铜线		裸扁铜线		裸扁铜线
	导线尺寸/mm×mm	3.28×22		3.8×8		5.1×13.5		3.28×22
	并绕根数	2		1		1		2
	匝数	16		40		23		16
	导线质量/kg	12.8		5.5		11.5		12.8

表 2-9　BX6-120 型弧焊变压器绕组的技术数据

型号	Ⅰ号一次线圈		Ⅱ号一次线圈		二次线圈
	220V	380V	220V	380V	
线圈形式	筒式线圈				
导线名称和牌号	SBECB 型玻璃丝包偏铜线				
导线尺寸/mm×mm	1.0×5.1	1.35×2.1	1.81×3.28	1.16×3.28	2.83×9.3
并绕根数	1	1	1	1	1
匝数	318	550	145	250	70

表 2-10　BX2 系列弧焊变压器绕组的技术数据

项目		BX2-500型		BX2-1000型		BX2-2000型
	电压/V	220	380	220	380	380
	导线截面尺寸/mm×mm	3.53×10.8	3.53×6.4	4.4×14.5	4.4×8.6	3.28×10
	导线种类	双玻璃丝包线	双玻璃丝包线	双玻璃丝包线	双玻璃丝包线	双玻璃丝包线
一次线圈	并联根数	2	2	2	2	2
	导线质量/kg	23.5	23.5	35.8	35.8	
	线圈编号	Ⅰ | Ⅱ	Ⅰ | Ⅱ	Ⅰ | Ⅱ	Ⅰ | Ⅱ	Ⅰ | Ⅱ
	线圈匝数	25 | 25	43 | 43	19 | 19	33 | 33	30 | 30
	抽头标号	78 0 76 0 | 78 0 76 0	78 0 76 0 | 78 0 76 0	78 79 80 76 82 81 | 78 79 80 76 82 81	78 79 80 76 82 81 | 78 79 80 76 82 81	78 79 80 76 82 81 | 78 79 80 76 82 81
	抽头匝数	0 25 0 25 | 0 25 0 25	0 43 0 43 | 0 43 0 43	0 17 19 0 17 19 | 0 29 83 0 29 83	0 17 19 0 17 19 | 0 29 83 0 29 83	0 27 30 0 27 30
	导线截面尺寸/mm×mm	4.1×12.5	4.1×12.5	4.4×22	4.4×22	12×8.5×2.5
	导线种类	裸铜线	裸铜线	裸铜线	裸铜线	空心裸铜线
二次线圈	并联根数	2	2	2	2	1
	导线质量/kg	13.5	13.5	22	22	
	线圈编号	Ⅰ | Ⅱ	Ⅰ | Ⅱ	Ⅰ | Ⅱ	Ⅰ | Ⅱ	Ⅰ | Ⅱ
	线圈匝数	9 | 9	9 | 9	6 | 6	6 | 6	12 | 12
	抽头标号	0 45 0 46 | 0 45 0 46	0 45 0 46 | 0 45 0 46	0 45 | 0 46	0 45 | 0 46	45 46 | 45 46
	抽头匝数	0 9 0 9 | 0 9 0 9	0 9 0 9 | 0 9 0 9	0 6 | 0 6	0 6 | 0 6	0 12 | 0 12

表 2-11 BX3 系列弧焊变压器绕组的技术数据

项目		BX3-120				BX3-300				BX3-500	
一次线圈	电压/V	220		380		380		380			
	导线截面尺寸/mm×mm	1.81×4.1		1.81×2.44		2.44×4.1		3.53×5.5			
	导线种类	双玻璃丝包线		双玻璃丝包线		双玻璃丝包线		双玻璃丝包线			
	并联根数	1		1		1		1			
	导线质量/kg	11.8		12.2		21		34			
	线圈编号	Ⅰ		Ⅱ		Ⅰ		Ⅱ		Ⅰ	Ⅱ	Ⅰ	Ⅱ
	线圈匝数	180		180		310		310		180	180	140	140
	抽头标号	1 2 3		4 5 6		1 2 3		4 5 6		1 2 3 4 5 6		1 2 3 4 5 6	
	抽头匝数	0 155 180		0 155 180		0 268 310		0 268 310		0 144 180 0 144 180		0 124 140 0 124 140	
二次线圈	导线截面尺寸/mm×mm	3.53×6.4		3.53×6.4		2.26×18		3.53×22			
	导线种类	双玻璃丝包线		双玻璃丝包线		双玻璃丝包线		双玻璃丝包线			
	并联根数	1		1		1		1			
	导线质量/kg	11.2		11.2		12		19.3			
	线圈编号	Ⅰ		Ⅱ		Ⅰ		Ⅱ		Ⅰ	Ⅱ	Ⅰ	Ⅱ
	线圈匝数	60		60		60		60		30	30	23	23
	抽头标号	7 8 9		10 11 12		7 8 9		10 11 12		7 8 9 0		7 8 9 0	
	抽头匝数	0 55 60		0 55 60		0 55 60		0 55 60		0 30 0 30		0 23 0 23	

2.3 交流电焊机的故障原因及处理方法

2.3.1 动铁式交流弧焊机的维修

(1) **故障现象**：焊接时电流忽大忽小。

故障分析：动铁式交流弧焊变压器的电流调节是采用粗调和细调相结合的方法来实现的。粗调是分为大小两个挡，而细调是采用移动活铁芯来改变动、静铁芯的相对位置获得所需的焊接电流。焊接电流不稳定是由于电流细调机构的丝杠与螺母之间磨损间隙过大，使动铁芯振动幅度增大，导致动、静铁芯相对位置频繁变动所致；也有可能是动铁芯与静铁芯两边间隙不等，使焊接时动铁芯所受的磁力不均，产生振动过大，也同样导致动、静铁芯相对位置的经常变动；还可能是电路连接处有螺栓松动或接触不好，使焊接时接触电阻时大时小地变化。

处理方法：如果电路连接处螺栓松动，在打开电焊机壳便就可以发现，将螺栓拧紧接牢即可；丝扛与螺母的间隙的调节，可以使用正、反摇动调节手柄方法进行调试，因有空挡，在调试时可以能感觉出间隙的大小。确实间隙过大不能使用时，应更换新件。调整活动铁芯与静铁芯之间间隙，应保证动铁芯与静铁芯之间两面的间隙相等。除了用导轨保证外，维修时可用适当厚度的玻璃丝布板垫在活动铁芯下面，可以保证间隙相等而且可以保证其对地绝缘。

(2) **故障现象**：在使用中空载电压、电流调节均正常，但在焊接时总感到电流明显变小，不论电流调节任何刻度位置都要比新电焊机输出电流要小。

故障分析：

① 一般用时间比较久的电焊机或旧电焊机会出现该现象。首先检查电焊机的输出端子的接线板上螺栓接线是否接牢，因端子接线松动和不紧时，都会使接触电阻比紧固时要大好几倍；其次旧电焊机或用时间比较久的电焊机往往接线螺栓不是原配的（原配是黄铜接线螺栓一套），有时节约，使用一般的铁螺栓（该种现象比较常见）。

② 因使用现场比较远，用较长或较细的焊接电缆（此时电阻值会增大很多），造成焊接电流减小；另一方面电焊机的地线长短和接地夹子的使用不合理（搭、压连接），使接地电阻增大，也会造成焊接电流减小。

③ 有时焊接电缆不打开，盘在一起（呈卷状），或堆放在铁件上（很多焊工为了方便，经常把焊把线挂在铁挂件上），电缆线盘成卷状或打起螺旋卷，就形成电感，此时若把电缆线放置在铁板上，会使电感量更大，这样造成焊接电流减小。

处理方法：

① 电焊机输出端子接线螺栓（一套）都应用原配的黄铜件，电缆线接头要用线鼻子（标准的）。电焊机内绕组的连接线、接头应保持紧固牢靠，并且使用合格的标准焊钳。

② 焊接手把线和地线电缆应选用合适电缆截面和长度，如表 2-12 所示。

表 2-12 焊接手把线和地线长度的选择　　　　　　　　　　　　　　　　　　m

电流/A	截面/mm²				
	20	40	60	80	100
100	16	25	35	50	60
200	25	35	50	60	70
300	35	50	60	70	85
400	50	60	70	85	95
500	60	70	85	95	120
600	70	85	95	120	135

③ 焊接电缆使用时应尽可能拉直、不打卷，并尽可能远离铁件或把电焊机移到现场（作业面）近的地方使用。

（3）**故障现象：** 在工作中调节电焊机电流时，怎么也调不到电焊机铭牌上的最小值，也调不到最大值。

故障分析： 在国家电焊机标准中规定（在电焊机标牌上一般都有规定），电焊机的最小电流不应超过额定电流的 20%，最大电流不应小于额定电流的 120%。如果电焊机的动、静铁芯调节对齐以后，电流仍达不到最小电流的规定值时，那是因为动、静铁芯对齐后其间隙（δ）比原来变大了，使漏抗变小了。

处理方法： 调小铁芯与静铁芯之间的间隙。在动、静铁芯对齐时，紧固静铁芯的螺栓便可；也可将电焊变压器大修，将动铁芯取下，设法使叠片厚度适当增大，以铁芯移动时不碰一、二次绕组为准。

（4）**故障现象：** 在使用中，电焊机手柄摇到最大极限，但是电流仍没达到最大值，影响了施工进度。

故障分析： 此时动铁芯外移没有到位，动铁芯实际上并没有达到最外的位置，可能是有障碍物，使动铁芯外移受阻，也可能丝杠局部变形（比较旧的电焊机），使动铁芯的移动不到位，还有可能是动铁芯的外部滑道不正，使动铁芯在外面没有到达最大位置就被卡，或与电焊机内导线连接接触电阻明显增大有关。

处理方法：检查清除电焊机铁芯上的障碍物；如果是丝杠变形，轻者可用车床修整，严重者应更换新件；动铁芯滑道不规整的，应调整平整后固定牢靠；如果电焊机内导线连接接触电阻明显增大，要检查电焊机内绕组的连接线或接头使其紧固牢靠，降低其接触电阻的阻值，消除这些故障。铁芯能调到最外面，电焊机的电流就能调节到铭牌上的最大值了。如果以上措施仍达不到要求，可适当减少静绕组的匝数，使电焊机的空载电压提高，可使电流增大。但是，采用这一措施后电焊机的其他参数也会相应改变，如焊接电流的下限也会提高等，这一点应用时要引起注意。

（5）**故障现象**：当电焊机接入电源后，该电焊机就发出"嗡、嗡"声，但不起弧，测量二次电压后发现无空载电压。

故障分析：电焊机接入电网后，电焊机本身发出"嗡、嗡"声，说明电焊机一次绕组没有问题。无空载电压的原因，可能是二次绕组或电抗器绕组有断线的地方，或者是绕组的引出线、连线、接头有断线或掉头。

处理方法：此种故障比较明显就是二次绕组或电抗器绕组有断线的现象，应将断线或接头重新接好、焊牢，拧紧螺钉；如果是二次绕组断线（或烧损）的话，应进行电焊机大修。

（6）**故障现象**：交流弧焊变压器在使用过程中，接入电源的刀闸开关或铁壳开关的熔丝经常烧断。

故障分析：

① 当接通电焊机电源时，刀闸开关或铁壳开关的熔丝立即烧断，有时会听到强烈的放炮声，这种情况说明交流电焊机的一次绕组有短路故障，另外也有可能是交流电焊机的一次电源线相碰（输入端子板内侧两头相碰）或是变压器一次绕组的两根端线与机壳相碰及接地等。

② 刀闸开关或铁壳开关送电后，电焊机内部会有较强的"嗡、嗡"声，稍待片刻熔丝便烧断。此时，说明交流电焊机的二次绕组有短路故障，如焊把电缆线与地线相碰或电焊机输出端两根电缆头的铜线毛刺与机壳相碰；或者是电焊机变压器二次绕组与外壳及铁芯形成短路。

③ 刀闸开关或铁壳开关送电后，电焊机能正常工作，但熔丝经常烧断，说明熔丝的容量小。

处理方法：首先根据故障现象确定熔丝烧断的原因，根据故障发生的不同，采取不同的处理措施。属于前两者的，应将电焊机变压器的短路处找到，此时拆开电焊机的外壳，短路处很容易发现，因为短路处有发热以及局部过热烧焦、变色的痕迹。将上述故障修好，再更换新的熔丝，就可以使电焊机故障排除。属于第三种原因的，应选择合适规格的熔丝即可。

2.3.2 动圈式交流弧焊机的维修

动圈式交流弧焊变压器，焊接时电流不能调节。动圈式交流弧焊变压器，其外特性是因动、静绕组之间有距离，产生了漏抗作用而形成的。电焊机的电流调节，就是用摇动手柄调节动、静绕组的距离，从而改变了电焊机漏抗的大小，由此可获得不同的焊接电流。

（1）**故障现象**：使用中发现电流不能调节。

故障分析：有可能是电流调节机构不灵活，或者是重绕电抗绕组后，匝数不足，焊接电流不能调节得较小。

处理方法：切掉电源，拆开电焊机传动机构，调节丝杠转动的松紧程度，如果是重绕的电抗绕组，应适当增加匝数。

（2）**故障现象**：在换上新的转换开关以后，发现Ⅰ挡和Ⅱ挡不能调节。

处理方法：用转换开关来实现Ⅰ挡和Ⅱ挡的换接，使用起来很不方便，但动圈式交流弧焊变压器种类很多，线路接线也有差别，常用的转换开关有 KDH 开关和 E119 型开关。转换开关与绕组的正确接线如图 2-19 和图 2-20 所示。

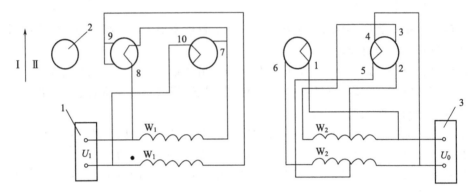

图 2-19　KDH 型开关的弧焊变压器接线图
1——次端子板；2—转换开关；3—二次端子板

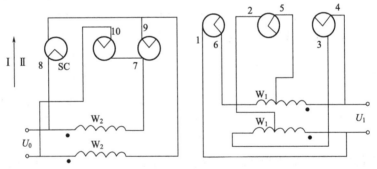

图 2-20　E119 型开关的弧焊变压器接线图
U_1——次电压；W_1——次绕组；U_0—空载电压；W_2—二次绕组；SC—转换开关

（3）**故障现象**：动圈式交流弧焊变压器（BX3-300 型）电焊机使用正常，但电流调节机构的手柄摇动困难。

BX3-300 型动圈式交流弧焊变压器结构如图 2-21 所示。由其工作原理可知，电焊机的下降外特性是因动、静绕组之间有距离 L，产生了漏抗作用而形成的。电焊机的电流调节，就是用摇动手柄调节动、静绕组间的距离 L，从而改变了焊机漏抗的大小，由此可获得不同的焊接电流。

故障分析：该焊机出现电流调节时手柄摇动困难，说明电流调节机构不灵活。由结构图可知，这是由于调节丝杠转动松紧程度的浮动螺母 10 拧得过紧，中间弹簧 9 压力过大所致。

处理方法：拧松浮动螺母 10，使弹簧 9 的压力降低，动绕组螺母 8 与丝杠 7 的转动配合就会放松,手摇丝杠调节电流时就不会吃力了。

(4) **故障现象**:在动圈式交流弧焊变压器(BX3-300型)电焊机使用过程中(焊接)正常,但在调节电流时达不到标牌所标的最大电流值。

故障分析:由其工作原理可知动、静绕组间的间距 L 最小时电焊机的电流最大,如果电焊机的动绕组活动空间受阻(有障碍物)使两绕组的间距没有达到设计的最小值时,电焊机电流便不会达到标志的最大值。另外,电焊机动绕组各接头处如果接触不良,也会因接触电阻增大而使电流减小。

处理方法:

① 仔细检查动绕组滑道上有无障碍物,使动、静绕组的间距可调,达到设计的最小值。

② 清理动绕组各接头的接触面,并拧紧螺钉,使接触电阻最小。

③ 更换不合格的转换开关,清理各接头接触面,拧紧接线螺钉。

④ 如果以上几点措施仍达不到要求时,可

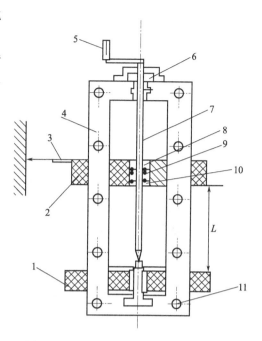

图 2-21 BX3 系列弧焊整流器结构示意图
1—静绕组;2—动绕组;3—电流指示;4—铁芯;5—调节手柄;6—丝杠支架;7—丝杠;8—动绕组螺母;9—弹簧;10—浮动螺母;11—铁芯紧固螺钉;L—动、静绕组的可调距离

是适当减少静绕组的匝数,使电焊机的空载电压提高,可使电流增大。但是,采用这一措施后电焊机的其他参数也会相应改变如焊接电流的下限也会提高等,这一点应要注意。

(5) **故障现象**:动圈式交流弧焊变压器(BX3-300型)电焊机使用正常,但在调节电流时达不到标牌所标的最小电流值。

故障分析:动圈式交流弧焊机的电流调节,是靠改变动、静绕组的间距 L 来调节弧焊变压器输出电流的。当 L 最小时,变压器的漏抗最小,所以电焊机电流最大;反之,当 L 最大时,漏抗最大,而电焊机电流最小。

该电焊机的动绕组虽已调到最高处,却没有达到设计的 L 最大值,所以,实测电流仍达不到电焊机铭牌上所标的最小电流值。

处理方法:根据具体电焊机结构实际情况,在确保电焊机质量的前提下对阻止动绕组调高的障碍物予以清理,使 L 尽可能达到设计最大值。

当对阻止动绕组调高的障碍物予以清理,使 L 尽可能达到设计最大值时仍达不到要求时,可适当增加静绕组匝数,使电焊机空载电压适当降低,可以实现电焊机最小电流。但是,这样做电焊机的最大电流也会相应下降一些的。

(6) **故障现象**:在现场施工时造成(没有及时给电焊机罩上防雨设施)交流弧焊变压器受大雨的淋湿(绕组),不能正常使用。

故障分析及处理:交流弧焊变压器因受大雨的淋湿(绕组)可有以下几种方法进行干燥处理。

① 自然干燥法:对于被淋湿但受潮不严重的电焊机可采用此方法。此方法简单、经济。

将受潮的交流电焊机机壳打开，置于干燥通风处，晾晒 2～3 日就可以了。

② 炉中烘干法：将受潮交流电焊机放置在大型的烘炉中加温烘烤，在 80～90℃ 温度下烘烤 2～3h 便可。但要注意烘烤前要将电焊机上的不耐温的电气元件应拆下来，待电焊机烘烤完毕冷却后再装上去。

③ 烘干干燥法：对于被淋湿但受潮严重的电焊机。将电焊机置于板式电热器（1～2kW）焦炭炉上方 200～300mm 处烤 3～5h（要注意看护被烘烤弧焊变压器），也可以用电热风机进行吹干。但此法需要边吹边检查电焊机的绝缘情况，隔一段时间进行一次绝缘测试，直至绝缘良好，便可使用。

④ 通电干燥法：可选用一台直流弧焊发电机作电源，将被干燥的交流电焊机作负载，将电源接入负载的二次输出端，合上电源开关，将直流弧焊发电机的电流调节在 50～100A，电流由小到大缓慢增加，通电约 1h 便可。这是利用电流的热效应使交流电焊机自身发热干燥。

交流电焊机干燥以后，应使用 500V 的兆欧表检测电焊机的绝缘状况。一次绕组对地绝缘电阻不应低于 $5.0M\Omega$；二次绕组对地绝缘电阻不应低于 $2.5M\Omega$。

以上两项检查都合格后，该电焊机便可放心地使用了。如果检查绝缘不合格，说明电焊机干燥的不彻底，绝缘物中仍有残留潮气，仍需继续干燥处理，直至绝缘检查合格为止。

2.3.3 抽头式交流弧焊机的维修

（1）**故障现象**：电焊机在连续使用不久就打不着火了，过一会儿又好了，总是这样时好时坏的。

故障分析：该抽头式交流弧焊变压器在一次电路里串接了温度开关（温度继电器）ST，它放置在工作温度最高的地方（绕组处），当电焊机工作一段时间之后，绕组发热，当温度达到预定值时，温度开关 ST 的触点打开，切断了输入电路，致使交流电焊机停止工作，从而防止绕组由于温升过高而烧坏使电焊机得到保护。停一段时间，绕组热量散发之后，温度开关复位，又自行接通电焊机的一次电路，电焊机重新投入工作。

处理方法：此故障并非交流弧焊机真有故障，它是抽头式交流电焊机工作过程中的正常现象，根据抽头式交流弧焊机的标准规定，电焊机厂家在设计中必须装设该热保护装置。在使用时该电焊机稍冷降温之后便可正常使用了。

（2）**故障现象**：抽头式交流弧焊变压器一次、二次绕组接线正确，就是焊接时打不着火，只是"嘶啦、嘶啦"有火花而不起弧，通过检测电焊机进线电源电压只有 160～170V 左右。

故障分析：在电焊机设计时考虑到电网电压的波动，即电网波动在 $+5\%\sim-10\%$ 范围内电焊机才能正常使用。现在电网电压向下波动，波动幅度为

$$\frac{160-220}{220}\times 100\% = -27\%$$

$$\frac{170-220}{220}\times 100\% = -22.7\%$$

BX6-120 型交流弧焊变压器的空载电压额定是 50V，在电网 $-22.7\%\sim-27\%$ 的波动下才有 36.5～38.65V，这么低的空载电压显然是打不着电弧的，只能打火花。因此，上述交流电焊机本身无故障，打不着电弧是电网电压太低的缘故。

处理方法：① 躲过电网用电高峰期再使用。

② 如果工作任务紧确需要时，可用一个调压器（或稳压器）来保证其施工进度。

（3）**故障现象**：抽头式交流弧焊变压器在使用中冒烟烧毁，但在开机检查后发现两个变压器芯柱中的一个绕组烧了，而另一个绕组仍完好（绝缘良好），没有过热现象。

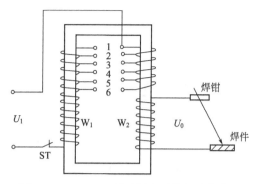

图 2-22　BX6-120 型弧焊变压器电路接线图

故障分析：由图 2-22 可知，电焊机的一次绕组 W_1 是由基本绕组和抽头绕组所组成的，约占 W_1 的三分之二（设置六个抽头）绕在左侧铁芯柱上，另三分之一绕在右侧铁芯上，也设置六个抽头，以便和左侧相匹配。

二次绕组 W_2 绕在右侧芯柱上 W_1 绕组外侧。

电焊机烧毁的是右侧芯柱上的一次、二次绕组绕在一起的绕组，而左侧的一次绕组 W_1 完好无损。所以，根据上述故障情况，对右侧绕组进行大修。

处理方法：① 要做好原始记录（如绕向、匝数、导线的截面、规格）。

② 计算铜导线的实际需要量，进行备线。仿照原绕组，做胎具（按绕组的制作方法进行）进行绕制并干燥处理。

③ 按接线图接线，按原结构恢复（安装），并进行试验，要求符合绝缘标准。

第 3 章 CO_2 半自动电焊机维修

3.1 CO_2 半自动电焊机的工作原理

3.1.1 CO_2 电弧焊的特点和应用

CO_2（二氧化碳）电弧焊是一种高效率的焊接方法，以 CO_2 气体作保护气体，依靠焊丝与焊件之间的电弧来熔化金属的气体保护焊的方法称 CO_2 焊。这种焊接法都是采用焊丝自动送丝，敷化金属量大，生产效率高，质量稳定。因此，获得广泛应用，与其他电弧焊相比有以下特点。

① 焊接成本很低。CO_2 焊的成本只有埋弧焊与手工电弧焊成本的 40%~50% 左右。
② 生产效率高。CO_2 电弧焊穿透力很强，熔深大，而且焊丝熔化率高，所以熔敷速度快，生产效率可比手工电弧焊高 3 倍。
③ 消耗能量较低。CO_2 电弧焊与药皮焊条相比，3mm 厚钢板对接焊缝，每米焊缝的用电降低 30%，25mm 钢板对接焊缝时用电降低 60%。
④ 适用范围宽。不论在何种位置都可以进行焊接，薄板可焊到 1mm，最厚几乎不受限制（采用多层焊），而且焊接速度快，变形小。
⑤ 抗裂能力强。焊缝含氢量低，抗裂性能强。
⑥ 焊后不需清渣。引弧操作便于监视和控制，有利于实现焊接过程机械化和自动化。

我国在 CO_2 焊接设备、焊接材料、焊接工艺方面已取得了很大的成就。CO_2 电弧焊接在我国的造船、机车、汽车制造、石油化工、工程机械、农业机械中获得广泛应用。

3.1.2 焊接材料

(1) CO_2 保护气体

CO_2 有固态、液态、气态三种状态。瓶装液态 CO_2 是 CO_2 焊接的主要保护气源。液态 CO_2 是无色液体，其密度随温度变化而变化。当温度低于 -11℃ 时密度比水大，当温度高于 -11℃ 时则密度比水小。由于 CO_2 由液态变为气态的沸点为 -78℃，所以工业焊接用 CO_2 都是液态。在常温下能自己汽化。CO_2 气瓶漆成黑色标有"CO_2"黄色字样。

(2) 焊丝

CO_2 气体保护焊对焊丝化学成分的要求如下。

① 焊丝的含碳量要低，一般在要求小于 0.11%，这样可减少气孔和飞溅。
② 焊丝必须含有足够数量的脱氧元素以减少焊缝金属中的含氧量和防止产生气体。
③ 保证焊缝金属具有满意的力学性能和抗裂性能。

国内在生产中应用最广的焊丝为 H08Mn2SiA 焊丝，该焊丝有较好的工艺性能、力学性能及抗热裂纹能力，适用于焊接低碳钢、屈服极限小于500MPa的低合金钢和经焊后热处理抗拉强度小于1200MPa的低合金高强钢，而且焊丝表面的清洁程度影响到焊缝金属中含氢量。焊接重要结构应采用机械、化学或加热办法清除焊丝表面的水分和污染物。

（3）药芯焊丝

① 由于药芯成分改变了纯CO_2电弧的物理、化学性质，因而飞溅小且飞溅颗粒容易清除，又因熔池表面盖有熔渣，焊缝成形类似手工弧焊，焊缝较实芯焊丝电弧焊美观。

② 与手工焊相比由于CO_2电弧耐热效率高加上电流密度比手工弧焊大，生产效率可为手工弧焊的3～5倍。

③ 调整药芯成分就可焊不同的钢种，而不像冶炼实芯丝那样复杂。

④ 由于熔池受到CO_2气体和熔渣两方面的保护，所以抗气孔能力比实芯焊丝能力强。

3.1.3 焊接规范选择

（1）短路过渡焊接

CO_2电弧焊中短路过渡应用最广泛，主要用于薄板及全位置焊接，规范参数为电弧电压焊接电流、焊接速度、焊接回路电感、气体流量及焊丝伸出长度等。

① 电弧电压和焊接电流。对于一定的焊丝直径及焊接电流（即送丝速度），必须匹配合适的电弧电压，才能获得稳定的短路过渡过程，此时的飞溅最少，所以在作业时选择合适的焊接参数非常必要。

不同直径焊丝的短路过渡参数见表3-1。

表3-1 不同直径焊丝的短路过渡参数

焊丝直径/mm	0.8	1.2	1.6
电弧电压/V	18	19	20
焊接电流/A	100～110	120～135	140～180

② 焊接回路电感的作用

a. 调节短路电流增长速度di/dt。di/dt过小会发生大颗粒飞溅以致焊丝大段爆断而使电弧熄灭，di/dt过大则产生大量小颗粒金属飞溅。

b. 调节电弧燃烧时间控制母材熔深。

c. 焊接速度。焊接速度过快会引起焊缝两侧吹边，焊接速度过慢容易发生烧穿和焊缝组织粗大等缺陷。

d. 气体流量大小取决于接头形式、板厚、焊接规范及作业条件等因素。通常细丝焊接时气流量为5～15L/min，粗丝焊接时为20～25L/min。

e. 焊丝伸长度。合适的焊丝伸出长度应为焊丝直径的10～20倍。焊接过程中，尽量保持在10～20mm范围内，伸出长度增加则焊接电流下降，母材熔深减小，反之则电流增大熔深增加。电阻率越大的焊丝这种影响越明显。

f. 电源极性。CO_2电弧焊一般采用直流反极性，此时飞溅小，电弧稳定，母材熔深大，成形好，而且焊缝金属含氢量低。

（2）细颗粒过渡

① 对于一定的直径焊丝，当电流增大到一定数值后同时配以较高的电弧压，焊丝的熔化金属即以小颗粒自由飞落进入熔池，这种过渡形式为细颗粒过渡。

细颗粒过渡时，电弧穿透力强，母材熔深大，适用于中厚板焊接结构。细颗粒过渡焊接时也采用直流反接法。

② 达到细颗粒过渡的电流和电压范围见表3-2。

表3-2 达到细颗粒过渡的电流和电压范围

焊丝直径/mm	电流下限值/A	电弧电压/V
1.2	300	34～35
1.6	400	34～45
2.0	500	34～65

随着电流增大电弧电压必须提高，否则电弧对熔池金属有冲刷作用，焊缝成形恶化，适当提高电弧电压能避免这种现象，但电弧电压太高飞溅会显著增大。在同样电流下，随焊丝直径增大电弧电压降低。CO_2细颗粒过渡和在氩弧焊中的喷射过渡有着实质性差别。氩弧焊中的喷射过渡是轴向的，而CO_2中的细颗粒过渡是非轴向的，仍有一定金属飞溅。另外氩弧焊中的喷射过渡界电流有明显交变特征（尤其是焊接不锈钢及黑色金属），而细颗粒过渡则没有。

(3) 减少金属飞溅措施

① 焊接电弧电压：在电弧中对于每种直径焊丝其飞溅率和焊接电流之间都存在着一定规律。在小电流区，短路过渡飞溅较小，进入大电流区（细颗粒过渡区）飞溅率也较小。

② 焊枪角度：焊枪垂直时飞溅量最少，倾向角度越大飞溅越大。焊枪前倾或后倾最好不超过20°。

③ 焊丝伸出长度：焊丝伸出长度对飞溅影响也很大，焊丝伸出长度从20mm增至30mm，飞溅量增加约5%，因而伸出长度应尽可能缩短。

(4) 保护气体种类不同其焊接方法有区别

① 利用CO_2气体为保护气的焊接方法为CO_2电弧焊。在供气中要加装预热器，因为液态CO_2在不断汽化时吸收大量热能，经减压器减压后气体体积膨胀也会使气体温度下降，为了防止CO_2气体中水分在钢瓶出口及减压阀中结冰而堵塞气路，所以在钢瓶出口及减压器之间将CO_2气体经预热器进行加热。

② CO_2＋Ar气作为保护气的MAG焊接法，称为物性气体保护焊。此种焊接方法适用于不锈钢焊接。

③ Ar作为气体保护焊的MIG焊接方法，适用于铝及铝合金焊接。

3.1.4 基本操作技术

(1) 注意事项

① 电源、气瓶、送丝机、焊枪等连接方式参阅说明书。

② 选择正确的持枪姿势

a. 身体与焊枪处于自然状态，手腕能灵活带动焊枪平移或转动。

b. 焊接过程中软管电缆最小曲率半径应大于300mm/m，焊接时可任意拖动焊枪。

c. 焊接过程中能维持焊枪倾角不变，还能清楚方便观察熔池。

d. 保持焊枪匀速向前移动，可根据电流大小、熔池的形状、工件熔合情况调整焊枪前移速度，力争匀速前进。

（2）基本操作

① 检查全部连接是否正确，水、电、气连接完毕，合上电源，调整焊接规范参数。

② 引弧：CO_2 气体保护焊采用碰撞引弧，引弧时不必抬起焊枪，只要保证焊枪与工件距离。

a. 引弧前先按遥控盒上的点动开关或焊枪上的控制开关，将焊丝送出枪嘴，保持伸出长度 10~15mm。

b. 将焊枪按要求放在引弧处，此时焊丝端部与工件未接触，枪嘴高度由焊接电流决定。

c. 按下焊枪上控制开关，电焊机自动提前送气，延时接通电源，保持高电压、慢送丝，当焊丝碰撞工件短路后自然引燃电弧。短路时，焊枪有自动顶起的倾向，故引弧时要稍用力下压焊枪，防止因焊枪抬起太高，电弧太长而熄灭。

（3）焊接

引燃电弧后，通常采用左焊法，焊接过程中要保持焊枪适当的倾斜和枪嘴高度，使焊接尽可能地匀速移动。当坡口较宽时为保证两侧熔合好，焊枪做横向摆动。焊接时，必须根据焊接实际效果判断焊接工艺参数是否合适。看清熔池情况、电弧稳定性、飞溅大小及焊缝成形的好坏来修正焊接工艺参数，直至满意为止。

（4）收弧

焊接结束前必须收弧。若收弧不当容易产生弧坑并出现裂纹、气孔等缺陷。焊接结束前必须采取措施。

① 电焊机有收弧坑控制电路。焊枪在收弧处停止前进，同时接通此电路，焊接电流、电弧电压自动减小，待熔池填满。

② 若电焊机没有弧坑控制电路或因电流小没有使用弧坑控制电路。在收弧处焊枪停止前进，并在熔池未凝固时反复断弧、引弧几次，直至填满弧坑为止。操作要快，若熔池已凝固才引弧，则可能产生未熔合和气孔等缺陷。

3.2 日本大阪 X 系列 CO_2 半自动电焊机

3.2.1 概述

日本 X 系列 CO_2 半自动电焊机，有 XⅢ-200S、XⅢ-350PS、XⅢ-500PS 三种规格，其工作原理基本相同。现在生产的大阪新型电焊机，是在原来的基础上有所改进。由于目前原大阪型机的使用还比较广泛，其图纸资料也比较齐全，而改进后的电焊机，缺少其图纸资料，因此仍选原大阪机为例。下面就以 XⅢ-500PS 型 CO_2 半自动电焊机为例加以说明。

（1）设备主要技术参数

① 额定容量：32kV·A；

② 额定输入相数、电压：三相 380V±10%；

③ 额定输出电流：500A；

④ 额定输出电压：45V；

⑤ 焊接电流范围：50~500A；

⑥ 焊接电压范围：15~45V；

⑦ 空载电压：50～70V（R_4 从零至最大时）；
⑧ 额定负载持续率：60%；
⑨ 焊丝直径：$\phi1.2$、$\phi1.6$ (mm)。

(2) 电焊机结构

① 焊接电源：具有一定程度缓降的外特性，提供可调的焊接电压和电流。主要由主变压器、晶闸管（可控硅）整流器、平稳电抗器、滤波电抗器、接触器、风机、控制元器件组成。印制电路板都装在焊接电源内，其功能见表 3-3。

表 3-3 印制电路板的功能

印制电路板号	功　能
P7539S	触发电路
P7539Q	模拟控制电路；送丝机控制电路
P7204P	±15V 电源，同步脉冲电路，缺相保护电路
P1589J	触发主晶闸管（可控硅）的接线板
P7204J	主接触器控制电路
O7541R	焊接程序控制电路

② 送丝机：自动输送焊丝。

主要设备部件有：送丝电动机、电磁气阀、减速箱、送丝轮、矫正轮、加压手柄等。

③ 遥控盒：用来远距离调节电弧电压和焊接电流，手动控制送丝，装有电位器和按钮。

④ 焊枪：具有送气、送丝和输电的功能。

半自动 CO_2 焊枪，一般采用鹅颈式焊枪，主要零件有：导电嘴、喷嘴、绝缘体、连杆、鹅颈管、焊把、手把开关、三位一体（气管、弹簧软管、焊接电缆线及控制电线）的电缆、导管、导管套等。

⑤ 流量计：预热、减压和调节 CO_2 气体流量。主要零件有：加热装置，高、低压室，压力表、调压手柄、外表管、内表管、浮子、流量调节旋钮等。

(3) 各元件的作用

① 交流接触器 KM：用来接通或断开主电路。

② 主变压器 T_1：主要功能是把三相 380V 的电网电压降低到整流电路所需的电压值，该电压经晶闸管整流后，得到适合于焊接的电压值。T_1 的原边为三角形接法，副边有两个三相绕组，都接成星形，且同名端相反（即相位相反）故称双反星形。此外，T_1 的副边还有两个绕组，即流量计加热器的电源（100V），送丝机主回路和程序控制电路的电源（26V）。

③ 晶闸管 $VT_1 \sim VT_6$：为可控整流元件，通过调节 $VT_1 \sim VT_6$ 的导通角，来调节电焊机输出电压的大小。

④ 平衡电抗器 L_1：是一个带中心抽头的有铁芯的电感。

⑤ 滤波电抗器 L_2：用来滤波，可减少飞溅，改善电焊机的动特性，使电弧燃烧更稳定些。

⑥ 续流电阻 R_1：为晶闸管的维持电流提供通路。

(4) 主电路工作原理

XⅢ-500PS 型 CO_2 半自动电焊机主电路如图 3-1 所示。其组成主要有交流接触器 KM，

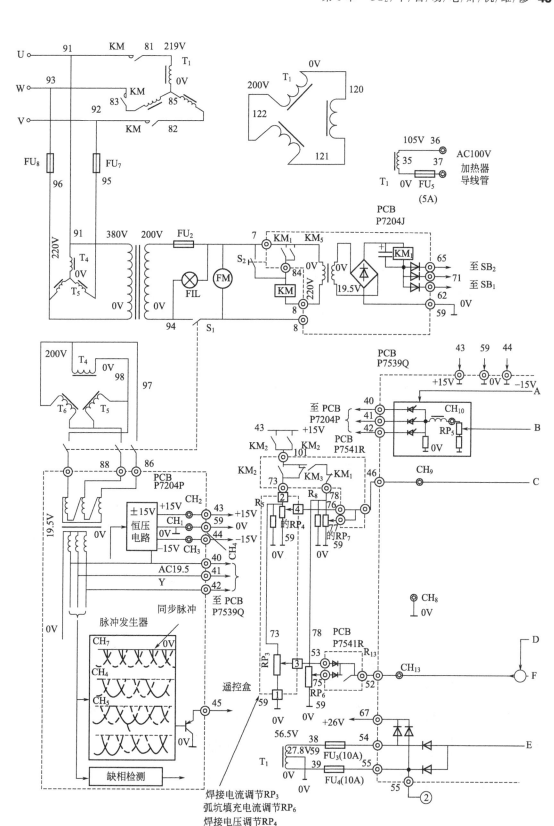

图 3-1 XⅢ-500PS 型电路原理图（a）

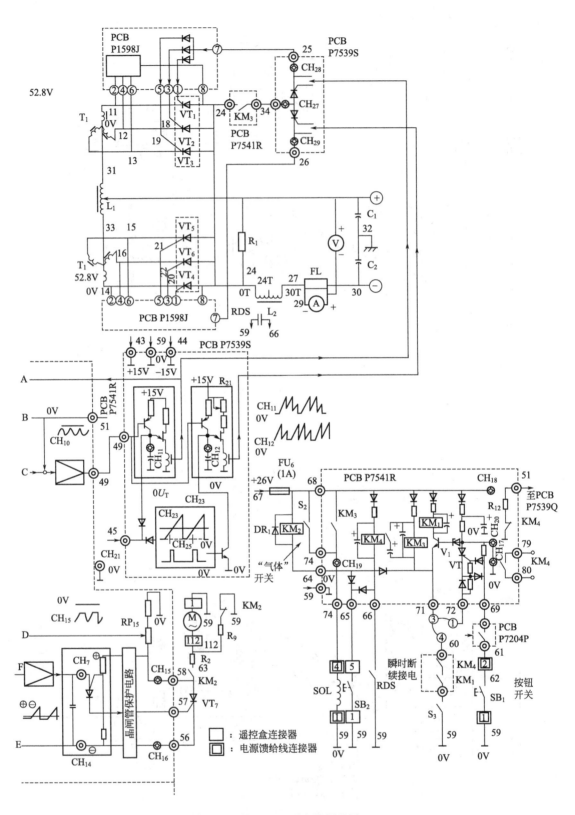

图 3-1 XⅢ-500PS 型电路原理图 (b)

主变压器 T_1、可控晶闸管整流元件 $VT_1 \sim VT_6$，平衡电抗器 L_1、滤波电抗器 L_2 等。

焊接主回路采用了带平衡电抗器的双反星形整流电路，如图 3-2 所示。

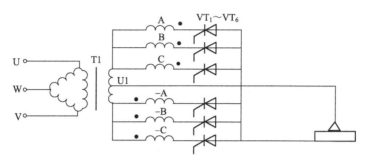

图 3-2 带平衡电抗器的双反星形整流电路

在这种电路中，两组整流电路的整流电压平均值相等，但两组输出电压波形的相位相差 60°，因此其瞬间时值并不相等，见图 3-3(a)、(b)。

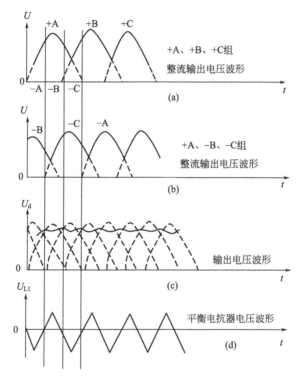

图 3-3 双反星形整流波形图

如果不带平衡电抗器，那么双反星形整流电路就是一个六相半波整流电路，它的工作方式与三相半波电路相似，任意瞬间只有一只管子导通，其他管子都因承受反向电压而关断。此时，每只管的导通时间（60°）短，电流峰值高，变压器的利用率低，因此很少采用。

采用平衡电抗器后，双反星形电路相当于两组三相半波整流电路并联。这是因为两组整流电路瞬间时值之差，降落在平衡电抗器上，见图 3-3(d)，从平衡电抗器的中点引出导线作为整流输出的负端，其电位等于两端点电位的平均值，所以，两组半波整流电路能够互不干扰，在任一瞬间各有一只管子导通，导电时间均为 120°，电流峰值降低。因此加大了输出电流,提高了变压器的利用率。

带平衡电抗器双反星形整流电路的输出电压为两组整流输出电压的平均值 U_d,当全导通时,与变压器副边绕组相电压($U_相$)的关系为

$$U_d = 1.17 U_相$$

(5) 控制电路原理

控制电路的作用是实现电焊机的各种控制与功能。主要由以下部分组成:主晶闸管触发电路、送丝机控制电路、焊接程序控制电路。

现将各部分电路作如下说明。

① 主晶闸管触发电路。产生触发脉冲触发主回路晶闸管,并通过对触发脉冲相位的控制,来控制晶闸管的导通角,从而调节焊接电压的大小。该电路又可分为三部分:触发脉冲产生及输出电路、同步电路、信号综合放大及网压补偿电路,见图 3-4。

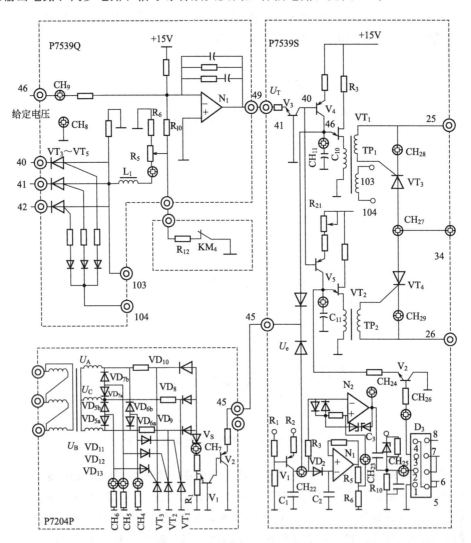

图 3-4 触发脉冲电路原理图

② 触发脉冲产生及输出电路。在对电路说明之前,先了解几个基本概念,晶闸管的控制角、导通角及移相,见图 3-5,图(a)为主电路中一组星形连接的半波整流电路的电压

$U_{A、B、C}$ 的波形，图（b）是触发电路充电电容 C_{10}（或 C_{11}）的电压波形，图（c）是脉冲变压器 TP_1（或 TP_2）所产生的触发脉冲的波形。在晶闸管的一个导电周期中，晶闸管在正向电压下不导通的范围称为控制角，用 α 表示，而导通的范围则称为导通角，用 θ 表示。改变控制角 α（或导通角 θ）的大小，使触发脉冲向左或向右移动，则称为触发脉冲的移相。在单结晶体管触发电路中，晶闸管的控制角也就是电容（C_{10}、C_{11}）充电起始点到第一个脉冲电压出现的时间角。因此，改变对电容（C_{10}、C_{11}）的充电速度，就能达到对晶闸管触发脉冲移相的目的。

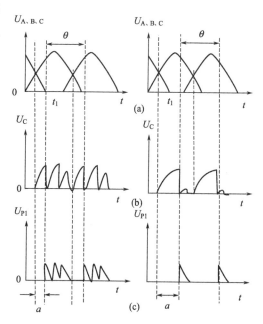

图 3-5　晶闸管触发脉冲的移相

本机采用单结晶体管触发电路（图 3-4）。该电路主要由晶体三极管 V_3、V_4、V_5，电容 C_{10}、C_{11}，单结晶体管 VT_1、VT_2，脉冲变压器 TP_1、TP_2，小晶闸管 VT_3、VT_4 等元件组成。从 49 号端来的信号电压 U_T 经 V_3 分成 2 路，分别控制 V_4、V_5 的 I_C 的大小。当信号电压 U_T 越负，则 V_4、V_5 的 I_C 越大，C_{10}、C_{11} 的充电速度就越快，电容电压 U_C 就能较快达到单结晶体管的峰值电压而使单结晶体管 VT_1、VT_2 导通，U_C 通过 VT_1、VT_2 分别向脉冲变压器 TP_1、TP_2 放电，TP_1、TP_2 产生并输出脉冲。此时，触发脉冲前移，控制角 α 较小（导通角 θ 较大），主电路晶闸管输出电压升高。见图 3-5(a)，若 U_T 的负值越大（即 $|U_T|$ 越小），则变化情况相反，见图 3-5(b)，使晶闸管输出电压降低。为保证触发可靠，TP_1、TP_2 输出脉冲电压，又经过一级小晶闸管 VT_3、VT_4 功率放大后，分别触发主电路 2 组晶闸管。

根据双反星形晶闸管整流电路的特点，为保证 6 只晶闸管的控制角相等，则要求触发电路与主电路同步，而且同组触发脉冲之间的相位相差应为 120°，而不同组的 2 组触发脉冲的相位相差应为 60°。由于 2 只单结晶体管的对称性难以保证，因此，还在其中 1 只单结晶体管电路中串入了半可调电位器 R_{21}，作为 2 组触发脉冲对称性（平衡）的细调。

③ 同步电路。在三相全波可控整流电路中，三相交流电压的各个交点（图 3-6 的 P、Q 点）是控制角 $\alpha=0$ 时，各晶闸管轮流导通的转换点，通称为自然换向点。

所谓同步，就是指当控制角 $\alpha=0$ 时，晶闸管的触发脉冲与主电路电压自然换向点"同步"（即从自然换向点开始计算出脉冲的时间）。这是因为：为了得到稳定的脉冲直流电压，主电路各晶闸管在承受正向电压的半周内，得到的第一个触发脉冲的时间应该相同（第一个脉冲使晶闸管导通过后，后面的脉冲就失去了作用），即各管的控制角 α（或导通角 θ）应该相等。调节 α（或 θ）时，也应有同样的变化。为此，在主电路的自然换向点，单结晶体管振荡电路中的电容 C_{10}、C_{11} 必须把电放完（清零），而接着从零开始充电，当充电电压 U_C 达到单结晶体管的峰值电压时而使其导通，TP_1、TP_2 产生并输出触发脉冲。使触发脉冲具有这种与主电路电压自然换向点"步调一致"的功能的电路称为同步电路。

本机的同步电路由两部分组成，分别产生同步脉冲信号，实现对主电路两组晶闸管的同

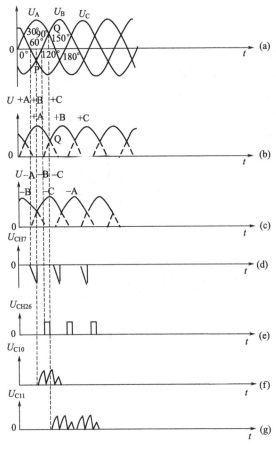

图 3-6 同步脉冲与自然换向点的关系

步控制。其中一部分电路组装在 P7204P 印制电路板上,主要由晶闸管 $VT_1 \sim VT_3$、二极管 $VD_5 \sim VD_{13}$、稳压管 V_S 及晶体管 V_1、V_2 等元件组成,见图 3-4 中 P7204P 板,其同步脉冲信号的形成过程如下。

看图 3-6(a) 为主电路三相电源电压 $U_A \sim U_C$ 波形,设同步变压器二次绕组各相电压的相位关系也如图 3-6(a) 所示。

在 $0° < \omega t < 30°$ 期间内,同步变压器的二次绕组 U_A、U_C 为正值,U_B 为负值,其中 U_A 正值大,U_C 正值减小,U_B 是从负峰值减小。这时二极管 VD_{6a}、VD_{6b} 的阴极电位最负,因此,二极管 VD_{6a}、VD_{6b} 均处于导通状态。二极管 VD_{7a}、VD_{7b} 的阴极电位最高,因此,均处于截止状态。二极管 VD_{5a}、VD_{5b} 的阴极电位比阳极高,所以也处于截止状态。由于二极管 VD_{6a}、VD_{6b} 导通使二极管 VD_{11}、VD_{13} 承受反压而截止,封锁了 VT_1、VT_3 的门极触发信号而不能使其导通,于是二极管 VD_{10}、VD_8 也处于反压而截止,VT_1、VT_3 阴极的电位随 U_A、U_C 变化。

由于二极管 VD_{5a}、VD_{7b} 截止,检测点 CH_5 的电位为 0V,又由于 U_B 负值最大,VT_2 阴极的电位最负,于是 VT_2 承受正向电压,另外 VD_{12} 也承受正向电压而导通,并向 VT_2 施加控制脉冲信号而使 VT_2 导通,则二极管 VD_9 负端被钳位在 0V,VD_9 也处于截止状态,检测点 CH_7 的电位为 0V。

在 $30° < \omega t < 60°$ 期间内,U_A 为正值,U_B、U_C 为负值,且 $|U_A| > |U_C|$,VD_{7a}、VD_{7b} 仍于截止状态,二极管 VD_{6a}、VD_{6b} 仍处于导通状态,VD_{5b} 仍处于截止状态,但 VD_{5b} 承受正向电压,由截止变为导通,故 VT_2 还保持导通;VD_8 因 U_C 过零变负承受正向电压而导通,因此检测点 CH_7 的电位随 U_C 变化为负电位。

在 $\omega t \geq 60°$ 时,U_A 为正值时,U_B 负值减少,U_C 负值增加,且 $|U_C| > |U_B|$,VD_{7a}、VD_{7b}、VD_{6a} 处于截止状态,而 VD_{6b}、VD_{5a}、VD_{5b} 处于导通状态,VT_3 仍处于截止状态,VT_2 仍然导通,VD_{10}、VD_9 仍然截止。由于 U_B 负值减小,检验点 CH_4 电位在升高,而 VT_1 的阴极电位最低,因此 VD_{11} 承受正向电压而导通,给 VT_1 脉冲信号,使 VT_1 导通,VD_8 阴极的电位变为零而截止,这时 CH_7 的电位跳到 0V,则产生一个同步脉冲信号。

从上述分析可知,同步脉冲信号是由 U_A、U_B、U_C 分别过零变负时开始,直到自然换向点为止,CH_7 为负值,此时,V_1、V_2(7204P 板)导通,电容 C_{10} 放电清零。其余时刻,CH_7 电位为 0,V_1、V_2 截止,C_{10} 开始充电,因此,自然换向点处为同步点。这一组同步信号每隔 120°产生一个脉冲,能够实现对主电路一组晶闸管的同步控制,见图 3-6(c)。

另 1 组同步脉冲信号需移相 60°后,实现对主电路另 1 组晶闸管的同步控制,见图 3-6 (a)、(e)、(g)、(b)。该部分电路组装在 P7539S 板上,主要由运放 N_1、N_2,集成电路 D_3,晶体管 V_1、V_2 等元件组成,见图 3-4。CH_7 的负脉冲消失后,C_1 与 C_{10} 同时放电至 0V,于是由 R_1、R_2、R_3 和 V_1 组成的恒流源以一定速度向 C_1 充电,检测点 CH_{22} 的点呈锯齿波。

C_2 也由恒流源充电,但由于 VD_2 的隔离作用,不会因 CH_7 的负脉冲而放电,一直保持在一定值上。N_1 构成一个跟随器,其输出电压经过 R_5、R_6 的分压后,作为 N_2 比较器的比较基准。当 CH_{22} 处电压高于 CH_{23} 的基准电压时,CH_{24} 输出为负,反之为正,通过阻值匹配可以得到占空比为 50%的矩形波,其下沿跳与 CH_7 的负脉冲相位相差 60°。CH_{24} 的矩形波,经 C_3 和 R_{10} 的微分作用,得到正、负尖脉冲,又能经 D_3 组成的单稳态触发器,输出 1 个很窄的正脉冲见图 3-6(e)。这个正脉冲滞后 CH_7 点负脉冲 60°,控制 V_2 的导通,从而控制 C_{11} 的清零及其电路触发脉冲的同步。

④ 信号综合放大及网压补偿电路。该部分电路主要由遥控盒内的电压调节电位器 RP_4,组装在 P7539Q 印制板上的运算放大器 N_1,晶闸管 $VT_3 \sim VT_5$,电阻 R_5、R_6、R_{10}、R_{12},电感 L_1 等元件组成。

有三个信号电压加在运放 N_1 的反向输入端,经 N_1 综合放大后输出电压 U_T,作为单结晶体管触发电路的控制信号电压。现着重对网压补偿的反馈信号电路进行分析。

所谓网压补偿,就是补偿电网电压的波动对电弧带来的影响。该机网压补偿的反馈信号不是直接取自负载,而是取自模拟负载。模拟电路直接由同步变压器供电,可控整流元件为三只晶闸管 $VT_3 \sim VT_5$,另外还有模拟电感 L_1 和模拟负载电阻 R_5、R_6。程控管的触发信号取自脉冲变压器 TP_1 的另一个副绕组(两端为 103~104)。这样,由 $VT_3 \sim VT_5$ 组成的半波整流电路,其电源与主电路三相电源同步,其触发信号与主电路的晶闸管触发信号同步,因此,模拟电路与主电路的导通情况相同,其输出电压与主电路的输出电压的变化规律也相同,这样,就可以实现模拟控制作用。

从模拟负载 R_5 上取出的负反馈信号电压经 R_{10} 加在运算器 N_1 的反相输入端,设为 U_f。加在 N_1 反相输入端的信号还有:由遥控盒内电压调节电位器 RP_4 控制的、经 46 号端来的给定信号电压 U_g,通过电阻 R_{12} 来的维持信号电压 U_V(当 RP_4 置 0 时,电焊机最低空载电压为 50V 左右,该电压是由 U_V 提供的)。这三个电压共同作用后,产生一个正的偏差信号电压,即 $U_入 = (U_g + U_V - U_f) > 0$,通过 N_1 的比例积分运算,输出一个负的电压值 U_T。这个电压经 45 号端被送到 P7539S 板,经 V_3 分两路又分别经 V_4、V_5 控制电容 C_{10}、C_{11} 的充电速度,从而控制两组触发脉冲的移相。

该电路具有良好的补偿电网电压波动的能力。例如:当网压升高使电弧电压升高时,模拟电路程控管的输出电压同时也因网压的升高而升高,因此,U_f 升高,加在 N_1 反相输入端的电压 $U_入 = (U_g + U_V - U_f)$ 则降低,这样,C_{10}、C_{11} 的充电速度减慢,主晶闸管触发脉冲后移(导通角减小),电弧电压降低。与此同时,程控管的触发脉冲也将后移,输出电压下降,U_f 下降,N_1 的输出 U_T 又回升,触发脉冲前移,U_f 又上升,又使 U_T 减小,触发脉冲后移,如此反复,抑制了电压的升高,起到了稳定作用而使焊接参数不受电网波动的影响。

此外,加在 N_1 反相输入端的还有一个引弧信号电压,该电压经 KM_4 的常闭触点及电阻 R_{12}、R_{10} 加到 N_1 的反相输入端,使 N_1 输出较高的负电位,因此,电焊机输出较高的电压引弧。当电弧引燃后,继电器 KM_4 吸合,断开其常闭触点,该信号电压消失。这称为高压引弧，配合慢速送丝，可使引弧的成功率有较大提高。

⑤ 送丝电动机控制电路。该电路如图 3-7 所示，主要由以下元件组成：继电器 KM_2，晶闸管 VT_7 以及装在 P7539Q 板上的晶闸管 VT_4，晶体管 V_1、V_2，电容 C_{16}，遥控盒上的电流调节电位器 RP_3 等元件组成。

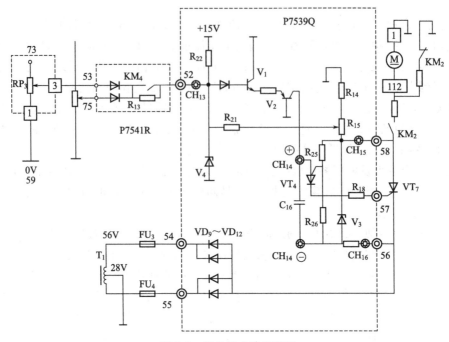

图 3-7 送丝机电路原理图

送丝电动机 M 由变压器 T_1 及二极管 $VD_9 \sim VD_{12}$ 组成的单相全波整流电路供电，该脉动电压还经稳压管 V_3 及电阻 R_{15}、R_{14} 分压，V_3 的电压又经 R_{25}、R_{26} 再分压，给 VT_4 的控制极加一个负电压（对零点而言）。当遥控盒上电位器 RP_3 给定的正电压加到 V_1 和 V_2 组成的复合管后，V_1、V_2 立即导通，输出电流 I_c 给电容 C_{16} 充电，C_{16} 的电压随即升高，当电压升高到超过 VT_4 的控制极电压后，VT_4 导通，电容 C_{16} 经 VT_4、电阻 R_{18} 向 VT_7 的控制极放电，VT_7 触发导通。当放电过程结束，则 VT_4 关断，C_{16} 暂时保持低电位一直到 VT_7 关断后才能重新充电。这是因为 VT_7 导通时，从 R_{15} 上引出的电压反馈值过高，而使复合管截止，则电容 C_{16} 不能充电。VT_7 的关断过程如下。

当整流输出的脉动电压低于送丝机电枢两端的反电势 E 时见图 3-8(c)，使得 VT_7 阴、阳之间施加了反压而截止。

在 VT_7 截止期间，电机仍按惯性转动而产生一定的反电势，该电势与转速成正比。本机的端电压由电阻 R_{15} 和 R_{14} 采样作为复合管的负反馈电压信号，经电阻 R_{21} 与给定信号电压进行比较。在 VT_7 截止期间，给定信号电压大于反馈信号电

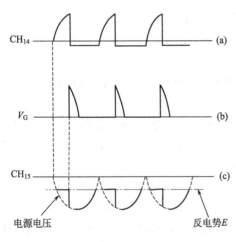

图 3-8 送丝电路监测点电压波形

压时，复合管再次导通，输出电流，向 C_{16} 充电，又使得 VT_4 导通、VT_7 导通，重复上述过程。向 C_{16} 充电的速度，决定了 VT_7 的导通角和送丝电动机的转速，调节遥控盒上的电位器 RP_3，则可调节 VT_7 的导通角和送丝机的转速。

例如，调节 RP_3 使给定电压升高，于是复合管输出较大电流，使 C_{16} 充电速度加快，VT_4、VT_7 的触发脉冲前移，这样，就提高了送丝电动机的端电压和转速。反之，则情况相反。同时，还可以看出，负反馈信号电压可起到稳定送丝机端电压和转速的作用。

⑥ 程序控制电路（图3-1）。程序控制电路主要集中在 P7541R 板上，另外还有1块小印制板 P7204J 及继电器 CR_2 等。本电焊机有两种控制方式，即"无火口填充"（"无"收弧）或"有火口填充"（"有"收弧）情况。

由变压器 T_1 供电，经 P7541R 板上二极管整流后，由67号端输出 26V 电压，再经控制开关及熔丝 FU_6（1A）进入 P7541R 板控制电路。

a. 无"火口填充"情况。将选择开关 S_3 置于"无"，气体检测开关 S_2 置于"焊接"，合上焊接电源控制开关，则风机转，并接通同步变压器，如不缺相，则缺相检测继电器吸合。

焊接时，按下焊枪手把开关 SB_1，电流便从 CH_{18}（+26V）流经二极管、电阻、CH_{20}、69号端、欠相检测继电器触头及 SB_1 到59号 0V 地端，在 CH_{20} 处产生一个大约 8V 的电压，三极管 V_1 基极的稳压管导通，V_1 导通，继电器 KM_1 动作，其电流经 V_1、71、72、69号端及 SB_1 到地，同时，P7204J 板的继电器 KM_1 因62号端经 SB_1 接通地而吸合，因此，接触器 KM 动作，主变压器得电。此外，继电器 KM_2、KM_3 也都因 SB_1 的接通而动作。

KM_1 触头的闭合为遥控盒的电位器 RP_3、RP_4 的接通做准备，其常闭接点断开 RP_6、RP_7（"有"收弧时分别作收弧时的电流、电压调节），在有/无火口填充开关 S_3 的线路中 KM_1 触点的闭合作为有火口填充的自锁（与 KM_4 一起完成自锁）。KM_2 触点的闭合接通电位器 RP_3 和 RP_4，主晶闸管触发电路和送丝机控制电路工作，同时，送丝机 M 的电枢电路接通，M 慢速转动。KM_3 闭合，电气阀 SOL 通电开启而送气，主晶闸管控制回路接通，因而主晶闸管导通，输出直流电压，于是，当焊丝碰到工件时引出电弧。电弧引燃后，焊接电流通过电感线圈 L_2 时，使继电器 RDS 动作，其触头接通继电器 KM_4 线路，KM_4 动作。KM_4 的1对触头短接电阻 R_{13}（图3-7），使控制送丝电动机的给定信号电压升高，慢速送丝转换成焊接时的正常（快速）送丝。KM_4 的另一对触头断开电阻 R_{12}（图3-1），使高压引弧转入正常电弧电压焊接。

由上面各继电器的工作情况可以看出：除 KM_4 外，通过其他各继电器（$KM_1 \sim KM_3$）线圈的电流都经焊枪手把开关 SB_1 到地。因此，在整个焊接过程中必须一直按着手把开关 SB_1。

焊接结束时，松开手把开关 SB_1，则 KM_1、KM_2、KM_4 断电释放，遥控盒给定信号电压被切断，于是输出电压下降（维持电压），同时，送丝速度随 M 的惯性衰减，可起到焊丝去球作用和防止粘丝。接触器 KM 和继电器 KM_3 都由于电容的延时作用而滞后断开，于是电流被切断，送气停止，焊接过程结束。

b. 有"火口填充"情况。选择开关 S_3 置于"有"，气体开关 S_2 置于"焊接"，电源开关 S_1 置于"通"。焊接时，第一次按下焊枪开关 SB_1，继电器 KM_1、KM_2、KM_3 动作，主接触器动作，此时，通电各回路与"无火口填充"时的情况一样。所不同的是引弧以后，继电器 KM_4 动作，其触点吸合自锁后，通过 KM_1、KM_2 及 KM_3 线圈的电流还可以经 71、60 号端、KM_4 及 KM_1 触点和开关 S_3 到地。因此，这时松开 SB_1，各继电器仍照常吸合，可以正常施焊。

松开 SB_1，62 号端与地断开。69 号端的电位随着电容的充电作用而升高，通过二极管给晶闸管 VT 的控制极一个正电位，使 VT 导通。VT 导通后，其电流经过的线路中的电阻得到分压，足以维持三极管 V_1 导通，所以，各继电器仍保持通电状态。

焊接结束时，第 2 次按下焊枪开关 SB_1，此时 69 号端变为 0 电位，经 VT 电流通路，变为从 69 端到地，CH_{20} 被钳位在 2V 以下，因此，稳压管不能导通，故三极管 V_1 截止，继电器 KM_1 断电，但其他继电器仍保持通电状态。由于 KM_1 断电，KM_3 仍带电，因此，其相应的触点将切断遥控盒上的电位器 RP_3 及 RP_4，而接通焊接电源面板上的电位器 RP_6 及 RP_7，按其预先调定好的电压与电流进行"火口填充"的施焊处理。这就是所谓"有收弧"。

再次松开 SB_1，与"无火口填充"情况一样，结束焊接过程。

3.2.2　日本大阪 X 系列（XⅢ-500PS）CO_2 半自动电焊机故障分析和处理

(1) **故障现象**：当该机送电后，FIL 电源指示灯不亮，风机也没有转动，按启动 SB_1 时，KM 接触器也不吸合。

故障分析：① 供电电源回路有问题。

② T_4 变压器损坏或供电回路（FU_7、FU_8）熔断器损坏。

③ FU_2 熔断器损坏或者是 PCB/P7204J 主接触器控制（板）回路有故障。

④ 焊接电源控制开关 S_1 有问题。

排除方法：① 检查供电回路，如是电源问题立即进行处理。

② 如果检查是 T_4 变压器损坏或供电回路（FU_7、FU_8）熔断器损坏时就要对损坏的变压器进行修理或更换，对损坏的熔断器按原规格进行更换。

③ 对损坏的熔断器按原规格进行更换；检查并处理 PCB/P7204J 主接触器控制（板）回路。

④ 检查焊接电源控制开关 S_1 修理或更换。

(2) **故障现象**：该机送电后，FIL 电源指示灯亮，焊接电源控制开关 S_1 已合，但风机没有转动，按启动 SB_1 后电焊机没有工作。

故障分析：① 说明电源正常，风机有故障或损坏。

② 焊接电源控制开关 S_1 有问题。

处理方法：① 检查风机排除故障（断线、掉头、电机线圈损坏）需要大修时，一定要按标准进行大修。

② 焊接电源控制开关 S_1 修理或更换。

(3) **故障现象**：在工作中电弧燃烧不稳。

故障分析：① 电焊机中的导电嘴与导电杆螺栓接触不良。

② 所用（选型）导电嘴孔径不对。

③ 在使用时间比较长，导致导电嘴孔径磨损。

④ 焊丝干伸长太大。

⑤ 电焊机电缆损坏或与焊枪连接处接触不良。

⑥ 焊接规范（使用的标准）不合适。

⑦ 焊丝质量差，不符合要求。

⑧ 送丝速度不稳所致，或调节 RP_3 电位器接触不良使给定电压升高，造成 VT_4、VT_7 的触发脉冲前移，使送丝电动机的端电压和转速不稳等原因。

⑨ 送丝轮槽磨损太严重。

⑩ 压紧轮压力太小或太大。

处理方法： ① 更换新的导电嘴。

② 更换合适孔径的导电嘴。

③ 检查清理后紧固。

④ 降低焊枪离工件的距离。

⑤ 修复、更换电缆线紧固件连接螺钉。

⑥ 调整焊接规范。

⑦ 更换合格的焊丝。

⑧ 调整送丝机，更换不良的 RP_3 电位器。

⑨ 更换新送丝轮。

⑩ 调整压力至适当。

(4) **故障现象：** 在设备焊接时飞溅太大。

故障分析： ① 焊接规范选择不当。

② 焊丝直径的选择开关不对（不合适）。

③ 供电电压波动太大。

④ 焊件或焊丝灰尘、油污、水、锈等杂物过多。

⑤ 焊丝质量不好。

⑥ 电焊机内电路板有故障。

⑦ 电缆线正负极接反。

⑧ 焊枪太高，干伸长太长。

处理方法： ① 调整规范（使焊接电流、电压、焊速搭配得当）。

② 将开关扳到正确位置。

③ 控制电压波动：加稳压器；变压器单独供电；避开用电高峰。

④ 清理杂物。

⑤ 更换好的焊丝。

⑥ 修理或更换线路板，如果更换新的控制电路板一定要更换同型号、规格的。

⑦ 调整正负极电缆线。

⑧ 降低焊枪高度。

(5) **故障现象：** 焊件焊缝收弧不好。

故障分析： ① 收弧规范不当。

② 收弧时间调节旋钮位置不对。

③ CO_2 气流太大。

④ 焊枪位置太低。

⑤ 下坡量太大。

处理方法： ① 仔细调整收弧规范。

② 调节旋钮位置至合适处。

③ 减少 CO_2 气体流量。

④ 适当提升焊枪。

⑤ 减小下坡量。

（6）**故障现象：** 焊件的焊缝产生大量气孔。

故障分析： ① CO_2 气体纯度不够。

② 气体流量不足。

③ 气体压力低于 $1kg/cm^2$。

④ 焊丝伸出导电嘴太长。

⑤ 焊丝焊道有油锈水、飞溅剂等。

⑥ CO_2 气阀损坏或堵塞。

⑦ 飞溅物堵塞焊枪出气网孔或喷嘴。

⑧ 电磁阀线圈无电。

⑨ CO_2 橡皮管漏气。

⑩ 减压阀或气瓶出口被冻住（冬天常见）。

处理方法： ① 使用纯度高于 99.5% 的 CO_2 气体。

② 调好（加大）气体流量。

③ 换新气瓶。

④ 降低焊枪高度。

⑤ 清理焊道。

⑥ 更换或修理 CO_2 气阀。

⑦ 清理飞溅，使用防飞溅剂或换新焊枪。

⑧ 检查气阀电源及线路。

⑨ 更换或修理橡皮管。

⑩ 检修加热器，使用可靠性较高的加热管。

（7）**故障现象：** 送丝机不送丝形不成焊缝。

故障分析： ① 送丝电源熔丝烧坏。

② 遥控盒与电焊机连接电缆线断线或接触不良。

③ 送丝板工作不正常。

④ 程序控制板 P7539Q 损坏。

⑤ 送丝机变速机构损坏。

⑥ 送丝机电刷磨损严重。

⑦ 送丝机电枢烧坏。

⑧ 压紧轮压力太大。

⑨ 焊丝与导电嘴烧坏。

⑩ 未打开电焊机电源。

处理方法： ① 更换熔丝（管）。

② 修复电缆，拧紧插头。

③ 修复或更换送丝板。

④ 修复或更换（同型号、规格的控制板）。

⑤ 修复、更换变速机构或送丝机。

⑥ 更换新电刷。

⑦ 更换新送丝机或重绕电枢。

⑧ 减少压力（松开及扣紧螺栓）。

⑨ 清理或更换导电嘴，减少返烧时间。

⑩ 打开电源开关。

(8) **故障现象**：焊接时总焊偏。

故障分析：① 焊枪位置不对。

② 导电嘴孔径椭圆。

③ 工件船角大小不合适。

④ 轮辐高度不一致。

处理方法：① 调整好焊枪位置。

② 更换新导电嘴。

③ 调整工作台角度或焊枪角度。

④ 车削轮辐爪平面，检查轮辐冲床或模具。

(9) **故障现象**：焊件焊缝咬边。

故障分析：① 焊枪位置不当。

② 焊接工作台角度不合适。

③ 焊枪角度不合适。

④ 焊接规范不对。

⑤ 工件放不到位。

⑥ 轮辐与胎具间隙太大。

⑦ 轮辐高度不一致。

处理方法：① 调整焊枪位置。

② 调整工作台角度。

③ 调整焊枪倾斜机构。

④ 调整焊接工艺参数。

⑤ 固定台胎具尺寸不合适；清理工作台面焊渣；轮辐大孔磨平毛刺。

⑥ 加大胎具尺寸；检修冲床或模（刀）具。

⑦ 车削辐爪平面；检修轮辐加工冲床。

(10) **故障现象**：焊件出现未焊透现象。

故障分析：① 焊接规范选择太小。

② 焊枪位置及倾角不对。

③ 电焊机容量小。

④ 电网电压低。

处理方法：① 加大规范（特别是电流）。

② 调整焊枪位置及倾角。

③ 更换大容量电源。

④ 暂停焊接，待网压高时再焊。

(11) **故障现象**：出现引弧收弧处后移现象。

故障分析：① 焊枪位置沿圆周周向移动。

② 调速电机制动性能变差。

处理方法：① 调整焊枪位置。

② 更换制动系统，修改控制程序；增加制动时间；提高刹车用气压。

(12) **故障现象**：焊件出现裂缝问题。

故障分析：① 焊接速度太快。

② 焊接电流太小。

③ 弧坑未填好。

④ 焊材含 S.P 杂质过多。

⑤ 轮辐轮辋装配间隙大。

处理方法：① 降低焊接速度。

② 提高焊接电流。

③ 调整收弧规范。

④ 选用合适焊丝。

⑤ 通知装配工序，提高装配质量。

(13) **故障现象**：焊件出现焊缝凹陷现象。

故障原因：轮辐轮辋间隙大。

处理方法：减少间隙；先手工再自动焊；补焊至平焊。

(14) **故障现象**：工作时，时不时焊件焊穿。

故障分析：① 转台转速太慢或不转。

② 焊接规范太大（选择不对）。

③ 内焊枪偏到轮辋上，外焊枪偏到轮辐上。

处理方法：① 调速旋钮置于适当位置（不能置于零位）检修调速电机控制板。

② 减小焊接规范。

③ 调整焊枪位置。

(15) **故障现象**：在工作过程中焊件上出现引弧处成形不良现象。

故障分析：① 引弧处有油锈等杂质。

② 焊丝干伸长太长。

③ 工作台转速太快。

④ 电焊机工作不稳定。

处理方法：① 清理工件杂质。

② 减小焊丝干伸长。

③ 降低工作台转速。

④ 检查 Q7541R 焊接控制程序电路，增加引弧控制程序。

(16) **故障现象**：焊件的焊缝金属溢出。

故障分析：① 下坡量太大。

② 焊枪偏向轮辐太多。

③ 焊速太慢。

处理方法：① 减少下坡量。
② 调整焊枪位置。
③ 提高焊接速度。

3.2.3 NBC-250 型 CO_2 气体保护半自动电焊机

3.2.3.1 NBC-250 型 CO_2 气体保护半自动电焊机电气原理

图 3-9 为 NBC-250 型 CO_2 气体保护半自动电焊机电气原理图。由图 3-9 可知，该电焊机的主电路采用三相桥式整流电路（$VD_1 \sim VD_6$ 组成），变压器 T_1 为 Y/Y 接法；电焊机输出电压调节，使用三相转换开关 SA_6 和三相换挡开关 SA_1 联合调节变压器一次绕组抽头来实现的，SA_6 可调两挡（一次绕组全接入为低挡；接入一半为高挡），SA_1 可调 10 挡，共计 20 挡，滤波电抗器 L 可两挡调节。其辅助电路是由变压器 T_2 供电。控制电路是为控制焊接程序和送丝电动机 M 的调速而设；直流电动机 M 由晶闸管单相全波半控制桥供电和调速，焊接程序控制由继电器实现。

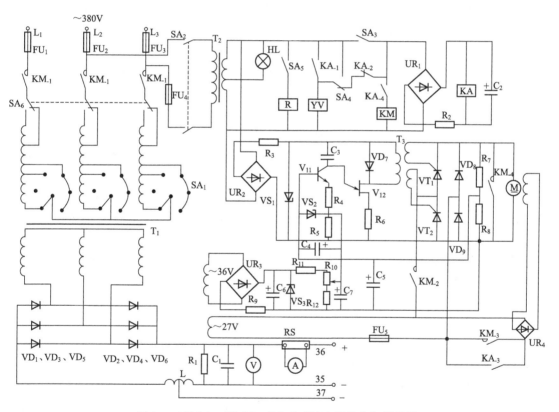

图 3-9 NBC-250 型 CO_2 半自动直流电焊机电气原理图

3.2.3.2 NBC-250 型 CO_2 半自动直流电焊机故障分析和处理

（1）**故障现象**：电焊机工作时，按动鹅头式焊枪上的按钮后电焊机不送保护气体，但电焊机的指示灯亮，此时，电焊机的其他动作都正常。

故障分析：由 NBC-250 型 CO_2 半自动直流电焊机原理图可知，当按动焊枪上的按钮（SA_3）后，电磁气阀 YV 应该立即有电而打开，开始送保护气体，而现在电焊机根本不送气。很明显，故障在电磁气阀 YV 上，即电磁气阀没有打开。电磁气阀不动作只有两个原因：一是控制变压器 T_2 没有电，可是现在故障电焊机的指示灯却亮着，说明 T_2 有电，显然不是这里的故障；二是电磁阀本身的故障，电磁气阀给电后不动作的原因有两个：一是电磁阀绕组烧毁；二是电磁绕组的引线有断头，或接线掉头（开焊或假焊）。

处理方法：从电焊机中把电磁阀拆下，用万用表测试，或打开进行检查，或接入 36V 交流电源试验，确定电磁气阀的故障绕组烧损还是引线掉头（开焊或假焊）。如果是引线掉了（开焊或假焊），就将引线重新接好即可，如果是绕组烧了，可以购置新的线圈或利用该绕组的旧骨架重绕一个新的线圈即可（用原绕组同种规格的漆包线绕制）。如果该设备（电焊机）使用较频繁而且工作量较大，亦可以购置一个新的电磁阀换上或备一个。

(2) **故障现象**：在电焊机工作中电源和气路都正常，但进行焊接时，按动鹅头式焊枪的按钮后没有正常的送气程序动作，而气、电同一时刻动作。

故障分析：从电焊机原理图上分析可知，当按动焊枪上的按钮 SA_3 时，首先是电磁阀 YV 有电而被打开，开始送保护气；同时，整流桥 UR_1 向电容 C_2 充电，要经大约 2~3s 的时间后，C_2 两端的电压被充到直流继电器 KA 的动作电压时，KA 吸合，而 KA 的常开触点 KA_{-4} 使接触器 KM 吸合而接通电源变压器 T_1。

该电焊机在按动 SA_3 按钮时，送电不延时，几乎与送气同时，这种故障会使焊缝开始一段保护效果不好，焊接质量不高。出现上述故障的原因是与继电器 KA 并联的电容 C_2 失灵（电容老化失效、电容内部断线或是电容的引线折断）。因 C_2 没有充电升电压的过程，所以继电器 KA 没有延时作用而电磁阀、气阀同时动作。

处理方法：更换电容 C_2（要用同种规格型号的电容器），故障可以消除。

(3) **故障现象**：电焊机工作时，电压调节部分出现故障，高挡电压有 10 挡无法调出，低挡的 10 挡调节正常。

故障分析：该电焊机的电压调节是用转换开关 SA_6 和 SA_1 联合使用，调节变压器一次绕组抽头实现的。SA_6 可调 2 挡（一次绕组全接入为低挡，接入一半为高挡），SA_1 可调 10 挡，共计 20 挡。

现在的故障是高挡电压有 10 挡调不出来，显然是调节开关 SA_6 的抽头断线。使 SA_6 只有一挡好用，即一次绕组全匝接入那一挡。产生这种故障的可能原因是：

① 转换开关 SA_6 抽头那一挡接触不良，每转到此位置时，三相的开关触头均没有接触；

② SA_6 开关的抽头连接螺钉松脱或断头；

③ SA_6 开关转到抽头这一挡位置时，开关并未接通，而越过该位置时才能接通，这是转换开关的转角定位器出了问题所致；

④ 变压器一次绕组抽头根部折断。

处理方法：首先把变压器一次绕组抽头根部折断处接好，或更换变压器一次绕组的抽头转换开关 SA_6，按 SA_6 原开关的规格型号进行更换，即可排除此故障。

(4) **故障现象**：电焊机在接入电网上电源开关后指示灯亮，按动焊枪的"焊接"微动开关，电焊机无任何动作，人为地用旋具触动电源接触器时，电焊机有空载电压。

故障分析：从电气原理图可知，电焊机的电路有以下特点：主电路采用三相桥式整流电路；变压器 T_1 为 Y/Y 接法；电焊机输出电压调节采用变压器一次抽头方式（通过三相转换开关 SA_6 和三相换挡开关 SA_1），由滤波电抗 L（两挡调节），控制电路是为控制焊接程序和送丝电动机的调速而设；直流电动机 M 由晶闸管单相全波半控桥供电和调速，焊接程序控制由继电器实现。

根据电焊机上述故障可以看出，电焊机的电源供电回路和主电路无故障，只是控制电路有故障：不送保护气、不送丝、不能进行焊接程序。由于控制系统的这三个方面的故障是同时出现，可以判定此故障一定是它们共同电源（控制变压器 T_2）的故障所致。因为三个方面的单独故障同时出现的概率是很小的，所以排除上述情况。

经过对电焊机实际检查，电焊机的焊接电源系统正常，控制系统的一次电源电压正常；控制变压器 T_2 的一次电压正常；而 T_2 的二次无电压，进一步检查发现变压器绕组烧毁。

处理方法：对故障电焊机进行大修（更换烧坏的二次绕组，但在修理时，一定要做好检修记录如线径、匝数以及绕向等方面的资料）；或者更换新的电焊机，即可解决。

（5）**故障现象**：电焊机在按动焊枪的焊接按钮后，电焊机能正常引弧、焊接，但不久电弧就很不稳定，同时接触器发出连续的"咔啦"振动响声，使电焊机无法工作。

故障分析：从电气原理图可知，当按动焊枪上的启动（焊接）按钮 SA_3 之后，能够正常引弧、焊接，说明焊接电源没有问题，电焊机的控制程序也没有问题；能正常送气，说明气路也没有故障。现在的故障是电焊机启动后，电焊机的电源接触器 KM 出现振动，发出连续的"咔啦"响声。这是接触器动铁芯的磁路被异物阻碍而产生的电磁振动声。由于接触器活动铁芯的振动，使它的动合触点吸合不好，产生此种现象，因而电源的供电便时有时断，导致送丝电动机的供电也是时有时断，因此，使电弧燃烧不稳定，难以维持正常焊接。

处理方法：把接触器拆开，清除磁路中的异物，清除磁铁表面的油污、铁锈和灰垢，也可以更换一个新的交流接触器，即可排除此故障。

（6）**故障现象**：电焊机在使用时发现送丝速度太慢，而旋转调节送丝速度的电位器时仍有效，但无论快速或慢速均比过去慢了许多。

故障分析：NBC-250 型 CO_2 半自动直流电焊机是推丝式送丝方式。电焊机有一个单独的送丝机构（小车）。它是由一台 $70SZ55A_3$ 型直流伺服电动机 M，经减速器减速而驱动送丝滚轮，完成向软管和焊枪送丝的，由电气原理图可知，送丝直流电动机 M 是他励式。励磁电源由单相整流桥 UR_4 供恒定直流电压 24V。该电动机的调速，是由两只晶闸管 $VT_1 \sim VT_2$ 和两只二极管 VD_8、VD_9 组成的单相整流桥，由触发电路改变晶闸管的导通角来改变整流桥输出而实现调速的。现在，该电焊机送丝速度从小到大能够均匀调节，说明晶闸管调节电路没有故障。而送丝速度从慢到快全面均匀的大幅度降低，显然是励磁电压下降所致。因此，如果直流电动机的电枢电压不变，而改变励磁电压，也会使电动机的速度改变，如果整流桥 UR_4 半臂整流元件损坏，或整流桥有一个二极管开焊、断线，都会使整流桥 UR_4 的直流电压由全波变成半波而降低一半，可使送丝速度下降一半，调节时各速度均比原先时降低一半。

经测试，UR_4 输出电压仅 12V，是正常时的一半。仔细检查发现有一个整流二极管阻值无穷大。

处理方法：更换一只新的整流二极管，故障消除。

（7）**故障现象**：电焊机在不焊接时焊枪也有微细的气流漏出。为了不浪费气体，只好去关气瓶阀门，对正常工作很不方便。

故障分析：正常的 CO_2 气体保护电焊机，在焊接时电磁阀打开气阀，CO_2 从焊枪喷嘴喷出，保护电弧。当电焊机不焊接时，电磁气阀应关闭，CO_2 气体停止从焊枪喷出。

现在,该电焊机在不焊接时仍有微细的气流从焊枪喷出,说明电磁气阀的阀门关闭不严所致。

当电磁气阀的电磁线圈没有电时,阀门的活塞被弹簧的压力所迫,其端部的密封塞将阀门口关紧,所以电磁气阀关闭。而当电磁气阀的电磁线圈有电时,则此线圈的电磁力克服了弹簧的弹力,将阀门的活塞吸动上移,使之打开气门口,于是电磁气阀打开,气体便流出气阀。

由此可知,若电磁气阀的活塞与气门口封闭不严,则电磁气阀一定漏气。造成电磁气阀阀门(活塞)关闭不严的原因如下:

① 电磁气阀的气门口和活塞端部密封塞周围不干净,有污物,当阀门关闭时,活塞端部被微小的异物所隔,使阀门密封面有气隙而漏气。

② 电磁气阀活塞前面的橡皮密封塞老化,失去了弹性,致使活塞关闭不严。

③ 电磁气阀活塞的弹簧用久了,产生疲劳,使弹性降低,活塞关闭时,弹簧压力不够导致关闭不严所致。

处理方法:打开电磁气阀,并按上述分析查找,确定其漏气的确切原因。

① 条的故障是常易发生的。出现此种故障,可以把活塞端面及气门的周围清洁干净,使污物去除,再把电磁气阀装好,接通电源开关,连续动作几次,同时再用较高压力的气体从气口连吹几次,当电磁气阀打开时出气口也有高压吹出时,气路导通便修好了。

②、③条的故障不常发生,出现时,可以更换橡皮密封塞和弹簧,也可以更换新的电磁气阀。

(8) **故障现象**:供电电源及气源供气均正常,但在电焊机在空载调试时发现,拨动试气的钮子开关时电焊机的电磁气阀不打开(听不到"咔"的轻微响声),焊枪也没有气流喷出。

故障分析:CO_2气体保护电焊机在空载时一般都要进行试气动作,一是检查一下气瓶有无气体;二是试一下气流流量,不合适时应调节流量计。现在,该电焊机打开试气开关而电磁气阀无动作,说明是电路出现故障,故障可能存在的地方如下:

① 电磁气阀的供电电源的熔断器可能烧断。
② 试气的钮子开关可能失灵。
③ 电磁气阀供电的电源变压器可能烧毁。
④ 电磁气阀本身的线圈烧毁。
⑤ 电磁气阀的供电电路导线有断线、接头有掉头。

以上各处只要有一个部位存在故障,便能产生电磁气阀电路接不通、电磁气阀不动作而气路不通的故障。

处理方法:①、②条的故障,应更换新的熔断器、钮子开关;③条故障,应修理或更换变压器;④条故障,应打开电磁气阀更换烧坏的线圈;⑤条故障,应接好断线及掉头的接头。

(9) **故障现象**:在使用过程中均正常,只是在焊接停止时电焊机送丝电动机不能立即停止转动,总要拖一段时间才能停下来,常发生焊后焊丝粘到焊件上的现象。

故障分析:正常情况下CO_2气体保护电焊机的送丝电动机接入电源时能立即转动送丝,当切断电源时,应立即停止转动。但是,由于电动机转子的转动惯性,在无措施的情况下并不能立即停转,必然要维持一段时间才能停止转动。焊接中的送丝电动机,当停止焊接时要求电动机马上停转,这就需要采取制动措施。

该故障正是由于送丝电动机无制动电路,或制动电路失效造成的。常见的 CO_2 气体保护电焊机的送丝电动机制动电路见图 3-10。

电焊机送丝时,继电器 KA 工作,常开触点 KA_{1-1} 和 KA_{1-2} 吸合,接通电动机 M 电路,常闭触点 KA_{1-3} 和 KA_{1-4} 断开,切断制动电阻 R 电路,使电动机接成并励形式,电动机转动,同时正常送丝。

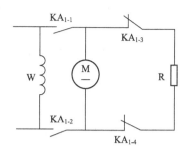

图 3-10 送丝电动机制动电路

当需要停止送丝时,继电器 KA 断电,常开触点 KA_{1-1} 和 KA_{1-2} 断开,电动机 M 电枢断电;常闭触点 KA_{1-3} 和 KA_{1-4} 将电阻接入制动电路,因惯性电枢继续旋转,这时电动机 M 变成他励发电机。电枢电流方向反相,发电机的电动势使电动机的电磁转矩与电动机的转动方向相反,起到制动作用,使电动机很快停止转动。

由此可知,在图 3-10 中的制动电路中,若电阻 R 烧断或接头断线,或继电器 KA 常闭触点失灵(触点烧损),或制动电路导线断头等都会使制动电路失效,使电动机不能立即停止。

处理方法:首先检查该电焊机是否有制动电路(图 3-9 NBC-250 型 CO_2 半自动直流电焊机电气原理图中没有设置该制动电路),则应按图 3-10 组装上制动电路。如果电焊机已有制动电路,则应该上述程序检查并进行处理。

① 检查制动电阻 R 是否是电阻丝烧断。如发现电阻已烧断,则应更换新的同型号、同规格的电阻。

② 检查继电器的常闭触点闭合时是否可靠。对烧坏的触点应进行更换或更换其整个继电器。

③ 检查制动电路的各段导线是否有断头、掉头。如果查找出有断头、掉头,应立即接好并焊牢或更新导线。

经过上述处理故障可以消除。

(10) **故障现象**:电焊机在工作中送丝电动机转速突然增加,飞转起来,同时电动机还有过热现象。

故障分析:该故障是由于送丝电动机突然无磁场(失磁)产生的结果。这种现象称为"飞车"。因为直流电动机运转起来以后,电动机内产生反电动势与外加给电动机(电枢)的电压相平衡,而此反电动势 E 的大小与电动机定子的磁通 Φ、电动机(电枢)的转速 n 及电动机的结构常数 C 成正比,即 $E=C\Phi n$。

由此可知,直流电动机的转速应为 $n=E/C\Phi$,即转速与电动机磁场的磁通成正比。磁通越大,转速越小;反之,磁通越小,则转速越高。但是,磁通不可为零($\Phi=0$)即无磁通,由公式可知,$\Phi=0$,则 $n=\infty$,电动机飞转,这是很危险的。一般小型直流电动机使用时不注意就容易产生上述故障。该电焊机的送丝电动机有四个接线端子,其中两个接磁场励磁绕组,两个接电枢。在使用中若出现磁场线掉头、漏接等都会使磁场无磁,进而导致电动机飞转。

送丝电动机励磁绕组电路断路,或励磁供电线路无直流电压,例如整流器坏了、变压器损坏、熔断器烧断、继电器触点失灵,都可促成这种故障产生。找出故障处,予以更换元件,接好电路,电动机便可正常运转了。

(11) **故障现象**：一台 CO_2 气体保护电焊机正常工作中突然送丝不均匀。

故障分析：CO_2 气体保护电焊机突然送丝不均匀是由以下原因造成的。

① 送丝机的送丝轮或是压紧轮有严重磨损，使送丝轮的沟槽磨深，或深浅不一致；作为压紧轮的滚珠轴承的外圆表面也磨成深沟。

② 压紧轮的弹簧已失效，没有弹力和压力了。

③ 送丝机齿轮箱内的转动齿轮或蜗杆、蜗轮有严重磨损。

④ 送丝电动机控制电路故障，致使电动机有间歇性转动或时快时慢，促成送丝不均匀。

⑤ 焊枪的导电嘴内径过小或过大。

⑥ 软管内径过大，使焊丝在输送时中间有曲折现象，也造成送丝不均匀等。

处理方法：送丝轮及压紧轮有磨损严重时应更换；压紧轮弹簧失效的应更换新的弹簧；送丝机齿轮箱磨损严重，应重新更换减速器；电路故障应调整检修电路或更换电路元件；焊枪及导电嘴不好的，应更换新的导电嘴及焊枪；导丝软管孔径过大或过小时应更换导丝软管，导丝软管内径直径 $D=1.8d$（mm），如 0.8mm 的焊丝，可选用 1.44mm 导丝软管。

3.3 MBC-500S 型 CO_2 自动电焊机故障分析及维修

3.3.1 MBC-500S 型 CO_2 自动电焊机结构组成

① 送丝转动部分为直流 24V 的电动机。采用蜗轮蜗杆转动，送丝轮与压紧轮配合压紧后主动送丝，送丝机型号为：SSJ-1，24V，8A。

② 电源部分包括华焊电源（型号为 ZPG_2-500 弧焊整流器）及唐山电源（型号为 MBC-500S）两部分。

③ 焊丝部分包括焊丝盘轴及支架。

④ 焊枪部分包括焊枪固定架、焊丝与焊枪的连接部分及本身的中心导电杆的导电嘴、喷嘴导电元件（焊枪型号为 3450，宁波产）。

⑤ 焊速调整系统：即调速电机及转台部分。

⑥ 送气系统包括 CO_2 气瓶、电磁气阀气路（包括氧气减压表及干燥器等）。

⑦ 控制系统：主要是指 PC 机的程序。PC 机型号为 F_1-20MR。

3.3.2 故障分析及维修

首先从观察焊缝情况入手，将整条焊缝分为引弧、焊接及收弧三部分，故障出现在哪一部分，即查找与之相应部分的运行情况。

(1) 焊缝熔深太小或焊穿、焊缝连续性不好

若发现焊缝熔深太小或焊穿，焊缝连续性不好、不均匀、不光滑或余高太大、咬边等情况可查找送丝系统。因为以上各种情况都是由于电流不合适造成的，对于 CO_2 自动焊来说，焊接电流的大小取决于送丝速度的大小，而送丝速度取决于送丝电动机的转速及送丝路线上各元件对焊丝造成的阻力。送丝电机的转速取决于电枢两端的输入电压。所以焊枪及其与送

丝机的连接部分也可以归到送丝系统中，在实际工作中至少要整体考虑。送丝系统工作示意如图 3-11 所示。

PLC 控制器接线示意如图 3-12 所示；控制器电气原理图如图 3-13 所示。

送丝机不转时，可先检查（观察）送丝机电源的有无，若无电（此时电焊机面板上的电机电压指示灯不亮），说明整流二极管或晶闸管损坏（变压器一般不会出现故障），如果整流后的电压为 30V 左右，说明整流管无故障，此时故障一般在晶闸管上，更换晶闸管一般可解除故障。按下手动送丝按钮后，测量晶闸管阴极与 15 号线之间的电压一般在 29V 左右，此时电压指示灯亮，若还不转动说明送丝机本身有故障。用手摸送丝机，机壳有振动感说明送丝机的蜗轮蜗杆之间磨损严重，啮合不好，松开压紧轮，一般会转动，同时更换轮或将蜗轮反面使用即可。如果手摸无振感，可能是电机引线脱落、断线或是里面的碳刷磨损严重造成。用万用表测量无阻值（无穷大）时，说明断线，拆开后将线焊牢即可，或更换碳刷。

送丝机转动但焊丝不下送时（送丝轮打滑），首先观察焊丝是否压好，未压好时压紧，压紧后焊丝还不送，先更换导电嘴。更换导电嘴后还不下送，说明送丝轮磨损严重，只需更换送丝轮即

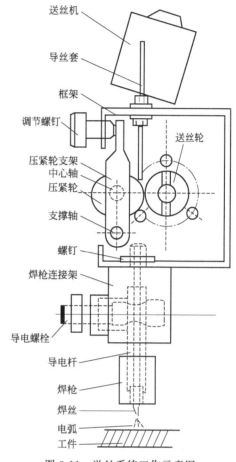

图 3-11　送丝系统工作示意图

可。将压紧轮的材料由原来的塑料改变为 45 号钢后，打滑现象将会减少且寿命增大。

电流不稳时，焊缝连续性不好、不光滑，一般有三方面的原因：一是送丝机内部的原因，包括蜗轮轮齿磨损较重，还能转动（有负载），压紧螺钉（可调）往里拧得太多，造成送丝机阻力变大，致使转动不稳；二是压紧轮的压力不合适，太小时压不住焊丝，太大时，电机负载太大，转动不稳；三是送丝轮磨损严重。

送丝机转速太高时，容易出现某处焊穿、余高太大，此时可将调电流的旋钮逆时针转动。电机转速太低时，容易出现熔深太小、咬边等情况，此时要顺时针转动电位器，直到合适，送丝机固定不牢固时，往往电流偏小且电流不稳定。送丝机与焊枪的连接固定架之间的连接要固定可靠。焊丝与焊枪连接不牢固时，会引起电压的变化，从而引起电流的较大波动。

(2) 焊缝宽度太大或太小、余高太大、飞溅太多

若发现焊缝宽度太大或太小、余高太大、飞溅太多等情况，说明电压部分不合适或有故障。可检查电源部分和焊枪的高度、位置、倾角、电焊机输出线与电焊机、焊枪、工件等连接处。电源部分首先检查电压调整旋钮，如果正反转动旋钮，电压发生变化，一般认为旋钮部分及整机无故障。如果转动时电压不变化，说明电位器本身有故障或接线有断线处，将电位器拆开后就可发现故障点。将断线接好或更换电位器。如果使用的

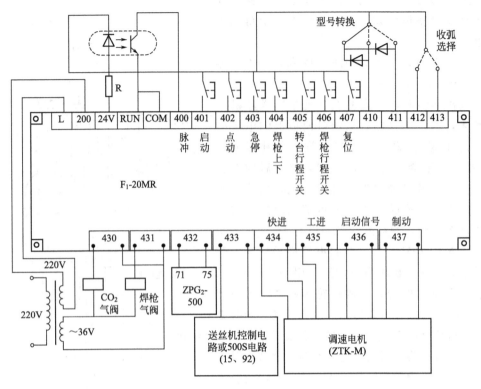

图 3-12 PLC 控制器接线示意图

电源是华焊电源,可将电位器的三根线拆下,测两端电阻值,若为无穷大说明正常。电压不合适时,适当调整即可。当焊枪太高时,干伸太长,电压偏高,电压向低处调整时作用也不太明显,所以焊枪的高度要合适,避免造成错误判断。焊枪的位置及倾角不对时,焊缝的熔深变小,母材两部分的熔材率不合适,不但会引起咬边等焊接缺陷,而且会造成不论怎样调整电流、电压,都不会得到好的焊缝成形或时好时坏。当焊丝的连接处松动时,接触电阻将增大,此处造成电压不稳,飞溅增大,成形太差,将螺钉烧毁。

当电缆线加长时,要适当提高电弧电压值。

(3) 焊接速度的原因

若是焊接速度的原因(焊速太快时,熔深小,焊缝窄而高,两侧咬边;焊速太小时,焊缝宽而厚,有堆积现象,有时焊穿)则可查找转台及调速电机部分。变速箱一般不会出现故障,有时会出现正转转不动的情况,此时可能有异物进入变速箱内部卡住转动的齿轮。可将电机进行反转(点动)然后再正转,一般能解决问题。调速电机出现的故障一般是不转动,主要是控制板出现故障所致。

判断故障点的方法:先观察启动指示灯亮否,若灯不亮说明 AN7824 稳压块(VS)损坏或电容 C_5 击穿,或整流桥损坏,若发现电容的尾端变形(胀裂)说明电容击穿。如果启动指示灯亮,原因如下。

① 触点 KM_{1-1}、KM_{1-2} 损坏,更换继电器后即可解除。该继电器型号为 HG4078。当更换其他型号的继电器时,一定要注意线圈和触点要对应。

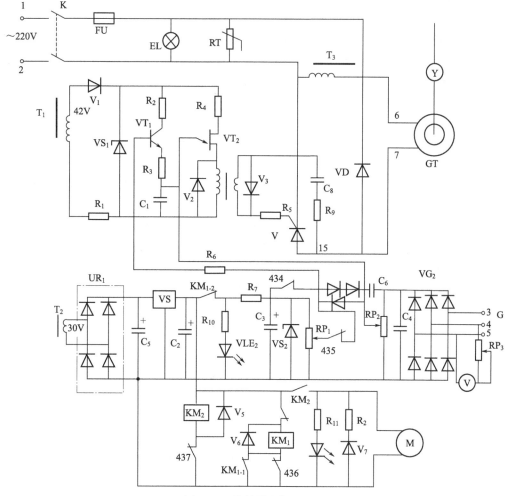

图 3-13 控制器电气原理图

② 触点 434 或 435 未闭合或输出线有断路处，可检查程序，将触点 436 的吸合时间加长，或将断路处用导线短接即可，或更换 PLC 控制器。

③ RP_1 中间触头、其他两端的连接处接触不良或损坏，将松动处拧紧，将损坏处焊好或更换新电位器。

④ RP_1 调至最小值（零位），此时将 RP_1 重新调整即可。

⑤ 如果电机转台不转是在焊炬落下后发生，说明 406（图 3-12）行程开关损坏，更换后即可解除，型号为 $JLXK_1$-111。

若发现焊缝窄而高、有咬边时，说明速度太快，将 RP_1 逆时针转动直至合适；若焊缝有堆积且太宽时，说明转速太慢，顺时针转动旋钮直到合适。调整转速时也要配合电流、电压的调整。

（4）焊丝的原因

焊丝部分也是影响焊接质量的一个因素。如果焊丝质量不好，将影响到电焊机的引弧性能和正常电弧的稳定性，所以焊前要选择优质的焊丝。判断焊丝优劣的标准是焊丝镀层光亮均匀，排列整齐有序，接头处无痕迹，焊接时引弧容易，电弧稳定，飞溅率低。焊丝盘及其支架要固定牢固，并且要有防护措施和阻尼机构，以免焊丝在送进和停止时与机架相碰撞，烧毁焊丝盘。

若发现焊缝中有大面积气孔，则可判断故障发生的部位在送气系统。但产生气孔的因素不仅仅是由送气系统造成的，还可能由于工件表面有较多的油、锈、水以及防飞溅剂等有机物造成的，焊丝存放较久产生锈蚀及灰尘较多时也可能产生气孔。供气系统产生气孔的原因有以下几方面。

① 气体纯度达不到要求，含有较多的水分和酒精时，气孔的数量增加，同时也会引起熔敷金属中扩散氢含量增加，抗裂能力降低。此时更换试焊，试焊前先放气1min左右，若不再出现气孔。可以使用，若还出现气孔，更换之。

② 气瓶内压力<0.1MPa（$0.01kg/mm^2$），此时将氧气减压表调至出气量最大位置时也不起作用，必须更换新气。

③ 气瓶内有大量气体，但由于长时间连续使用，气瓶出气孔被冰霜堵塞，出气量太小，造成气体保护不良或无保护，此时要停顿几分钟，同时将加热器调整好。冬天时无加热器很容易造成这种现象。

④ CO_2 电磁阀不动作或通气孔中有碎物堵塞，造成气体不通，此时可更换新的电磁阀或清除碎物。

⑤ 焊枪喷嘴内壁有大量飞溅物存在，造成气流不畅，致使气保护作用显著减小，所以在焊接过程中要勤除飞溅，勤涂防飞溅剂。

⑥ 送气管路有漏气点，此故障容易出现在管经常动及容易受热受压受摩擦的地方，所以要经常检查。将漏气点堵住、更换气路或将此处管子割断，再穿 $\phi 6$ 或 $\phi 8$ 铜管，用铁丝绑住即可消除故障。

（5）控制系统故障

控制系统即PLC程序，除原有列举的故障还有如下故障。

① 型号选择开关接触不良，表现为PLC控制器的410、411、412指示灯都不亮。

② 选择开关里面对应的二极管损坏。将选择开关来回转动几次，指示灯亮后即可。将二极管更换后即可解除第二种原因造成的故障。

3.4 NBC-200型 CO_2 气体保护半自动电焊机故障分析及维修

3.4.1 NBC-200型 CO_2 气体保护电焊机基本原理

NBC-200型 CO_2 气体保护半自动电焊机由抽头变压器式整流弧焊机、控制装置、焊丝输送机、焊枪、CO_2 气瓶、遥控器等组成。图3-14为NBC-200型 CO_2 气体保护半自动电焊机电气原理图。

① 焊接回路：由三相抽头式整流变压器 T_1、三相桥式整流器 $VD_1 \sim VD_6$、可调电抗器 L_1、L_2 等组成。

② 控制回路：包括 CO_2 气体供气的程序控制电路、焊丝输送电动机 M 的调速电路和反馈电路等。

供气的工作程序如图3-15所示，其控制电路包括：接通和切断焊接电源、焊接开始时

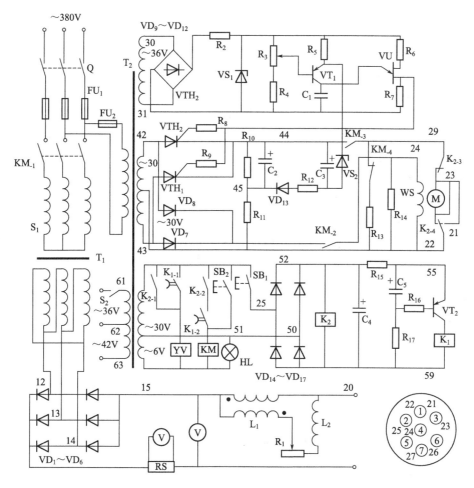

图 3-14　NBC-200 型 CO_2 气体保护半自动焊机电气原理图

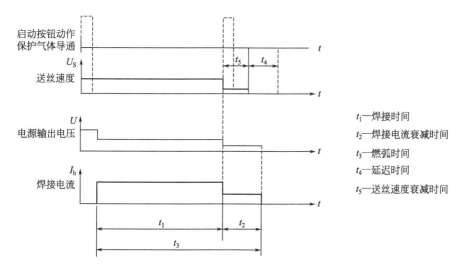

t_1—焊接时间
t_2—焊接电流衰减时间
t_3—燃弧时间
t_4—延迟时间
t_5—送丝速度衰减时间

图 3-15　半自动 CO_2 保护焊机供气的工作程序

提前供 CO_2、焊接结束时延时关闭 CO_2。这部分控制电路由控制变压器 T_2 的二次绕组的一个30V线圈供电,其工作情况如下。

焊接开始时,按下(不松手)送丝启动按钮 SB_1、继电器 K_2 吸合,接通电磁气阀 YV,提前送入 CO_2,电容 C_5 通过 R_{17} 充电,三极管 VT_2 的基极电位上升,VT_2 导通。当 C_5 充电到一定值后,K_1 吸合,接通电枢电压,以达到无级调速的目的。控制变压器 T_2 的二次绕组中有一个线圈是中间抽头的($2\times 30V$),分别供电给 VTH_1 和 VTH_2 两只晶闸管。用三极管 VT_1 和电容 C_1 串联的方法来调节脉冲输出。调节电位器 R_3 可以改变 VT_1 基极电流大小,也就改变了 VT_1 的集电极电流的大小,从而改变了 C_1 的充电速度,使单结晶体管 VU 提前或滞后触发两只晶闸管,因而调节了电枢电压,改变了电动机 M 的转速,以适合不同焊接工艺的要求。

在焊丝输送过程中,由于输送机构中阻力的变化或电源电压波动,影响了电动机 M 转速的稳定,因而采用了电压负反馈电路。由稳压管 VS_2、二极管 VD_{13}、电阻 $R_{10}\sim R_{12}$、电容 C_2 和 C_3 组成。当电枢电压下降时,通过 VS_2 的电流减小,因而触发信号提前,晶闸管导通角增大,使电枢电压上升。反之,当电压升高时,反馈作用使导电角减小,电枢电压下降。

由硅整流元件 VD_7 及 VD_8 组成的单相全波整流电路是向直流电动机 M 的他励绕组 WS 供电的。焊接停止时,松开按钮 SB_1,K_1 和 K_2 释放,电磁气阀线圈 YV 失电并停气。KM 也释放,电焊机断电且电动机的制动回路被接通,电动机制动,焊接过程结束。

为了缩回伸出过多的焊丝,可按下退丝按钮 SB_2,KM 吸合,接通电动机回路,K_2 接通,接点 K_{2-3}、K_{2-4} 闭合,电动机反转。松开 SB_2,退丝即可停止。

3.4.2 CO_2 气体保护半自动弧焊机的维护保养

(1) CO_2 气体保护半自动弧焊机日常保养工作内容及周期(表3-4)

(2) CO_2 气体保护半自动弧焊枪的正确使用和保养

CO_2 气体保护半自动弧焊枪有两种基本形式:手枪式和鹅头式。手枪式焊枪多采用拉丝方式送丝,使用气流自身冷却,多用于小功率的电焊机;鹅头式焊枪采用推丝式送丝机送丝,多采用水冷却方式,用在大功率的 CO_2 电焊机上。

CO_2 气体保护焊枪是消耗性部件,它的使用寿命比电焊机要低很多,所以损坏或磨损严重而没有多大修理价值的焊枪,应选购新焊枪更换。选择 CO_2 气体保护半自动焊枪时,要考虑以下因素。

① 焊枪的结构形式:是鹅头式还是手枪式,这与使用的焊丝直径有关,粗丝应选鹅头式,细丝可选手枪式。

② 焊枪的功率:即焊枪的额定电流之大小应与电焊机的额定电流相一致。

③ 焊枪的送丝方式:这要与使用的焊丝直径和焊枪的结构形式结合考虑。

④ 焊枪的冷却方式:功率大的焊枪选水冷,功率小的选气冷。

⑤ 焊枪的重量应以轻巧使用方便为宜。

⑥ 焊枪的水、气管接头应与电焊机的接头相匹配。如果所选择(包括选购)焊枪各方面都合适,就差水、气管接头不合适,则接头也可以自己改制。

推丝式 CO_2 气体保护半自动焊枪的型号及配用电焊机见表3-5。

表 3-4　CO_2 气体保护半自动焊机日常保养工作内容及周期

项目	检查、保养部位及内容	简要保养方法	保养周期
整机	电焊机外壳各处	擦拭灰尘	每日一次
电源控制箱	(1)吹出箱内灰尘	用干燥压缩空气	每月一次
	(2)接触器、继电器触头烧损状况	维修或更换触头	每年一次
	(3)各控制开关、按钮是否失灵	及时更换新件	每年一次
气路	(1)减压表、加热器是否漏气、好用	检修或更换新件	每季一次
	(2)电磁气阀是否漏气、好用	检修或更换新阀	每季一次
	(3)气管是否老化、有无破损(死弯)	更换新管	每季一次
	(4)管接头是否漏气	更换新卡箍、夹紧	每季一次
水路	(1)水管是否老化、有无破损	更换水管	每季一次
	(2)水管接头是否漏水	更换新卡箍、夹紧	每季一次
	(3)水、电开关是否失灵	检修、更换微动开关	每年一次
	(4)出水口水流是否通畅	排除堵塞物、清除水垢	每年一次
	(5)冬季电焊机停用时水路应防冻	用压缩空气吹净存水	每日一次
送丝机	(1)送丝轮磨损情况	更换新轮	每年一次
	(2)焊丝盘安放到位	到位后应卡住	每次作业
	(3)送丝导向管、滚轮及时清垢	清理灰垢	每周一次
	(4)焊丝导向管是否变形	更换新件	每年一次
	(5)直流电动机电刷弹力调整	及时调整螺栓	每月一次
	(6)直流电动机电刷磨损状况	更换新刷	每年一次
	(7)减速箱润滑状况	注润滑油	每年一次
焊枪	(1)导电嘴连接松动	拧紧	每日进行
	(2)导电嘴内孔磨损状况	更换新嘴	每日进行
	(3)喷嘴是否变形	更换新喷嘴	每月一次
	(4)喷嘴内是否被飞溅物堵塞	清除飞溅物	每月一次
	(5)弹簧软管是否变形	更换新软管	每季一次
	(6)弹簧软管,粘有铁屑、油垢状况	用汽油清洗	每焊100kg焊丝清洗一次
	(7)微型开关是否失灵	更换开关	每季一次
	(8)拉丝焊枪是否送丝轮无劲、齿轮打滑	更换变速箱	每年一次
	(9)拉丝焊枪电动机电刷火花状况	调整或更换电刷、清洗换向器烟痕	每月一次

(3) CO_2 气体保护半自动焊枪使用注意事项

导电嘴孔径与焊丝直径应合理匹配。正确的匹配关系见表 3-6。

① 导电嘴孔径与焊丝直径匹配不当(孔径过小会增加送丝阻力,使送丝速度不稳定;孔径过大使导电接触点位置不断改变,电流不稳),会使电弧不稳、飞溅增大,焊缝成形不好,破坏焊接过程稳定性。

② 导电嘴:安装时要拧紧,因为拧不紧的导电嘴接触电阻会增加;孔径磨损过度的导电嘴要及时更换。

表 3-5 鹅头（推丝）式 CO_2 焊枪型号及配用电焊机

型号	焊接电流/A	焊丝直径/mm	配用电焊机	生产厂
PW-400	400	1.2~1.6	NBC-400 型电焊机	温州焊接机械总厂
PW-300	300	1.0~1.2	NBC-300 型电焊机	
PW-250	250	0.8~1.0	NBC-250 型电焊机	
MG403-500	500	1.2、1.6	日本大阪 XIII-500 型电焊机	
MG303-300	300	1.0、1.2	日本大阪 XIII-300 型电焊机	
MG403-400	400	1.2~1.0	配美国米勒公司 400 型电焊机	
MG105-250	250	0.8~1.0	配美国米勒公司 250 型电焊机	
YM-500	500	1.2、1.6	日本松下 NEW K-500 型电焊机	温州华泰焊接设备公司
YM-350	350	1.0、1.2	日本松下 NEW K-250 型电焊机	

表 3-6 导电嘴孔径与焊丝直径的关系

焊丝直径 d/mm	≤0.8	1.0~1.4	≥1.6
导电嘴孔径/mm	$d+0.1$	$d+(0.2~0.3)$	$d+(0.2~0.3)$

③ 喷嘴：安装接缝不应漏气，否则，既浪费气体又易使保护气流紊乱，所以安装喷嘴时一定要拧紧、拧到位。要经常检查喷嘴内腔，防止内腔被飞溅物堵塞，否则，既会造成保护气流紊乱，又易使喷嘴与导电嘴被飞溅物短接而带电，易与工件打弧受损。

鹅头式 CO_2 焊枪的弹簧软管内径要与焊丝直径正确匹配，见表 3-7。

表 3-7 各种焊丝直径与送丝弹簧软管的匹配

焊丝直径/mm	弹簧软管内径/mm	弹簧管钢丝直径/mm	加固钢丝直径/mm	软管长度/m
0.8	1.2	1.0	0.6~0.7	2~3
1.0	1.5~2.0	1.0	0.6~0.7	2~3.5
1.2	1.8~2.4	1.0~1.2	0.6~0.7	2.5~4.0
1.6	2.5~3.0	1.2	0.7~0.8	3~5

弹簧软管经过长时间的使用，会积存大量铁粉、灰尘和铜末（焊丝表面镀铜），它会阻碍送丝，使焊丝速度不稳。所以，每用过 100kg 焊丝以后的弹簧软管就应从焊枪中取下清洗。对于变形的或磨损严重的弹簧软管要更换。

④ 手枪（拉丝）式 CO_2 焊枪使用时要注意观察：送丝电机电刷火花不应过大，发现过大时要调整电刷的弹簧压力；换向器烟痕太大时要用汽油清洗；送丝轮不要调得过紧使焊丝压痕过深，过深的压痕会加快导电嘴的磨损，压紧轮要调整到送丝不打滑即可。

⑤ 焊枪手柄的微动开关使用时用力要轻，并应定期检查开关接线是否螺钉松动、线头折断，发现故障要及时处理。

⑥ 焊枪使用时要特别注意保护焊枪根部，因为该部位集中通过焊接主电路、控制电路、气路或水路等，而该处由于焊枪施焊频繁活动又极易发生漏气、漏水和短路，要经常检查焊枪根部的水、气管接头和导线绝缘。

(4) CO_2 气体保护电焊机水路系统的维护保养

电焊机的水路系统，包括水源（有自来水和循环水两种，自来水要有下水道配套，循环水要有水箱和水泵）、导水管、水电缆、水冷焊枪和水电开关（水流开关或水压开关）。水路系统常出现的主要故障有水路堵塞、管接头漏水和水电开关失灵。

对于电焊机水路系统的维护工作，要注意以下几点。

① 为保证水管接头处不漏水，选择水管的内径与管接头的外径要配合适当，即选用胶管时管内径要较接头外径小 1mm，用塑料管时管内径要小 0.5mm，接好以后管外径应使用卡箍夹紧。

② 在每次电焊机使用之前均应检查一次焊枪的漏水状况，发现漏水要及时排除。

③ 水路堵塞故障来源于冷却水的水质太硬，或水中含泥土成分太多，长年使用水中杂质沉淀淤塞管路所致；也可能是自来水管内壁铁管锈蚀的氧化物脱落使管路堵塞。为此，水路的清除工作，应在水路未发生堵塞之前定期清理，一般每半年左右应清理一次，拆开水路，分段用压缩空气吹除。

④ 为确保电焊机的水路畅通而不致发生烧枪现象，电焊机在控制电路可设水电开关（也可称水路故障保护开关）。在水路畅通时它使控制电路接通，电焊机正常工作；当水路发生堵塞水不流动时，则开关断开而切断控制电路，使电焊机停止工作，从而保证焊枪不被烧坏。

⑤ 水电开关的故障，多发生在水质不洁，杂质淤积使开关的活动顶杆滞死，开关失去保护作用。因此，水电开关每半年左右应拆开清淤，使活动顶杆灵活，开关能灵敏地工作。

⑥ 水管出现老化迹象应换新管，一般每三个月应检查一次。

⑦ 电焊机使用时要注意检查冷却水的出口流量和水温。水流量明显变小或失去控制，说明水路有堵塞，应及时查找原因予以排除。电焊机工作时出水口水温应在 45℃ 左右为宜。水温过高，说明焊枪冷却效果不好，应将冷却水流量调大。

3.4.3 NBC-200 型半自动 CO_2 电焊机常见故障分析和处理

(1) **故障现象**：在工作时按下启动按钮后，无焊接电压输出。

故障分析：可能原因一是电源开关没有合上，或电源没有电压；二是控制主变压器的交流接触器 KM 线圈无电压；三是 $VD_1 \sim VD_6$ 整流桥式损坏（每桥中有一个）但一般不会发生该现象或是变压器二次绕组开路。

处理方法：检查电源开关及电源电压；检查接触器线圈的控制电路，对损坏的整流二极管进行更换（同型号、规格），如果是变压器二次绕组损坏就要进行大修（重绕）处理。

(2) **故障现象**：在工作中电焊机焊接电压过低，无法进行工作。

故障分析：电网电压过低或电源缺相；电焊机的抽头式变压器分接触头损坏；电路中的硅整流元件损坏或是抽头式变压器绕组有断路或短路故障。

处理方法：检查电网电压和开关 Q 接触情况以及熔断器 FU_1 情况；根据情况更换抽头式变压器分接开关或连接好接头；更换新的同型号、同规格的硅整流元件；把抽头式变压器绕组进行大修（重绕）；如果是轻微的故障可以进行局部处理。

(3) **故障现象**：在工作时按下启动按钮后，有焊接电压，但直流电动机不转，无法工作。

故障分析：① 有可能电枢回路没有电压或者虚焊（掉头）。

② 他励绕组断路或励磁电路无电压。

③ 焊接输送机构有机械故障。
④ 直流电动机的故障。

处理方法：① 检查电枢供电路电路及控制元器件，处理虚焊点并焊牢。
② 检查他励绕组有无断路；测量励磁电压并进行相应的故障处理。
③ 检修焊丝输送机构同时把损坏的机械部件进行更换。
④ 对直流电动机的故障进行检查、修理。

（4）**故障现象**：在焊接工作中，电动机转速突然升高且过热。

故障分析：① 电动机他励绕组断路。
② 励磁电流中断。
③ 晶闸管击穿。
④ 调速电位器损坏或断线。
⑤ 负反馈电路断线。

处理方法：上述故障要立即停车进行检修和处理（此类故障为飞车）。
① 可临时用一根导线将断路处短接，必要时更换新的励磁绕组。
② 检查辅助触头的接触情况。
③ 更换同型号、规格的晶闸管。
④ 更换调速电位器检查电缆芯线及插头与插座之间的接触情况。
⑤ 检查负反馈电路。

（5）**故障现象**：在启动工作后发现电动机转速太慢。

故障分析：① 电枢电压过低或该电路中有损坏的电子元器件。
② 电机负载过大。
③ 负反馈过强。
④ 电动机本身有故障。

处理方法：① 检查电枢电路并更换损坏的元器件。
② 检查焊丝输送机。
③ 调整负反馈电位器。
④ 对电动机的故障进行检查、修理。

（6）**故障现象**：在工作中焊丝送不出或送丝速度不均匀。

故障分析：① 滚轮磨损严重，焊丝打滑。
② 焊丝和导电嘴熔住。
③ 送丝软管内孔磨损严重或有堵塞。

处理方法：① 更换新的。
② 剪断焊丝，卸下导电嘴，清理熔融点。
③ 更换送丝软管或清理内孔。

（7）**故障现象**：在焊接施工中，电弧不稳而且金属飞溅较大，焊缝成形较差，影响焊件的质量。

故障分析：① 焊丝与工件的极性接错，一般采用反极性接法。
② 电焊机设备的硅元件已击穿。
③ 焊枪的导电嘴内腔磨损。
④ 气体保护不良。

处理方法：① 应将焊丝接正极，工件接负极。

② 更换同型号、规格的硅元件。

③ 更换新的导电嘴。

④ 检查供气回路。

（8）**故障现象**：在工作结束（停止）时，松开启动按钮后，电动机不能制动。

故障分析：① 制动电阻电路断路或其电阻开路。

② 主接触器 KM 在制动电路中的辅助触头接触不良。

处理方法：① 检查制动电路更换损坏的电阻（同型号、同规格）。

② 检查该辅助触头的接触情况，进行处理。

3.5 Thyarc 牌 NBC-400 型逆变式 CO_2 气体保护电焊机、NBM-400 型逆变式脉冲 MIG/MAG 电焊机的故障处理

3.5.1 基本原理

NBC、NBM 型 CO_2 气体保护电焊机是由焊接电源、送丝机和焊枪等组成，电焊机电源的主原理简图如图 3-16 所示。

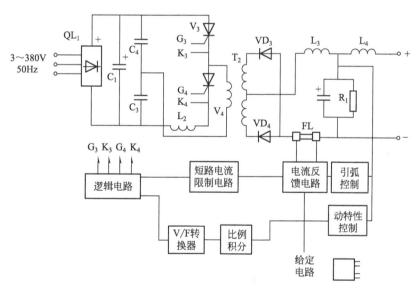

图 3-16 NBC、NBM 系列焊机主原理简图

三相电源 380V/50Hz 经三相整流桥 QL_1 整流及 C_1 滤波后，得到一脉动很小的直流电，而这一直流电再经过 V_3、V_4 组成的半桥式串联逆变器，变为 0.5～400Hz 的中频交流电。逆变器的工作频率与输出功率成正比，所以也常把这种方式工作的变频装置称为调频系统。从逆变得到的中频交流电，经过 T_2 降压，快速恢复整流管 VD_3、VD_4 整流，L_3、L_4 及 C_4 滤波后，输出一适合于 MIG/MAG 焊接的直流电。

该焊接电源为一单闭环系统，其电压反馈取自电源输出端。这一反馈信号，经动特性控制电路及隔离放大电路后，与参考输入及电流反馈信号进行比较。经比较后产生误

差信号，送入向前通道的比例积分器，再经 V/F（电压频率）转换器变为一脉冲信号，此脉冲信号经控制逻辑电路处理后输出一对触发脉冲，分别触发晶闸管 V_3、V_4，控制逆变器的工作。

系统中的电流反馈电路、引弧控制电路等仅在输出电流与输出电压之间满足一定关系之后才起作用，它们主要用于形成一种特殊的外特性。

3.5.2 NBC-400 型逆变式 MAG/CO_2 气体保护电焊机故障检修

（1）**故障现象**：电焊机在开机后电源指示灯不亮，但电焊机能正常工作（焊接）。

故障原因：一般是电源指示灯接触不良或损坏。

处理方法：检查或更换指示灯（6.3V，0.15A 螺口）。

（2）**故障现象**：电焊机在开机后指示灯不亮，风机也不转，但后面板上的自动开关在合的位置，未自动断电。

故障原因：该故障主要是面板上的熔丝损坏造成的。

处理方法：更换熔丝（3A），若电焊机仍不能正常启动，则要按电焊机有故障进行检查修理。

（3）**故障现象**：电焊机在开机后能正常工作（焊接），但气体预热器不热，达不到正常工作标准。

故障原因：后面板上的熔丝损坏。

处理方法：更换熔丝。

（4）**故障现象**：电焊机在开机后按住焊枪开关送丝机不送丝，但焊接电源前面板上的电压表上有空载电压指示。

故障原因：① 后面板上的熔丝损坏。

② 送丝机控制电路板故障。

③ 面板上的填弧坑电流调节电位器或遥控盒上的焊接电流调节电位器损坏。

④ 送丝机电机烧坏。

⑤ 送丝机至焊接电源的连接电缆接线断路。

处理方法：① 更换熔丝。

② 更换送丝机控制电路板（要按原厂家同型号、同规格更换）。

③ 检查、更换前面板上的填弧坑电流调节电位器或遥控盒上的焊接电流调节电位器。

④ 按电动机的大修的技术要求进行修理或送电机维修单位进行修理。

⑤ 检查、修复送丝机至焊接电源的连接电缆。

（5）**故障现象**：工作时电源指示灯亮，送丝系统正常，但气路不通。

故障原因：① 送丝机控制电路板有故障。

② 送丝机至焊接电源的连接电缆接线断路。

③ 送丝机上的气阀损坏。

处理方法：① 更换送丝机控制电路板或对其中的损坏的元器件进行处理（要按原厂家同型号、同规格更换）。

② 检查、修复送丝机至焊接电源的连接电缆。

③ 按电动机的大修的技术要求进行修理或送电机维修单位（修理部）进行修理。

（6）**故障现象**：电源指示灯亮，但气路不通，也不能送丝，亦无空载电压指示。

故障原因：① 电焊机焊枪开关损坏。

② 送丝机控制电路板有故障。

③ 送丝机至焊接电源的连接电缆接线断路。

处理方法：① 修理损坏的焊枪开关或更换新的焊枪。

② 更换送丝机控制电路板（要按原厂家同型号、同规格更换）或仔细检查和检测确定具体损坏的元件。

③ 检查、修复送丝机至焊接电源的连接电缆。

(7) **故障现象**：工作时电源指示灯亮，但气路、送丝系统均正常，但无空载电压指示。

故障原因：① 该电焊机的焊接电源控制电路板有故障。

② 温度继电器（型号 JUC-1M65℃）失效。

处理方法：① 更换控制电路板（要按原厂家同型号、同规格更换）。

② 更换温度继电器。

(8) **故障现象**：在现场施工时一接通电焊机电源，焊接电源后面板上的自动空气开关就立即自动断电。

故障原因：① 自动空气开关太灵敏或者是更换新的自动空气开关时容量选小的缘故。

② 快速可控硅 V_3、V_4（型号：KK20A/1200V）损坏。

③ 快速恢复整流管 VD_3、VD_4（型号：ZK300A/800V）损坏。

④ 三相整流桥 QL_1（型号：SQL_{19}-100A/1000V）损坏。

⑤ 压敏电阻型号为 820V/5kA 损坏。

⑥ 焊接电源控制电路板故障。

处理方法：① 应先关掉配电盘或配电柜上的电源开关，然后合上电焊机的自动空气开关，再用配电盘或配电柜上的电源开关开机，若自动空气开关仍立即自动断电，说明故障不在自动空气开关则可按以下几条进行。

② 更换快速可控硅 V_3、V_4（型号：KK20A/1200V）。

③ 更换快速恢复整流管 VD_3、VD_4（型号：ZK300A/800V）。

④ 更换三相整流桥 QL_1（型号：SQL_{19}-100A/1000V）。

⑤ 更换压敏电阻型号为 820V/5kA。

⑥ 更换焊接电源控制电路板（要按原厂家同型号、同规格更换）。

(9) **故障现象**：焊接过程中焊接电源后面板上的自动空气开关自动断电。

故障原因：① 在高温环境中长时间使用或长时间过载运行时，也可能使后面板上的自动空气开关动作而切断电焊机电源。

② 快速可控硅 V_3、V_4（型号：KK20A/1200V）损坏。

③ 快速恢复整流管 VD_3、VD_4（型号：ZK300A/800V）损坏。

④ 三相整流桥 QL_1（型号：SQL_{19}-100A/1000V）损坏。

⑤ 压敏电阻型号为 820V/5kA 损坏。

⑥ 电解电容器中有一个失效。

⑦ 焊接电源控制电路板故障。

处理方法：① 应立即关掉电源开关，让电焊机停止工作 5min 后再开机。开机时应先合上电焊机上的自动空气开关，然后再用电源开关开机。开机后应让电焊机空载运行几分钟后再使用。

② 更换快速可控硅 V_3、V_4（型号：KK20A/1200V）。

③ 更换快速恢复整流管 VD_3、VD_4（型号：ZK300A/800V）。

④ 更换三相整流桥 QL_1（型号：SQL_{19}-100A/1000V）。

⑤ 更换压敏电阻型号为 820V/5kA。

⑥ 更换电解电容器中失效的电容器。

⑦ 更换焊接电源控制电路板（要按原厂家同型号、同规格更换）。

(10) **故障现象**：无论怎样调节焊接规范，焊接过程中均出现连续断弧现象。

故障原因：电焊机电抗器 L_4 匝间绝缘不良，有匝间短路现象。

处理方法：此故障点不易查找和判断，一定要仔细分析判断。一般维护人员不易修理，可到厂家订购一个新的电抗器 L_4。

(11) **故障现象**：输出电压范围选择开关置于 24～36V 挡时，输出电压调节范围为 20～30V，此时 16～24V 挡正常。

故障原因：① 焊接电源控制电路板故障。

② 输出电压范围选择开关的触点接触不良。

处理方法：① 更换焊接电源控制电路板（要按原厂家同型号、同规格更换）。

② 用酒精清洗输出电压范围选择开关触点，若仍无效可更换此开关。

(12) **故障现象**：焊接电压、焊接电流、填弧坑电压、填弧坑电流调节旋钮均不能起作用。

故障原因：该机的送丝机控制电路板有故障。

处理方法：更换送丝机控制电路板（要按原厂家同型号、同规格）。

(13) **故障现象**：按下点动送丝按钮不能送丝，其他正常。

故障原因：① 点动送丝按钮开关接触不良。

② 遥控盒至焊接电源前面板的连接电缆有断线（线号 040，插头编号 5）。

③ 送丝机控制电路板有故障。

处理方法：① 更换点动送丝按钮开关（型号：AN42×2）。

② 修复遥控盒至焊接电源前面板的连接电缆（线号 040，插头编号 5）。

③ 更换送丝机控制电路板（要按原厂家同型号、同规格）。

(14) **故障现象**：焊接电压、焊接电流、填弧坑电压、填弧坑电流调节旋钮中，某一个不能起调节作用。

故障原因：该机调节电位器损坏。

处理方法：更换调节电位器（要按原厂家同型号、同规格）。

(15) **故障现象**：按下试气按钮不能送气，其他正常。

故障原因：① 试气按钮开关接触不良。

② 送丝机控制电路板故障。

处理方法：① 更换试气按钮开关（型号：AN42×2）。

② 更换送丝机控制电路板（要按原厂家同型号、同规格）。

(16) **故障现象**：长焊缝/短焊缝开关置于长焊缝或短焊缝时功能不正常，其他正常。

故障原因：① 长焊缝/短焊缝开关接触不良。

② 送丝机控制电路板故障。

处理方法：① 更换长焊缝/短焊缝开关（型号：KN1-202）。
② 更换送丝机控制电路板（要按原厂家同型号、同规格）。

(17) **故障现象**：该电焊机在大规范焊接时，焊接电流电压达不到设定值，但小规范焊接正常。

故障原因：① 快速插头接触不良，焊接电缆截面积太小。
② 三相380V电源缺相。
③ 换向电容器中的某一个失效。
④ 三相整流桥QL_1损坏。
⑤ 自动空气开关某一组接触不良或损坏。

处理方法：① 将该电焊机的快速插头接好或更换$70mm^2$的焊接电缆。
② 检查供电配电箱或配电柜是否有某一回路（保险器或断路器）缺相的。
③ 更换损坏的换向电容器（型号：C88-500V-8μF）。
④ 更换三相整流桥QL_1（型号：QL19-100A/1000V）。
⑤ 对自动开关进行修理或更换（型号：CN4563A Type2 415V～）。

3.6 气体保护电焊机技术数据（表3-8～表3-12）

表3-8 交、直流及交直流两用手工氩弧电焊机技术数据

型号	NSA-300	NSA1-500-2	NSA4-300	NSA-300	NSA-400	NSA-500-1	NSA2-300-1
电源性质	直流	直流	直流	交流	交流	交流	交、直流两用
空载电压/V	80	70	72		80/90	88	80
工作电压/V	12～20	12～20	25～30	20	20	20	12～20
焊接电流调整范围/A	30～300	30～300	20～300	50～300	60～500	50～500	35～300
电极直径/mm	2～6	1～6	1～5		1～7	2～7	1～6
氩气最大流量/(L/min)	25	25	15	30	25	25	25
冷却水流量/(L/min)	1	1	>1	1	1	1	1
用途	用于焊接1～10mm不锈钢、高合金钢、铜等构件	用于焊接1～10mm不锈钢、高合金钢、钼等构件	主要焊接不锈钢	焊接铝及铝合金	焊接铝及铝合金	焊接各种铝、镁及其合金	焊接铝及其合金、不锈钢、高合金钢、紫铜等构件
	北京电焊机厂	上海电焊机厂（配用ZXG-300N电源）	华东电焊机厂（配用ZXG-300-1电源）	成都电焊机厂	上海电焊机厂	上海、株洲、武汉、沈阳、南通、温州焊接设备厂	上海电焊机厂（配用ZXG-300-1)

表 3-9 TIG 自动电焊机技术数据

型号	NZA-300-1	NZA2-500-2	NZA3-300	NZA4-300	NZA-500-1	NZA18-500	NZA21-120-1	NZA8-100
电源性质	交流	交流	交流	交流	交流	交流	交流	交流
空载电压/V		60～80	60～80	70	直68/交81	直68/交81		80
工作电压/V	380	380	380	380	380	380	380	380
焊接电流调节范围/A	35～300	20～300	20～300	40～300	50～500	50～500	4～120	10～100
电极直径/mm	1～6	2～6	2～6	2～6	2～7	熔0.8～2.5 不熔2～7	1～2	1～2
填充丝直径/mm	25	25	15	30	25	25	25	
焊接速度/(m/h)	10～60	10～108	6.6～120	10～110	5～80	5～80	1～6r/mm	
送丝速度/(m/h)	10～60	25～220	13.2～240	25～150	20～1000	20～1000		
其他可焊工件长度	悬壁式伸臂长度3500mm,可焊工件长度2000mm	用H-5型焊车机头上下调节2110mm	用H-6型焊车、气动夹具工作台1220×1000×1225	配用ZXG6-300-1型电源	悬壁式伸臂长度2600mm,从地面到焊接770～1670mm	小车式	台式有旋转构件	点焊时间范围2.5～25s
用途	焊接不锈钢和耐热合金等	低合金钢、不锈钢、铁、铜、钛、铝及其合金	生产线上不锈钢带或普通交直流两用电焊机	焊接宽度小于300mm,厚度2～4mm不锈钢带	焊不锈耐热钢、有色金属及其合金	不锈钢、耐热钢、有色金属	焊接不锈钢、工业纯钛、环缝件φ8～700mm	用于点焊厚度0.2～2mm不锈钢及合金钢
生产厂	成都电焊机厂	华东电焊机厂沈阳电焊机厂	华东电焊机厂	沈阳电焊机厂	上海电焊机厂	上海电焊机厂	华东电焊机厂	上海电焊机厂

表 3-10 专用 TIG 自动电焊机技术数据

型号	NZA4-75	NZA7-1	NZA7-2	NZA26-100	NZA27-30	NZA29-200	NZA30-200
电源性质	交流	交流	交流	交流	交流	交流	交流
空载电压/V		80	70	80		70	
工作电压/V	380	380	380	380	380	380	380
焊接电流调节范围/A	10～75	5～100	20～200	15～100	5～30	20～200	20～200
电极直径/mm	1～2	1;1.6;2	1;2;3	1～3	1		
填充丝直径/mm			0.5;0.8;1;1.2				
焊接速度/(m/h)	0.5～0.3		10～40				
送丝速度/(m/h)			20～120				
氩气流量/(L/min)	4～12		2.6～26				
用途	不锈钢管、板焊接专用设备	专用于焊接直径为8～26mm不锈钢管对接(配ZXG-100)	专用于焊接直径为20～60mm不锈钢管对接(配ZXG-200)	专用于焊接直径为8～48mm;壁厚为1～2mm;高度75～200mm罐式铝容器封口(BX10-100)	专用于焊接直径30～120mm壁厚0.1～0.5mm高度75～300mm不锈钢及紫铜波纹管(ZXG-30)	专用于焊直径为20～30mm壁厚0.5～3mm不锈钢、镍合金及无氧铜等材料的卷边焊(配ZXG-200N)	专用于焊直径为20～30mm壁厚0.5～3mm不锈钢铁镍合金及铜卷边焊(ZXG-200N)
生产厂	上海电焊机厂	上海电焊机厂	上海电焊机厂			上海电焊机厂	上海电焊机厂

表 3-11 自动半自动 TIG 焊机技术数据

型号	自动		半自动	
	NZA-1000	NZA19-500-1	NBA1-500	NBA7-400
电源电压/V	380	380	380	380
空载电压/V		80	65	
工作电压/V	25~45	25~40	65	15~42
焊接电流调节范围/A	1000	50~500	60~500	60~400
电极直径/mm	1~2	1;1.6;2	1;2;3	1~3
焊丝直径/mm	3~5	铝2.5~4.5	铝2~3	不锈钢0.5~1.2 铝1.6~2.0
焊接速度/(m/h)	2.1~78	6~60	10~40	
送丝速度/(m/h)	30~360	90~330	60~840	150~750
氩气流量/(L/min)				
用途	焊接铝及其合金和铜及其合金	铝及其合金的对接和角接缝（配用ZXG7-500-1）	焊接8~300mm的铝及其合金的对接和角接缝（配用ZPG2-500）	焊接铝及其合金,焊接不锈钢（配用ZPG1-500-1）
生产厂	天津电焊机厂	华东电焊机厂		上海电焊机厂

表 3-12 TIG 及 MIG 脉冲自动焊机技术数据

型号	NZA6-30	NZA4-250	NZA-300-1	NZA-250-1	NZA11-200	NZA20-200	NZA24-200	NU-200
控制电源电压/V	380	380	380	380	380	380	380	380
最大稳弧电流/A	3	25~250			200		200	200
脉冲电流范围/A	1.5	25~250	30~300	20~300	20~200		20~200	20~200
钨极直径/mm	1	1.5;2;3			1.2~1.6(焊丝)		1.2~1.6(焊丝)	1.2~1.6
焊件厚度/mm	0.1~0.5	管壁厚4	管子直径32~42厚3~5	管径32~42壁厚1~5				
焊接速度/(m/h)	10~100			0.25~2 (r/min)	5~80	6~60(送丝) 60~840	5~80(送丝) 60~840	5~80(送丝) 200~1000
脉冲频率/Hz	0~10	0.5;1;2;3;4;5			25;50;100	50;100	25;50;100	25;50;100
用途	自动焊接0.1~0.5mm不锈钢板,最大行程320mm	自动管板焊接(热交换器,端面及内孔全位焊接)	自动焊接各种耐热合金钢管	自动焊接不锈钢、合金钢及碳钢管子	焊接不锈钢、耐热高温合金钢等（配ZPG8-5000及ZXG-300N）	铝及其合金和不锈钢的焊接	不锈钢及耐热高温合金钢的焊接	不锈钢及耐热高温合金钢等堆焊（配ZPG8-5000及ZXG-300N）
生产厂	天津电焊机厂	华东电焊机厂	温州焊接机械厂	驻马店电焊机厂	上海电焊机厂	华东电焊机厂	上海电焊机厂	上海电焊机厂

第 4 章 钨极氩弧焊机检修

4.1 氩弧焊机基本原理

4.1.1 手工直流钨极氩弧焊机原理

图 4-1 为 NSA4-300 型手工直流钨极氩弧焊机控制原理图。它包括供氩控制电路、高频振荡器、切断高频电路及长、短弧焊控制电路等。

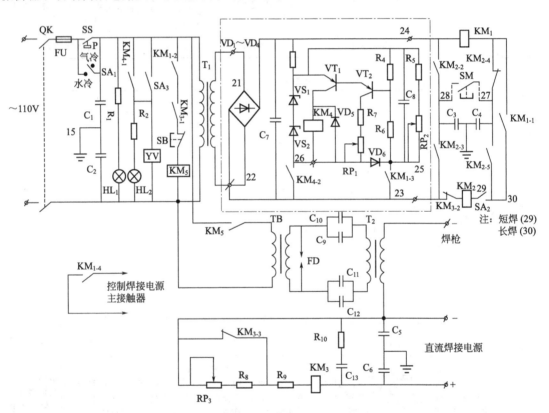

图 4-1 NSA4-300 型手工直流钨极氩弧焊机控制原理图

NSA4-300 型手工直流钨极氩弧焊机是由以下几方面构成的。

（1）供氩控制电路：电磁气阀 YV 是控制氩气送气的元件，而电磁气阀 YV 由受继电器 KM_4 控制，电焊机停焊时氩气延时关闭时间长短，是由 KM_4 线圈控制电路里的延时电路来实现，延时长短决定于 C_8 经 R_5 和 RP_2 的放电时间，RP_2 电位器是调节放电时间长短的。

(2) 高频振荡器电路：TB 是高频变压器升压变压器，FD 是火花放电器，它是由钨（或钼）等高熔点金属制成的丝，钨丝后面带散热器，火花放电器的两极间的间隙可以调节。为了使火花放电器间隙达到最佳，该值为 1~3mm。如果间隙过大，即使升压变压器最高电压时也击穿不了，振荡器中电容不可能与电感构成振荡电路，无法起振。如果间隙过小，升压变压器二次电压会使 FD 连续击穿，近乎短路状态，使电容没有得到充电的机会，因此也无法起振。与此同时，变压器 TB 会因长时间短路而烧毁。当间隙较小时（如小于 0.5mm）FD 过早地被击穿，电容的充电电压不高，振荡的幅度也会很小，导致引弧效果不理想。T_2 是耦合变压器，耦合变压器的铁芯是铁氧体磁环（有 O 形、双 II 形和双 E 形），使用时要保证磁环的横截面最小值、一次绕组和二次绕组的匝数。耦合变压器的一次绕组实际上是振荡电感，一般使用普通 2~3mm^2 的多股软塑料线在铁氧体磁环上绕 3~5 匝即可。耦合变压器的二次绕组为耦合线圈，当振荡器与电弧串联应用时，要使用与焊接电流相适应的电缆线来绕制，需在铁氧体磁环上绕 4~12 匝，使耦合变压器呈升压状态，有利于加强高频信号，便于引弧。耦合变压器的匝数比可以调整，促使振荡器的起振或达到击穿电弧间隙。高频引弧后的自动切除，由电弧继电器 KM_3 和高频电路控制继电器 KM_5 共同完成。弧焊电源没有电弧时，电源输出的电弧电压较低，这是由电源的下降外特性所决定的。因此，电弧未引燃时，空载电压使电弧继电器 KM_3 吸合，KM_3 接通了 KM_5，KM_5 又接通了高频电路，使火花放电器 FD 产生了高频火花，在有电源电压和氩气供应的条件下便可引燃电弧。电弧引燃之后电弧电压降低，从而使电弧继电器 KM_3 达不到继电器吸合的动作电压而释放，继电器 KM_5 也释放，切断了高频电路，完成了高频引弧后的自动切除过程。串联在电弧继电器 KM_3 电路里的电位器 RP_3，是用来调整加在继电器 KM_3 线圈两端电压，使在长、短弧焊时均能自动切除高频火花。

(3) 切断高频电路及长、短弧焊控制电路：长、短弧焊是用开关 SA_2 控制的。当 SA_2 切换到"短焊"位置时，按下焊接手把上的微动开关 SM，触头 28 和 27 接通，继电器 KM_1 吸合，接通了继电器 KM_4，电磁气阀线圈 YV 通电，开始供氩，指示灯 HL_2 亮，同时焊接电源主接触器（ZXG7-300 型整流弧焊机）继电器 KM_3 吸合，使继电器 KM_5 工作，接通了高频振荡器，使工件与电极击穿，建立电弧之后，KM_3 因电弧电压降低释放，并切断了触点 KM_5，使高频振荡器停止工作。此时整流弧焊机仍在运行，弧焊正常进行。

焊接将近结束时，松开手把上的微动开关 SM，KM_1 释放，整流弧焊机的输出电流逐步衰减，直至电弧熄灭。此时，KM_4 由于电容 C_8 的放电而仍然吸合，继续供氩保护工件，直至 KM_4 释放，气阀关闭，供氩停止。

当 SA_2 切换到"长焊"位置时，触头 29 和 30 接通。按下焊接手把的微动开关 SM，触头 27 和 28 接通，KM_1 与 KM_2 串联且均吸合，电焊机进入长弧焊工作状态。焊接将近结束时，再次按下焊接手把的微动开关时，将 KM_1 线圈短路，使 KM_1 释放，电焊机进入电流衰减状态。

4.1.2 NSA-500-1 型手工交流钨极氩弧焊机原理

(1) 手工交流钨极氩弧焊机特点

交流钨极氩弧焊机与直流钨极氩弧焊机相比有如下两大特点。

① 电弧燃烧时稳定。为确保焊接电弧的稳定,交流钨极氩弧焊机中设置了引弧和稳弧的脉冲电路部分。

② 为了保证铝、镁及其合金工件的焊接质量,改善电焊机工作条件,在交流钨极氩弧焊机中设有消除直流分量的电路。常用焊接回路中串联电容法,它是利用电容的隔直作用,消除直流分量,一般每安培焊接电流应串联 300～450μF 的电容量。

(2) NSA-500-1 型手工交流钨极氩弧焊机的组成

NSA-500-1 型手工交流钨极氩弧焊机是由交流弧焊变压器 (BX3-1-500)、控制箱、手工交流钨极氩弧焊枪及氩气供气系统组成。它的电气线路如图 4-2 所示。

① 脉冲引弧和稳弧电路 NSA-500-1 型手工交流钨极氩弧焊机电气线路图

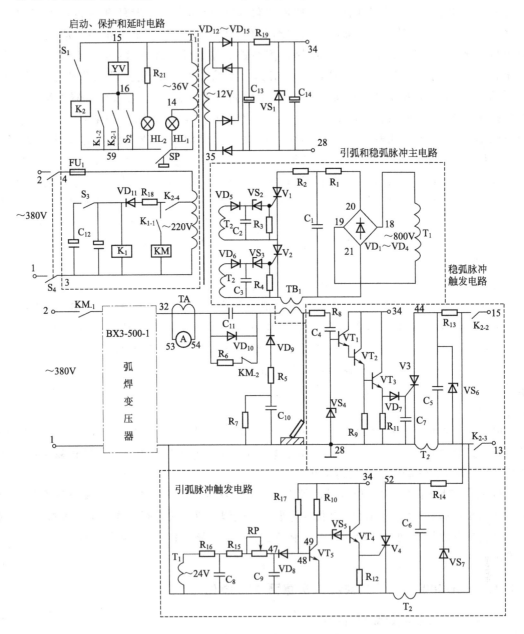

图 4-2 NSA-500-1 型手工交流钨极氩弧焊机电气线路图

高压脉冲引弧是一种较好的引弧方法，NSA-500-1 型交流钨极氩弧焊机就是具有高压脉冲引弧和稳弧的电焊机，引弧和稳弧由共用的主电路产生，但有各自的触发电路。

该脉冲的主电路中，变压器 T_1 二次的 800V 交流电压经整流后向电容 C_1 充电，当晶闸管 V_1 和 V_2 在焊接电源负半波同时被来自引弧和稳弧脉冲触发电路的信号触发，使 C_1 即向脉冲变压器 TB_1 的一次放电，而脉冲变压器 TB_1 二次即感应一高压脉冲用于引弧或稳弧。

引弧脉冲触发电路的信号取自变压器 T_1 二次的 24V 绕组，经 R_{16}、C_8 和 R_{15}、R_{17}、C_9 移相 90°后，通过 VT_4、VT_5 使 V_4 导通，C_6 向脉冲变压器 T_2 一次放电产生触发信号，该信号经 T_2 耦合触发 V_1 和 V_2，在焊接空载电压负半波达最大值（π/2）时产生引弧脉冲。

稳弧脉冲触发电路信号取自电弧电压，经 R_8、C_4 和 VS_4 衰减后，通过 VT_1、VT_2 和 VT_3，使 V_3 导通，C_5 向 T_2 放电产生触发信号。该信号经 T_2 耦合触发 V_1 和 V_2，在电弧电压负半周开始瞬间输出稳弧脉冲。

该电路能保证在空载时，只有引弧脉冲产生，而不产生稳弧脉冲；电弧一旦引燃，立即产生出稳弧脉冲，而此时引弧脉冲自动消失。因空载时，钨极与工件间是焊接电源空载电压，向 C_5 尚未充电，故稳弧脉冲电路不起作用。引弧后，钨极与工件间变为电弧电压，比空载电压滞后约 70°，当 V_3 触发时 C_5 已充上电，故可以产生稳弧脉冲触发信号，使脉冲主电路的 V_1、V_2 触发，C_1 放电，发出稳弧脉冲。在电源 90°处虽也可以产生引弧触发信号，但因 C_1 刚放电完，电压还不高，所以没有引弧脉冲输出。

② 焊接程序控制回路：NSA-500-1 型电焊机是用电容充放电延时电路来控制提前送气和滞后停气的时间。其他程序控制是由继电器来实现的。NSA-500-1 型电焊机没有电流衰减装置。

a. 延时电路的组成：由二极管 VD_{11}、电阻 R_{18}、电容 C_{12} 和继电器 K_1 等元件组成。当焊枪上的开关 S_1 闭合时，继电器 K_2 动作，触头 K_{2-1} 使电磁气阀 YV 得电，此时开始送气。触头 K_{2-4} 闭合接通延时环节，使电容器 C_{12} 经二极管 VD_{11} 充电，当电压充到一定值后，继电器 K_1 得电动作，触头 K_{1-1} 闭合，又使交流接触器 KM 得电动作，电弧引燃。

当焊接停止工作时，使 S_1 置于断开位置，K_2 断电，K_{2-1} 断开，此时 K_{1-2} 还在工作，故 YV 仍在工作，同时 K_{2-4} 断开，使 KM_{-1} 断电，焊接电流停止。而 K_1 并未立即失电，同时 C_{12} 向 K_1 放电至一定值后，K_1 才失电断开，K_{1-2} 将 YV 断电。C_{12} 的充电时间是提前送气的时间，而 C_{12} 的放电时间就是滞后关气的时间。开关 S_3 的通断是用来调节延时时间的。

b. 消除直流分量控制电路：C_{11} 电容器是串联在焊接回路中是用来消除直流分量的。在引弧过程中焊接电源只在脉冲的半波导通，因此在 C_{11} 上又并入一只二极管 VD_{10}，便于引燃电弧，焊接回路中的二极管 VD_9、电阻 R_5、电容 C_{10} 为高压脉冲旁路系统，VD_9 在电路中可防止脉冲振荡。

c. 焊接程序控制电路：闭合电源开关 S_4，使控制变压器 T_1 得电，电源指示灯 HL_1 亮。接通冷却水，待水流开关 SP 闭合，水流指示灯 HL_2 亮，说明电焊机可以启动工作。闭合开关 S_2，合上 S_1，使提前送气和滞后停气受延时电路控制。上述过程结束后，即可引弧焊接。焊接控制程序见图 4-3。

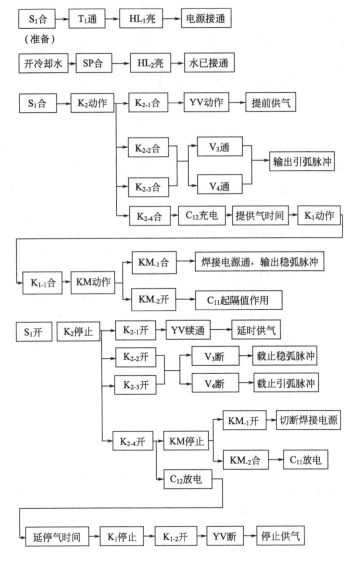

图 4-3　NSA-500-1 型电焊机控制程序

4.2　其他钨极氩弧焊机电路图及技术参数

4.2.1　NSA-300 型直流手工钨极氩弧电路（图 4-4、图 4-5）

4.2.2　KW 型手工钨极氩弧焊机控制电路（图 4-6）

4.2.3　钨极氩弧焊机主要技术数据

(1) 自动钨极氩弧焊机主要技术数据见表 4-1。
(2) 手工钨极氩弧焊机主要技术数据见表 4-2、表 4-3。

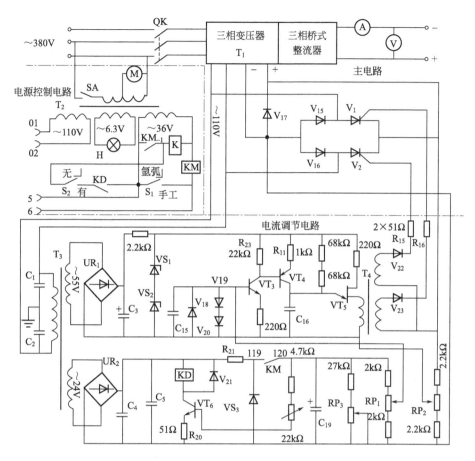

图 4-4　NSA-300 直流手工钨极氩弧整流电路

表 4-1　自动钨极氩弧焊机主要技术数据

型　　号	NZA6-30	NZA2-300	NZA3-300	NZA-500
电源电压/V	380	380	380	380
额定焊接电源/A	30	300	300	500
电流调节范围/A	—	35～300	—	50～500
钨极直径/mm	—	2～6	2～6	1.5～4
焊丝直径/mm	0.5～1	1～2	0.8～2	1.5～3
送丝速度/(m/min)	—	0.4～3.6	0.11～2	0.17～9.3
焊接速度/(m/min)	0.17～1.7	0.2～1.8	0.22～4	0.17～1.7
冷却水流量/(L/min)	—	3～16	—	—
负载持续率/%	60	60	60	60
电流种类	脉冲	交、直流两用	交、直流两用	交、直流两用
适用范围	不锈钢、合金钢薄板(0.1～0.55mm)	铝、镁及其合金；不锈钢、耐热钢、钛、铜及其合金	焊接宽度小于340mm，厚度1～4mm的不锈钢带，也可焊不锈钢、镁、钛、锗等	焊接不锈钢、耐热钢、钛、铝、镁及其合金

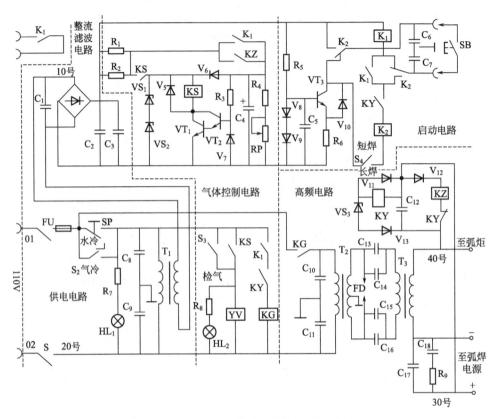

图 4-5 NSA-300 直流手工钨极氩弧控制电路

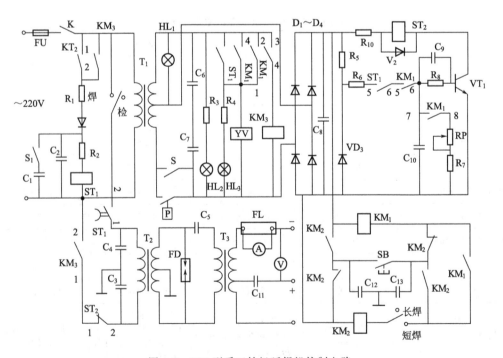

图 4-6 KW 型手工钨极弧焊机控制电路

表 4-2 手工钨极氩弧焊机主要技术数据（一）

型号	WSM-63	NSA-120-1	WSE-160	NSA-300	NSA1-300	WSM-300
电源电压/V	220	380	380	220/380	220	380
空载电压/V	—	80	—	—	—	80
工作电压/V	—	—	16	20	12～20	16～22
额定焊接电流/A	63	120	160	300	300	300
电流调节范围/A	3～63	10～120	5～160	50～300	30～300	5～300
钨极直径/mm	—	—	0.8～3	2～6	2～6	2～6
氩气流量/(L/min)	—	—	—	20	25	—
冷却水流量/(L/min)	—	—	—	1	1	—
负载持续率/%	—	60	—	60	60	60
电流种类	直流脉冲	交流	交、直流脉冲	交流	直流	交、直流脉冲
适用范围	焊接不锈钢、合金钢薄板	焊接厚度为0.3～3mm的铝镁及其合金	焊接铝、镁及其合金,不锈钢、钛等金属	焊接铝及铝合金	焊接1～10mm厚度的不锈钢、高合金钢及有色金属铜等	焊接铝及铝合金、铜及铜合金、钛合金、不锈钢等金属

表 4-3 手工钨极氩弧焊机主要技术数据（二）

型号	NSA2-300-1	NSA4-300	WSM-315	WSM-400	NSA-500	NSA-500-1
电源电压/V	380	380	380	380	220/380	220/380
空载电压/V	—	72	80	—	—	—
工作电压/V	12～20	25～30	—	—	20	20
额定焊接电流/A	300	300	315	400	500	500
电流调节范围/A	50～300	20～300	5～315	峰值25～400 基值25～100	50～500	50～500
钨极直径/mm	1～6	1～5	—	—	2～10	1～7
氩气流量/(L/min)	25	25	—	—	20	25
冷却水流量/(L/min)	1	71	—	—	1	1
负载持续率/%	60	60	60	60	60	60
电流种类	交、直流	直流	交流、直流、脉冲	直流脉冲	交流	交流
适用范围	焊接合金钢、不锈钢、铝及铝合金、铜等	焊接不锈钢、铜及其他有色金属	焊接各种碳钢、不锈钢、合金钢及各种有色金属等	焊接碳钢、不锈钢、钛和钛合金、铜和铜合金等金属	焊接铝及铝合金	焊接铝及铝合金

4.3 钨极氩弧焊机的使用及维护保养

4.3.1 钨极氩弧焊机的组成和特点

(1) 概述

钨极氩弧焊就是以氩气作为保护气体,钨极作为不熔化极,借助钨电极与焊件之间产生的电弧，加热熔化母材（同时添加焊丝也被熔化）实现焊接的方法。氩气用于保护焊缝金属和钨电极熔池，在电弧加热区域不被空气氧化。

(2) 氩弧焊的优点

① 能焊接除熔点非常低的铝锡外的绝大多数的金属和合金。
② 交流氩弧焊能焊接化学性质比较活泼和易形成氧化膜的铝及铝镁合金。
③ 焊接时无焊渣、无飞溅。
④ 能进行全方位焊接，用脉冲氩弧焊可减小热输入，适宜焊 0.1mm 不锈钢。
⑤ 电弧温度高、热输入小、速度快、热影响面小、焊接变形小。
⑥ 填充金属和添加量不受焊接电流的影响。

(3) 氩弧焊适用焊接范围

氩弧焊适用于碳钢、合金钢、不锈钢、难熔金属铝及铝镁合金、铜及铜合金、钛及钛合金，以及超薄板 0.1mm，同时能进行全方位焊接，特别对复杂焊件难以接近部位等。

(4) 钨极氩弧焊焊机的组成

① 按各厂家的氩弧焊机的型号、编制方法、文字说明。
② 电焊机的部件（电焊机、焊枪、气、水、电）、地线及地线钳、钨极。
③ 电焊机的连接方法（以 WSM 系列为例）

a. 根据电焊机的额定输入容量配制配电箱、空气开关的大小、一次线的截面。
b. 电焊机的输出电压计算方法：$U=10+0.04I$
c. 电焊机极性一般接法：工件接正为正极性接法；工件接负为负极性接法。钨极氩弧焊一定要直流正极性接法：焊枪接负，工件接正。

(5) 焊枪的组成（水冷式、气冷式）

焊枪由手把、连接件、电极夹头、喷嘴、气管、水管、电缆线、导线组成。

(6) 氩气的作用、流量大小与焊接关系、调节方法

① 氩气属于惰性气体，不易和其他金属材料、气体发生反应，而且由于气流有冷却作用，焊缝热影响区小，焊件变形小，是钨极氩弧焊最理想的保护气体。
② 氩气主要是对熔池进行有效的保护，在焊接过程中防止空气对熔池侵蚀而引起氧化，同时对焊缝区域进行有效隔离空气，使焊缝区域得到保护，提高焊接性能。
③ 调节方法是根据被焊金属材料及电流大小，焊接方法来决定的。电流越大，保护气越大。活泼元素材料，保护气要加强、加大流量。各种材料对应的保护气流量见表 4-4。

表 4-4　各种材料对应的保护气流量

板厚/mm	电流大小/A	气体流量/(m³/h)			
		不锈钢	铝	铜	钛
0.3~0.5	10~40	4	6	6	6
0.5~1.0	20~40	4	6	6	6
1.0~2.0	40~70	4~6	8~10	8~10	6~8
2.0~3.0	80~130	8~10	10~12	10~12	8~10
3.0~4.0	120~170	10~12	10~15	10~15	10~12
>4.0	160~200	10~14	12~18	12~18	12~14

氩气太小，保护效果差，被焊金属有严重氧化现象。氩气太大，由于气流量大而产生紊

流，使空气被紊流气卷入熔池，产生熔池保护效果差，焊缝金属被氧化现象。所以流量一定要根据板厚、电流大小、焊缝位置、接头形式来定。具体以焊缝保护效果来决定，以被焊金属不出现氧化为标准。

(7) 钨极的要求

(1) 钨极是高熔点材料，熔点为3400℃，在高温时有强烈的电子发射能力，并且钨极有很大的电流载流能力。钨极载流能力见表4-5。

表4-5 钨极载流能力

电极直径/mm	直流正接法时(钨极载流能力)	电极直径/mm	直流正接法时(钨极载流能力)
1.0	20~80A	4.0	300~400A
1.6	50~160A	5.0	420~520A
2.0	100~200A	6.0	450~550A
3.0	200~300A		

② 钨极表面要光滑，端部要有一定磨尖，同心度要好，这样焊接时高频引弧好、电弧稳定性好，熔深深，熔池能保持一定，焊缝成形好，焊接质量好。

③ 如果钨极表面烧坏或表面有污染物、裂纹、缩孔等缺陷时，这样焊接时高频引弧困难，电弧不稳定，电弧有漂移现象，熔池分散，表面扩大，熔深浅，焊缝成形差，焊接质量差。

④ 钨极直径大小是根据材料厚度、材料性质、电流大小、接头形式来决定，见表4-6。

表4-6 钨极直径选择

板厚/mm	钨极直径/mm	焊接电流/A
0.5	1.0	35~40
0.8	1.0	35~50
1.0	1.6	40~70
1.5	1.6	50~85
2.0	2.0~2.5	50~130
3.0	2.5~3.0	120~150

(8) 焊丝的选择

焊丝选择要根据被焊材料来决定，一般以母材的成分性质相同为准。焊接重要结构时，由于高温要烧损合金元素，所以选择焊丝一定要高于母材料，把焊丝熔入熔池来补充合金元素烧损。

钨极氩弧焊，一种方法可以不添丝自熔，熔化被焊母材；另一种要添加焊丝，电极熔化金属，同时焊丝熔入熔池，冷却后形成焊缝。

不锈钢焊接时，焊丝与板厚和电流大小关系见表4-7。

表4-7 不锈钢焊接时，焊丝与板厚和电流大小关系

板厚/mm	电流/A	焊丝直径/mm
0.5	30~50	1.0
0.8	30~50	1.0
1.0	35~60	1.6
1.5	45~80	1.6
2.0	75~120	2.0
3.0	110~140	2.0

随着板厚增加、电流增大、焊丝直径增粗。

铝及铝合金焊接时，焊丝与板厚、电流大小关系见表4-8。

表4-8 铝及铝合金焊接时，焊丝与板厚、电流大小关系

板厚/mm	电流/A	钨极直径/mm	焊丝直径/mm	气流量/(m³/h)
1	60～90/110～140	1.0～1.6		4～6　6～8
1.5	70～100/130～160	2.0		
2	90～120/150～180	2.0～3.0	2.0	6～8　8～10
3	120～180/170～220	3.0～4.0		8～12
4	140～200/190～260	3.0～4.0	2.5	8～12　10～14
6	160～220/200～300	4.0～5.0	3.0	10～18　12～20

4.3.2　直流氩弧焊与脉冲氩弧焊的区别

直流氩弧焊是在直流正极性接法下以氩气为保护气，借助电极与焊件之间的电弧在一定的要求下（焊接电流），加热熔化母材，添加焊丝时焊丝也一同熔入熔池，冷却形成的焊缝。而脉冲氩弧焊除直流钨极氩弧焊的规范外，还可独立地调节峰值电流、基值电流、脉冲宽度、脉冲周期或频率等规范参数，它与直流氩弧焊相比优点如下。

① 增大焊缝的深宽比。在不锈钢焊接时可将熔深宽增大到2∶1。

② 防止烧穿。在薄板焊接或厚板打底焊时，借助峰值电流通过时间，将焊件焊透，在熔池明显下陷之前即转到基值电流，使金属凝固，而且有小电流维持电弧直至下一次峰值电流循环。

③ 减小热影响区。焊接热敏感材料时，减小脉冲电流通过时间和基值电流值，能把热影响区范围降低到最小值，这样焊接变形小。

④ 增加熔池的搅拌作用。在相同的平均电流值时，脉冲电流的峰流值比恒定电流大，因此电弧力大，搅拌作用强烈，这样有助于减少接头底部可能产生气孔和不熔合现象。在小电流焊接时，较大的脉冲电流峰值电流增强了电弧挺度，消除了电弧漂移现象。

4.3.3　焊前准备和焊前清洗

① 检查电焊机的接线是否符合要求。

② 水、电、气是否接通，并按要求全部连接好，不能松动。

③ 对母材进行焊前检查并清洗表面。

④ 用工具清洗，即用刷子或砂纸彻底清除母材表面水、油、氧化物等。

⑤ 重要结构用化学清洗法，清洗表面的水、油、高熔点氧化膜、氧化物污染。简单结构用丙酮清洗，或用烧碱硫酸等方法清洗。

⑥ 工作场所的清理，不能有易燃、易爆物，要采取避风措施。

4.3.4　焊接规范参数

钨极氩弧焊参数主要是电流、氩气流量、钨极直径、板的厚度、接头形式等。不锈钢氩弧焊规范参数见表4-9；交流铝合金氩弧焊规范参数见表4-10。

表 4-9 不锈钢氩弧焊规范参数

板材厚度/mm	钨极直径/mm	焊丝直径/mm	接头形式	焊接电流	气体流量/(m³/h)
0.5	1.0	1.0	平对接	35～40A	4～6
0.8	1.0	1.0	添加丝	35～45A	4～6
1.0	1.6	1.6		40～70A	5～8
1.5	1.6	1.6		50～85A	6～8
2.0	2～2.5	2.0		80～130A	8～10
3.0	2.5～3	2.25		120～150A	10～12

表 4-10 交流铝合金氩弧焊规范参数

板材厚度/mm	钨极直径/mm	焊丝直径/mm	接头形式	焊接电流	气体流量/(m³/h)
<1.0	1.0～1.5	1.0～2.0	平对接	60～90A	4～6
1.5	2.0～2.5	2.0	添加丝	70～100A	6～8
2.0	2.0～3.0	2.0～2.5		90～120A	8～10
3.0	3.0～4.0	2.5～3.0		120～180A	10～12
4.0	3.0～4.0	2.5～3.0		140～200A	12～14
6.0	4.0～5.0	3.0～4.0		160～220A	14～16

4.3.5 焊接操作

(1) 焊前

检查设备、水、气、电路是否正常，焊件和焊枪接法是否符合要求，规范参数是否调试妥当，全部正常后，接通电源、水源、气源。

(2) 焊接

把焊枪的钨极端部对准焊缝起焊点，钨极与工件之间距离为 1～3mm 按下焊接开关，提前送气，高频放电引弧，焊枪保持 70°～80°倾角，焊丝倾角为 11°～20°焊枪做直线匀速移动，并在移动过程中观察熔池，焊丝的送进速度与焊接速度要匹配，焊丝不能与钨极接触，以免烧坏钨极、焊枪。同时根据焊缝金属颜色，来判定氩气保护效果的好坏。

(3) 收弧的方法

① 焊接结束时，焊缝终端要多添加些焊丝金属来填满弧坑。熄灭电弧后，在熄弧处多停留一段时间，使焊缝终端得到充分氩气保护，防止氧化。

② 利用电焊机的电流衰减装置，在焊缝终端结束前关闭控制按钮，此时电弧继续燃烧，焊接继续，直至电弧熄灭，保证了焊缝端部不至于烧穿，保证了焊缝质量。

③ 重要结构的焊接件，焊缝的两端要加装引弧板和熄弧板。焊接引弧在引弧板上进行，熄弧在熄弧板上进行，保证了焊缝前点和终端的质量。

4.3.6 手工钨氩弧焊机维护保养

(1) 高频振荡器的正确使用和维护

① 高频振荡器使用时，其输入端接交流电源（380V 或 220V），输出端与焊接电路有两

种接法：串联和并联，其中串联接法引弧较为可靠，应用较多。

② 由于高频电频电流的集肤效应，高频电路的连接导线不应使用单股细线，应使用截面稍大一些的多股铜绞线，以减少线路电阻压降。

对于购置的氩弧焊机或氩弧焊控制箱，高频振荡器的输入、输出端均已接好，所以，①、②两项就不用单独改动接线，只需按其说明书要求使用整机就行了，对于自己组装氩弧焊控制箱的，①、②两项确需注意。

③ 使用高频振荡器引弧的弧焊电源输出端应接保护电容，而且在电焊机运行过程中应经常检查电容，严防接线断头，否则会使电焊机内部元件被高频电压所击穿。

④ 经常维护火花放电器，一方面需保持尖端放电间隙，应在 0.5～1.0mm 之间。距离过大，间隙不易被击穿，没有火花产生，则产生不了振荡，便没有高频；电压输出距离太小，间隙击穿过早，电容充电电压太低，输出高频电压不高，引弧效果不好；另一方面，要经常清理被电火花烧毛了的放电器表面，要用细砂纸打磨光亮，保持清洁，否则不易产生火花放电。

⑤ 要经常检查电焊机外的高频电路绝缘状况，特别是电焊机的输出接线端子处、焊把的连接处和焊接电缆经常受摩擦处，这些地方极易产生高频电的窜漏，造成电源和控制箱电路元件的击穿，引起电焊机的故障。

⑥ 高频振荡器在控制箱内，其表面积灰与电焊机内部灰尘应一起清除。特别注意电容器两极间，若积尘过外，会因绝缘下降而造成火花放电。

(2) 手工钨极氩弧焊枪的正确使用和保养

① 手工钨极氩弧焊的焊枪，和电焊机一样有功率大小之分，焊枪的功率与电焊机的容量应相匹配，额定电流要一致。常用手工钨极氩弧焊枪有气冷却（QQ 型）和水冷却（QS 型）两种形式，要与电焊机相配套。一般在相同容量条件下，水冷式焊枪体积小，重量轻，应用较多。常用手工钨极氩弧焊枪技术规格见表 4-11。

表 4-11 常用手工钨极氩弧焊枪技术规格

序号	型号规格	额定电流/A	互换电极直径/mm	喷嘴规格/mm 螺纹×螺距×长度×口径	冷却方式
1	QQ-0°/10	10	1.0、1.6	M10×1.0×45×ϕ6、ϕ8	气冷
2	QQ-65°/63-C	63	1.6、2、2.5	M10×1.0×47×ϕ6.3、ϕ9.6	
3	QQ-65°/75	75	1.2、1.6	M12×1.25×17×ϕ6、ϕ9	
4	QQ-85°/100	100	1.6、2、2.5	M10×1.0×60×ϕ8	
5	QQ-65°/150	150	2.5、3	M10×1.0×60×ϕ8	
6	QQ-65°/200	200	1.6、2.5、3	M18×1.5×53×ϕ9、ϕ12	
7	QS-85°/200	200	1.6、2、3	M12×1.25×26×ϕ6.5、ϕ9.5	水冷
8	QS-85°/250	250	2、3、4	M18×1.5×46×ϕ7、ϕ8、ϕ9	
9	QS-65°/300	300	3、4、5	M20×2.5×41×ϕ9、ϕ12	
10	QS-75°/350	350	3、4、5	M20×1.5×40×ϕ9、ϕ16	
11	QS-85°/400	400	3、4、5	M20×2.5×40×ϕ9.5、ϕ18	
12	QS-75°/500	500	5、6、7	M28×1.5×40×ϕ16、ϕ20	

② 使用焊枪时，钨极的直径要按焊接时实际电流和钨极的许用电流来选取。不同的钨

极种类和直径的许用电流，见表 4-12。

表 4-12 钨极的许用电流范围

钨极直径/mm	直流/A			交流/A	
	正 接		反 接	纯 钨	钍钨、铈钨
	纯钨	钍钨、铈钨	纯钨、钍钨、铈钨		
0.5	2~20	2~20	—	2~15	2~15
1.0	10~75	10~75	—	15~55	15~70
1.6	40~130	60~150	10~20	45~90	60~125
2.0	75~180	100~200	15~25	65~125	85~160
2.5	130~230	170~250	17~30	80~140	120~210
3.2	160~310	225~330	20~35	150~190	150~250
4.0	275~450	350~480	35~50	180~260	240~350
5.0	400~625	500~670	50~70	240~350	330~460
6.3	550~675	650~950	65~100	300~450	430~575
8.0	—	—	—	—	650~830

③ 焊枪的喷嘴口径和氩气流量应与焊接电流相适应。

④ 焊枪使用过程中，严禁用钨极直接与工件短路引弧，因这样做既烧损钨极，又污染焊缝，而且还易使焊枪和电源过载。

⑤ 注意调节好水冷焊枪出水口的水流量和水温。水温应在 40~45℃ 为宜，水温过高时应加大水流量。

⑥ 使用中要注意钨极尖端的形状，发生改变时应停止焊接，重新打磨钨极尖端，并调整好钨极长度，夹紧钨极夹子，重新投入焊接。

⑦ 焊枪在使用过程中应轻拿轻放，防止电焊机或喷嘴撞裂、碰碎。

4.4 钨极氩弧焊机检修实例

4.4.1 NSA4-300 型手工直流钨极氩弧整流电路故障分析及处理（图 4-1）

(1) **故障现象**：合上电源 QK 开关，电源指示灯 HL_1 不亮，按下焊把上 SM 按钮，电焊机无任何动作。

故障分析：① 有可能是电源电压没有。

② 水系统开关 SS 失灵。

③ 冷却水量不足，如压力太小、水管中有水垢或堵塞、水管受挤压等。

处理方法：① 检查电源电压及熔断器 FU。

② 修理水流开关，必要时换新的。

③ 加大冷却水流量，清除水管中有水垢或堵塞地方。

(2) **故障现象**：合上电源 QK 开关，电源指示灯亮 HL_1，按下焊把上按钮 SM，电焊机不动作。

故障分析：① 焊把上按钮 SM 接触不良或已损坏。

② 焊把上控制电缆断线。

③ 检测 $VD_1 \sim VD_4$ 无整流电压。

处理方法：① 检修或更换新的按钮。

② 修复断线处，要仔细检查接好并接牢。

③ 用万用电表测量整流电压，更换损坏元件（要同型号、同规格）。

（3）**故障现象**：电焊机在工作中发现无氩气保护，钨极烧坏。

故障分析：① 氩气钢瓶中存气不多，压力低。

② 电磁气阀损坏或其连线断线。

③ 继电器 KM_1、KM_2、KM_4 的触头接触不良或其连线有断路。

④ 晶体管 VT_1 或 VT_2 损坏或管脚有虚焊。

处理方法：① 检查气压，必要时换一瓶氩气。

② 检修电磁气阀及其连线或更换新的电磁阀。

③ 检查各继电器的动作状态及其触头的接触情况，检查各连接线，修理或更换。

④ 测量各晶体管各极的电压，如果该元器件损坏就要更换损坏元件（要同型号、同规格）必要时重新锡焊或换新的。

（4）**故障现象**：在工作中发现无高频，不能引弧。

故障分析：① 高频振荡器没有工作。

② 有可能是继电器 KM_1、KM_2、KM_4、KM_5 的触头接触不良或其连线有断路。

③ 微动开关未接通或已损坏。

④ 在工作时整流弧焊机上的选择开关未切换到"氩弧焊"的位置。

处理方法：① 检查变压器 TB 及 T_2 是否正常；检查电容器 $C_9 \sim C_{12}$ 有无击穿；调节火花间隙。

② 检查各继电器的动作状态及其触头的接触情况；检查各连接线并接好。

③ 检查微动开关或更换新的开关。

④ 检查该开关的情况。

（5）**故障现象**：在工作中有高频，但不能引弧。

故障分析：① 整流弧焊机无输出电压。

② 高频变压器 T_2 的输出线有断路。

处理方法：① 检查电枢电压。

② 检查焊丝输送机构。

（6）**故障现象**：引弧后，但高频振荡不终止。

故障分析：① 电弧继电器 KM_3 未释放。

② 高频控制继电器 KM_5 未释放。

处理方法：① 测量其线圈电压是否较高。

② 检查高频控制继电器 KM_5 的工作情况，如果损坏更换新的同规格的继电器。

（7）**故障现象**：在焊接时氩气不延时关断，而是与弧焊同时中断。

故障分析：① 放电电容器 C_8 已损坏。

② C_8 的电路中有断路。

③ 继电器 KM_4 故障。

处理方法：① 检查 C_8，必要时换新的。

② 检查 C_8 与 KM_4 电路有无断路，如果损坏更换新的。

③ 检查 KM_4 的工作情况，如果发现损坏更换新的。

（8）**故障现象**：在弧焊结束后，氩气不能自动延时关闭。

故障分析：① 晶体管 VT_1 已击穿。

② 继电器 KM_4 故障。

处理方法：① 更换新的（要同型号、同规格）。

② 检查 KM_4 的工作情况，发现损坏更换新的。

（9）**故障现象**：在焊接时短焊正常，但长焊失灵。

故障分析：① 继电器 KM_1、KM_2 有故障。

② 整流器 $VD_1 \sim VD_4$ 有故障。

③ 选择开关 SA_2 的触头损坏。

处理方法：① 检查 KM_1 和 KM_2 的工作情况。

② 用直流电压表检查其输出电压。

③ 更换新的 SA_2 开关。

（10）**故障现象**：弧焊接近结束时，电流不自动衰减。

故障分析：① NSA4-300 弧焊机的控制电路中电容器 C_8 断路或脱焊。

② NSA4-300 弧焊机的控制电路中晶体管 VT_1、VT_2 已损坏。

处理方法：① 检查该控制电路中电容器 C_8 的情况，必要时更换。

② 检查该控制电路 VT_1、VT_2 的工作情况，必要时更换。

（11）**故障现象**：在施工中发现焊把严重发热。

故障分析：① 焊接电流大，工作时间长。

② 冷却水管内有水垢或杂物，或供水量不足。

③ 电极夹头未将钨极夹紧。

处理方法：① 换一个较大的焊把。

② 清理水管内孔，增大冷却水的压力及流量。

③ 更换电极夹头或电极压帽。

4.4.2 NSA-500-1 型手工交流钨极氩弧焊机故障分析及处理（图 4-2）

（1）**故障现象**：NSA-500-1 型手工交流钨极氩弧焊机，启动焊接时听不到引弧脉冲变压器工作的"吱、吱"声，引弧困难。

故障分析及处理：该电焊机工作时，为了引弧和稳弧，需要引弧脉冲电路连续工作，那么引弧脉冲变压器 TB_1 工作时产生的"吱、吱"声就是成为判断其是否工作的一个很好标志，一听声音便可知。上述故障电焊机脉冲变压器 TB_1 无"吱、吱"声，证明引弧脉冲主电路没有工作，应分别检查引弧脉冲主电路和引弧脉冲触发电路。

首先检查引弧脉冲触发电路，若电容 C_8 两端的电压为 3V 左右，证明脉冲触发电路已工作。然后，用示波器测触发脉冲变压器 T_2 的输出信号，若输出电压信号正常，则说明脉冲出发电路无故障。

其次检查引弧脉冲主电路，测量 R_2 的两端电压，若其值为零，说明 V_1 或 V_2 损坏，再分别检测 V_1 或 V_2 将损坏者找出更换即可。更换 V_1 或 V_2，其规格为 3CT20A/800V，更换后故障排除。

(2) **故障现象**：NSA-500-1型手工交流钨极氩弧焊机，启动后在钨极与工件间有微弱的引弧脉冲电火花产生，但引不起电弧，不能正常工作。

故障分析及处理：该电焊机的上述故障出在引弧和稳弧脉冲主电路里，见图4-2。当控制变压器T_1电压过低（如二次匝间短路）；单相整流桥$VD_1 \sim VD_4$的硅整流二极管坏了半臂；或电阻R_1、电容C_1元件参数严重变化（R_1的阻值变大，C_1的容量变小），都会使电容C_1的充电电压严重不足。那么，在V_1和V_2正常导通后，C_1上不足的电量向脉冲变压器TB_1释放，而产生的引弧脉冲很微弱，不足以引燃电弧。处理方法如下。

① 整流桥有管子烧坏应更换新的元件，$VD_1 \sim VD_4$的规格是2CZ-5A/200V。

② T_1变压器的二次有短路，应更换（重绕）二次绕组。

③ 对损坏的电阻R_1（250Ω/50W）以及电容器C_1（纸介电容$CZJ-L_1-4\mu F/1000V$）进行更换。

(3) **故障现象**：NSA-500-1型手工交流钨极氩弧焊机，电焊机启动后没有听到脉冲变压器的"吱、吱"声，此时将钨极与工件接触引燃电弧之后，却又能听到了"吱、吱"声，但电弧燃烧稳定。

故障分析及处理：该电焊机的这种故障，是引弧脉冲触发电路出现的故障。首先检测电阻R_{12}两端的电压，此时有0.6~0.75V左右的电压，并短接48、28两点时，该电压升高，证明V_{20}前面的电路正常，故障出现在晶闸管V_4的回路中，再检测电容C_6两端电压，其值为7V左右电压，说明了V_4没有触发导通；若电容C_6上的电压值为零，说明V_4短路（烧坏）。

处理方法：将引弧触发电路中的晶闸管V_4按原规格型号（型号规格为3CT-5A/100V）更换，即可排除此故障。

(4) **故障现象**：NSA-500-1型手工交流钨极氩弧焊机，启动后该电源的空载电压正常，启动电焊机时脉冲变压器产生了连续的"吱、吱"声，在引燃时钨极与工件之间有微弱的脉冲，但电弧引燃非常困难。

故障分析及处理：电焊机的这种情况是由于引弧脉冲产生的相位与极性变换不同步而引起的。在空载电压极性变换时，电弧需要引燃，这时应产生高压脉冲，如果错过了这个时间，电弧引燃就会非常困难。见电路原理图4-2，首先调换弧焊变压器28、32号结点连线的位置，使引弧脉冲加在空载电压钨极为正的半波上，然后调节阻容移相电路中的可调电阻R_{17}的阻值，使引弧高压脉冲加在空载电压钨极为正的半波$\pi/2$相位上，这样引弧就容易了。

(5) **故障现象**：NSA-500-1型手工交流钨极氩弧焊机，自使用以来，都是在加工焊接铝制工件，一直都很正常，最近在工作中发现电流已调到最大，但工件表面仍难以熔化，无法工作，从镜子中观察到熔池表面发乌，甚至出现熔池外溢现象，焊接难以进行。

故障分析及处理：根据上述的现象，其原因为消除直流分量的电容器C_{11}（见原理图4-2）损坏一部分或电容器短路，使焊接电路内消除直流分量作用减小或全无，导致了焊接时钨极的阴极破碎作用减弱或不存在了，因而铝表面的氧化膜得不到破碎，致使焊接难以进行，影响焊接质量和进度。因此，把并联的电容器C_{11}拆下进行检查，发现C_{11}被击穿，严重漏电。按原电容器的规格、型号、参数进行更换（一般C_{11}的电容量为每安培电流取300~400μF），并接好电路，清除电容器两端金属物，防止被短路的可能，接好后一切正常。

(6) **故障现象**：NSA-500-1型手工交流钨极氩弧焊机，当合上焊枪的开关S_1后，电焊机不能自动起弧。根据原理图对电容 C_1 进行检测没有损坏。

故障分析及处理：此类故障是在电焊机启动后，不能自动引燃电弧，可用短路方式引燃电弧，电弧燃烧正常。仔细观察电弧间隙，并没有发现引弧的脉冲火花。这说明，该电焊机的电源工作正常，故障是在引弧脉冲触发电路。此时该电路可能出现故障的元件是：稳压管 VS_7、电容器 C_6、晶闸管 V_4。

经对以上三个元件逐一进行检查，发现该电焊机 C_6、VS_7 完好，而晶闸管 V_4 损坏。更换后（按原规格、型号、参数）故障消除。

（7）**故障现象**：NSA-500-1 型手工交流钨极氩弧焊机，在焊接过程中电弧燃烧不稳定，直接影响施工。

故障分析及处理：首先将引弧脉冲触发电路中的晶闸管 V_4 控制极断开，然后，采用短路引燃电弧，电弧燃烧后脉冲变压器 TB_1 无"吱、吱"声，证明稳弧脉冲触发电路有故障。处理方法是：首先在电焊机空载电压下，测得 R_{11} 上两端电压为 1.75V 左右，R_9 上的电压为 2.2V 左右，表明 VT_1、VT_2、VT_3 极输出正常，故障可能出在晶闸管 V_3 上，更换 V_3 即可解决。若 R_{11} 两端无电压，表明 VT_3 截止，再测 R_9 两端电压，其值正常，表明 VT_3 损坏；若 R_9 两端无电压，继续检查 VT_2、VT_1 的基极电压。正常时 VT_1 的基极，即稳压管 VS_4 两端应有 2.25V 左右的电压；若此电压为零，表明 VS_4 短路或电阻 R_8 烧断；若 VT_1 的基极电压正常，表明 VT_2 已损坏。在以上各种检测部位，要根据具体的情况进行判定，并排除其故障。

（8）**故障现象**：NSA-500-1 型手工交流钨极氩弧焊机在启动电焊机时发现引弧特别困难，但经过检查，该焊机触发电路、高压脉冲产生电路以及焊枪的接头均无故障。

故障分析及处理：对上述故障现象，首先确定在引弧脉冲的方向、相位都正确的情况下，去除直流分量电容 C_{11} 并联的二极管 VD_{10} 如果损坏了，就非常容易发生引弧困难的故障。因为引弧脉冲只在焊件为负、钨极为正的半波内产生，因此，电弧引燃的瞬间只能在半波内出现。若 VD_{10} 断路，当引弧脉冲来时，由于 C_{11} 充电的电压与焊接变压器输出的空载电压的方向相反，这样实际加到电极与工件间的电压将减小，故焊接时引弧困难。

处理方法：更换二极管 VD_{10}（2CZ200A/100V），故障排除。

（9）**故障现象**：NSA-500-1 型手工交流钨极氩弧焊机启动焊接时电弧不能自动引弧，即使接触引弧成功，电弧燃烧也不稳定。经检查发现，触发电路均正常，在检测电阻 R_1、R_2 时发现该电阻的温升很高。

故障分析及处理：此种故障是由于引弧的稳弧脉冲主电路出现故障造成的。检查晶闸管 V_1 和 V_2，发现两只晶闸管已全部短路损坏（这种现象也有可能是其中一只晶闸管先被击穿后，另一只晶闸管在高压作用下也被击穿，造成短路）。

此时，流过电阻 R_1 和 R_2 上的电流就很大，从而使 R_1、R_2 的温升很高，这是由于能量绝大部分消耗在电阻上所致。因此，使高压脉冲产生电路失去引弧和温弧作用。

处理方法：要更换已损坏的晶闸管 V_1 和 V_2（3CT20A/800V），就可以消除此故障了。

4.4.3 NSA-300 型手工直流钨极氩弧整流电路故障分析及处理（图 4-4、图 4-5）

（1）**故障现象**：在电源送电后，按动焊枪按钮，电焊机不工作。

故障分析及处理：电焊机工作前，应根据焊枪的冷却方法，将控制器电路中的水冷、气冷转换开关置于需要的位置。当气冷的流量超过 1L/mm 时，水流开关 SP 接通，水流指示

灯 HL_1 亮，电焊机才可以工作；当置于气冷位置时，指示灯 HL_1 在没有冷却水时也会亮，说明电焊机也可以工作。

按动焊枪按钮，电焊机不工作，首先应观察 HL_1 灯是否亮。若不亮，则应检查冷却水源或气源；若亮，则说明 SP 已闭合，110V 电压已加至变压器 T_1 一次侧，故障点在启动电路或供电电路，可从以下几方面逐一检查。

① 短接控制器箱上 SB 两插孔，如箱内仍无任何反应，则故障在箱内；如箱内元件动作正常，则故障为 SB 损坏或其连线松脱。

② 若 C_2 电压正常，在 50V 左右，则故障在 K_1 启动电路。测 VT_3 的基极电压 U_b 及 K_1 两端电压，并据此作出判断，$U_b<0.7V$，则是 R_5 开路或 C_5 短路；$U_b=0.8V$ 且 K_1 两端电压为 50V 时，则为 K_1 线圈断线，$U_b=1.4V$ 且 K_1 两端电压较低时，则 VT_3 或 R_6 损坏。

③ 若 C_2 电压较低，断开 10 号线，测量 T_1 二次侧电压，如为 0V，则故障为 T_1 一次侧或二次侧绕组断线，否则故障在整流滤波电路。

此外，焊钳按钮连线松动，触头接触不良，或控制电缆插头插座未旋紧接触不良，也会造成故障的发生。前者，紧固好松动的连线，修磨打光动静触头，必要时更换新按钮；后者，则应检查控制器上的电缆插头、插座连接情况。

(2) **故障现象**：在工作中焊枪有引弧脉冲但无氩气。

故障分析及处理：电焊机工作前，应闭合控制器电路（见图 4-5）中电源开关 K_1，使整流滤波电路工作，并调整好气体滞后时间，即调节电位器 RP 的位置；此外，按通氩气开关 S_3，电磁阀 YV 通电动作，调节需要的氩气流量，调节完毕后断开 S_3。电焊机处于准备工作状态。

电焊机工作后，焊枪有引弧脉冲无氩气，则说明供电、启动和高频电路正常，而电焊机工作前应有的调整及调节未认真进行（或调整不良），未能发现气体控制电路的故障。

当发生焊枪有引弧脉冲无氩气故障时，可从以下方面逐一检查，并根据检查结果做相应的处理。

① 合上 S_3，110V 电压直接加至电磁气阀 YV 两端，若气阀仍未打开，则必定是 YV 线圈断线；若气阀打开，则故障在气体控制电路。

② 测 C_4 两端电压，若为零，则有两种可能：一是 K_1 触点接触不良，电压没有加至气体控制电路；二是 C_4 短路，C_4 两端电压若为 24V，说明电压已加至 VS_1 和 VS_2（24V 是两稳压管的串联稳压值），故障只能是复合管 VT_1、VT_2 或继电器 KS；若为 30V，则是稳压管开路，C_4 电压由 R_1、R_2 的并联值与继电器 KS 的直流电阻分压获得；若为 50V，则 V_6 开路，C_4 由 R_1、R_2 的并联值分压获得。

③ 测 V_7 反向电压，若为 0V，则是 R_3 开路或 V_7 短路；若为 1.4V，则复合管输入回路正常，再测 VT_1 的集电极电压，电压值为 24V，则复合管 c、e 极间开路；若为 0V，则有 KS 线圈断线。

(3) **故障现象**：电焊机焊接正常，也能熄弧，但是氩气关不断。

故障分析及处理：从电焊机焊接正常，能熄弧，说明启动及高频单元是完好的；其氩气关不断，说明故障点在气体控制电路，可以从两方面着手进行检查。

① 首先检测 C_4 两端电压，如果为 24V 电压，则是 KZ 接点粘连（能熄弧，则 K_1 触点不可能粘连）或 V_6 短路，电源经 KS 和 V_6 向复合管提供偏值；若为 2~20V，则是 R_4 或 RP 回路断线，C_4 少一条放电回路，放电时间大为加长。

② 若 C_4 两端电压为 0V，复合管无偏置电压，应截止，此时测 V_5 反压，若为 24V，则是复合管 c、e 极间击穿；若为 0V，则是 KS 触点粘连。

(4) **故障现象**：弧焊整流器无空载电压。

故障分析及处理：弧焊整流器无空载电压，说明三相变压器无电源输入，也就是接触器 KM 未吸合或其主触头接触不良。KM 未吸合的原因既可能在整流器的电源控制电路，也可能在控制器启动电路。可从以下两方面着手检查，并排出故障点。

① 将整流器上开关 S_1 置"手工"位置，整流器输出端如有空载电压，则故障在控制器内，此时按下 SB 焊枪按钮。如听到控制器箱内有继电器动作声及高频放电声，则说明 K_1 动作正常，仅仅是 K_1 触头接触不良或连线断线；若箱内无任何声响，则说明故障不在控制器内。

② 若 S_1 置"手工"位置，仍无空载电压，则故障在整流器电源控制电路。测 KM_1 线圈电压，若为 0V，则可能是 S_1 触头接触不良或 36V 电源线断；若 KM 电压为 36V 而没有吸合，则是 KM 线圈断线；若 KM 吸合而 K 没有吸合，则是 KM 触头接触不良或 K 线圈断线；如 K 也已吸合，则是 K 主触头接触不良。

(5) **故障现象**：电焊机无高频引弧脉冲。

故障分析及处理：按下焊枪按钮 SB，整流器有空载电压，说明整流器及控制启动电路均正常，故障在高频电路，可打开控制器箱盖观察。检查放电间隙 FD 有无毛刺而形成短路，或放电电极氧化或烧毛。

若放电间隙 FD 有毛刺，则应清除。用砂纸（细）研磨电极，调整间隙；放电间隙 FD 有放电火花，则可能是整流器与控制器间的 30 号线没连接或焊枪电缆受潮、过长或绝缘损坏接地等原因使高频被旁路。

若放电间隙 FD 无放电火花，测 T_2 一次电压。若为 110V，则是 T_2 匝间短路。因为 $C_{13} \sim C_{16}$ 同时坏两只以上的可能性较小，而无论坏哪一只，不论是开路还是短路，总有好电容与 T_3 一次侧形成充放电回路而使 FD 产生火花；若为 0V，再测继电器 KG 线圈电压，此电压为 110V 且 KG 已吸合，则是 KG 动合触点接触不良；若为 110V 且 KG 没有吸合，则是 KG 线圈断线；若 KG 线圈电压为 0V，继续测 KY 线圈电压，若为 48V 且 KY 已吸合，则是其动合触点接触不良；若 KY 没吸合，则是 KY 线圈断线；若为 0V，则是 VS_3 或 V_{13} 开路、控制箱 30 号线或 40 号线开断等。

(6) **故障现象**：电焊机焊接时电流大，调节旋钮 RP_1 失灵。

故障分析及处理：电焊机能引弧焊接，说明控制器正常，故障点在电流调节电路。

① 将电容 C_{16} 短路，则 VT_5 的发射极对第一基极电压为 0V，没有脉冲加至变压器 T_4，V_1、V_2 不能导通，焊接电流应最小。若焊接电流仍很大，只能是晶闸管失控，只要更换 V_1、V_2，故障就可排除。

② 若短接 C_{16} 后焊接电流已降至最小，再测 VT_3 的基极电压（C_{15} 两端）。此电压是焊接电流的给定值与电流反馈量的差值，取决于 RP_1 及 RP_2（反馈电压）调节端的位置。当 RP_1 调至最大时，电压应从 0.12V 升至 0.8V。若始终大于 0.7V，必是 RP_1 的下端电阻或 R_{24} 开路。

③ 若 C_{15} 电压正常再测 VT_3 的集电极电压。此电压受控于 VT_3 的基极电压，当 RP_1 从最小调至最大时，它应从 19V 降至 17V。若此电压不变且在 17V 以下，可能是 VT_3 的 c 极与 e 极间已击穿或严重漏电，否则必是 VT_4 的 c 极与 e 极击穿。

(7) **故障现象**：电焊机焊接电流小，调节旋钮失灵。

故障分析及处理：本故障与上述故障相反，故障点却同在电流调节电路。

① 测 C_{16} 两端电压，若电压波形为锯齿波，万用表直流挡测得的是锯齿波的平均值。当 RP_1 从最小调至最大时，应从 0.12V 升至 6.5V，否则故障可能为：T_4 二次侧线圈开路；二极管 V_{22}、V_{23}、电阻 R_{15}、R_{16} 开路，晶闸管 V_1、V_2 控制极开路。若 C_{16} 电压值大于 6.5V 且变化范围很小，则故障为 VT_5 的 e 极与 b 极间开路或 T_4 一次侧开路。

② 若 C_{16} 电压很低且变化范围又很小，可短接 VT_4 的 c 极与 e 极，即减少 C_{16} 的充电时间常数，看焊接电流是否增至最大。如仍很小，则故障是 C_{16} 短路或 R_{11} 开路；若电流能增至最大，说明后级电路正常，往前查找。

③ 测 C_{15} 两端电压，当 RP_1 从最小调至最大时，应从 0.12V 升至 0.8V。否则故障为 VT_3 的 c、e 极开路或 VT_4 的 c、e 极间开路；若 C_{15} 两端电压为零点几伏且不变化，则为 R_{23} 开路或 C_{15} 短路。更换相应的元件，故障即可排除。

(8) **故障现象**：电焊机焊接电流无衰减。

故障分析及处理：电焊机能正常焊接，说明控制器及整流器主回路均正常，仅电源控制电路和电流调节电路存在故障。

① 当 S_2 置于有电流衰减位置时，焊接结束，松开按钮 SB，整流器中接触器 KM 断电释放，但由于 S_2 与继电器 KD 动合触点串联闭合，K 继续吸合，整流器持续供电，同时由于接触器 KM 触点 119 与 120 断开，KD 的吸合及焊接电流的衰减控制依赖于 C_{19} 的放电。若电流无衰减过程，应先检查电焊机正常施焊时 KD 是否吸合，若已吸合，则故障为：S_2 和 KD 触点接触不良；C_{19} 开路；RP_3 在短路位置。

② 若 KD 未吸合，测 KD 线圈电压，如约为 28V，故障为 KD 线圈断路；如为 0V 或很低，再测 VT_6 和基极与发射极间电压 $U_{be}=0$，则故障为 R_{20} 或 R_{21} 开路，此时 VT_6 无偏置电压而截止；如 $U_{be}=0.7V$，则故障为 VT_6 集电极开路或管脚虚焊。

(9) **故障现象**：电焊机工作时，电弧切不断。

故障分析及处理：能正常焊接，说明故障范围不大，其故障点可能在控制器的启动电路，也可能在整流器的电源控制电路，可从以下方面着手检查测试。

① 检查图 4-5 启动电路中 S_4 是否在"长焊"位置。若在，则焊接结束松开 SB 时，K_1、K_2 将同时吸合，电弧持续不断，此时只要再揿按一次 SB，K_1 由于被 K_2 两动合触点短路而释放，电弧将熄灭。松开 SB，K_2 断电释放。

② 若 S_4 在"短焊"位置，可再揿按一次 SB，若箱内无继电器动作声，则为 SB 短路。因为松开 SB 时，K_1 如已释放，再揿按 SB 时，K_1 应再吸合，箱内应有继电器动作声，无动作声，说明松开 SB 时，控制器中 K_1 并未释放，因此只能是 SB 短路。

③ 再按 SB 时，若箱内有继电器动作声，说明 K_1 动作正确。可拧下控制器与整流器间的连接电缆，此时若已停弧，故障为控制器中 K_1 触点短路。

④ 若电弧仍未断，说明故障在整流器。将 S_2 置于"无"电流衰减位置。如电弧已断，则 KD 未释放，只能是 VT_6 的 c 极与 e 极短路。此种情况下 KD 始终吸合，维持 K 一直吸合，因此断不了弧。

⑤ 若电弧仍未断，再关掉整流器上电源开关，如弧断且无空载电压，则故障为 S_1 短路或 K_1 触点短路；若电弧仍未断，但仍有空载电压，则为 K_1 主触点粘连。

4.4.4 KW型手工钨极氩弧机控制箱常见故障与处理（图 4-6）

（1）**故障现象**：电焊机启动后，高频放电器 FD 不打火，不能引弧。

故障分析：在电焊机启动后，高频放电器 FD 不打火，不能引弧。检查高频振荡变压器 T_2 的一次侧、二次侧有没有电压。有则说明时间继电器 ST_1 和控制继电器 KM_3 已动作，且 ST_1 的动合触点 1-2 和 KM_3 的动合触点 1-2 闭合，故障可能是 FD 有毛刺短路，也可能是 T_2 二次线圈匝间短路造成高压不足使 FD 不打火，故不能引弧。如果 T_2 一次线圈没有加上电压，则应检查 ST_1、KM_3 是否因损坏而没有动作。也可能是三极管 VT_1 损坏直通使 ST_2 得电动作，其动断触点 1-2 断开切断高频电源回路，使之不能引弧。

处理方法：① 更换损坏的时间继电器及继电器。

② 更换损坏的三极管 VT_1（同型号、规格）

③ 对高频振荡变压器 T_2 二次线圈匝间短路的则应重新绕制大修。

（2）**故障现象**：在开机启动时高频能引弧一次，之后不能再引弧。

故障分析：高频引弧在启动时能引弧一次，以后再不能引弧。此故障能引弧说明振荡回路上的元器件正常无问题，但不能继续引弧，该故障可能是 KT_2 的动断触点 1-2 断开所致。从电路图 4-6 中可看出，KM_1 的触点 7-8、RP、R_7 任何部分损坏断路都会切断电容 C_{10} 的放电回路。导致在开机时电容两端电压为零，电源向电容 C_{10} 充电（充电时间就是引弧时间），当电容 C_{10} 两端电压上升到 0.45V 时，三极管 VT_1 导通，ST_2 得电动作（高频引弧切断）。由于电容 C_{10} 没有放电回路，那么电容 C_{10} 两端的电压就把三极管 VT_1 的基极电位钳在大于 0.4V 的电位上，使 VT_1 工作在放大区，ST_2 工作在得电状态，使 ST_2 的动断触点 1-2 断开，切断 T_2 电源，故只能在启动时引弧一次，不能继续再引弧。

处理方法：① 更换损坏的时间继电器。

② 更换电位器 RP 及电阻 R_7 或对虚焊点进行补焊。

（3）**故障现象**：在工作时高频引弧切不断。

故障分析：正常焊接时，当按下焊枪按钮 SB，约 0.8s 后 ST_2 应得电动作，ST_2 动断触点 1-2 断开及时切断 T_2 电源，使焊接进入正式工作。ST_2 不得电动作或 ST_2 损坏高频就切不断。R_5、R_6、R_8、ST_1 的触点 5-6、KM_1 的触点 5-6 回路任何一部分损坏和稳压管 VD_3 击穿，都会使 VT_1 的基极得不到正电位而不能导通，使 ST_2 不能得电动作。另外，反向二极管 V_2 击穿旁路、整流桥 $D_1 \sim D_4$ 损坏也会使 ST_2 不能得电动作，造成高频引弧切不断。

处理方法：① 更换损坏的时间继电器。

② 更换损坏的电阻或对虚焊点进行补焊。

③ 更换损坏的二极管和稳压管（同型号、同规格）。

（4）**故障现象**：焊接时飞溅较大，焊件焊缝发黑，达不到质量要求。

故障分析：焊接时飞溅较大，焊缝发黑的故障主要原因是氩气保护不良所致。一是氩气气量不足、压力低或氩气用完；二是电磁阀 YV 有故障或供电回路有故障（机械部分或油污大）而不能打开，也可能是电磁阀 YV 密封不好漏气比较严重、氩气流量不足等，都会造成焊枪没有氩气保护。

处理方法：① 检查气源情况或更换新的氩气瓶。

② 检查电磁阀 YV 密封；处理机械部分或油污大；更换新的密封垫或新的电磁阀。故

障就可以排除。

(5) **故障现象**：该电焊机在使用中发现机内高频升压变压器 T_2 匝间打火。

故障分析及处理：高频升压变压器 T_2 的一、二次线圈分别绕在各自的框架上，一般一次绕组不容易损坏出现故障，而二次绕组则经常处于高频状态下而造成匝间短路打火现象。对于较浅部位的短路打火点，在处理时可将二次绕组的线圈取出放置在绕线机上，在拆线圈时一定要记好匝数，边拆边计数，当找到故障点后，重新焊上新的（同型号）电磁线，且将焊头引出（留到外边），以便再次处理时好判断故障位置，然后继续还原拆下的匝数，再将线圈浸上酚醛绝缘漆及烘干处理；对于内部短路打火点较深部位时，则应重新绕制大修。

第 5 章 埋弧自动焊机检修

5.1 埋弧自动焊机的工作原理

5.1.1 MZ-1000 型交流埋弧焊机工作原理

图 5-1 为 MZ-1000 型交流埋弧焊机工作原理图。整机电路由 T（BX2-1000）交流弧焊变压器、焊接控制回路、焊丝拖动电路、焊接小车拖动电路等部分组成。

(1) MZ-1000 型交流埋弧焊机工作原理分析

① 焊接控制回路：埋弧电源由交流弧焊变压器（BX2-1000 型）提供，调节（BX2-1000）弧焊变压器的外特性即调节焊接电流，是通过电动机 M_5 减速后带动电抗器铁芯移动来实现的。继电器 KA_1 和 KA_2 控制电动机 M_5 的正反转，使焊接电流增大或减小。继电器 KA_1 和 KA_2 由安装在电源箱上的按钮 SB_3 和 SB_5 或者是安装在小车控制盒上的 SB_4 和 SB_6 来控制。SQ_1 和 SQ_2 为电抗器活动铁芯的限位开关。降压变压器 TC_1 为控制线路的电源。弧焊变压器 BX2-1000 的一次绕组有两个抽头，故可得到 69V 和 78V 两种空载电压，根据电源电压大小可以调换。M_4 为冷却风扇电动机。

当按下按钮 SB_5 或 SB_6 时，继电器 KA_1 动作，电动机 M_5 反转，带动电抗器活动铁芯内移，焊接电流减小。当铁芯移至最里位置时，撞开限位开关 SQ_1，使 KA_1 回路断电，电动机 M_2 便停止转动。当按下按钮 SB_3 或 SB_4 时，继电器 KA_2 动作，电动机 M_5 正转，电抗器活动铁芯外移，焊接电流增大，SQ_2 为最大电流的限位开关，作用与 SQ_1 相似。

② 送丝拖动电路：电路焊丝由发电机 G_1-电动机 M_1 系统拖动，G_1 有两个他励绕组 W_1 和 W_2，两个串励绕组 W_3 和 W_3'。W_2 由电弧电压或控制变压器 TC_2 供给励磁电压，产生磁通。按下 SB_1，W_2 从整流桥 UR_2 获得励磁电压，产生磁通，G_1 输出电压供给 M_1 使其反转，焊丝回抽。当 W_1 和 W_2 同时工作时，M_1 的转速和转向由它们产生的合成磁通决定。当电弧电压变化时，导致 M_1 的转速发生变化，因而改变了焊丝的送进速度，也就改变了电弧长度（电弧电压）。

调节 RP_2 便可改变 W_1 的励磁电压，以达到调节电弧电压的目的。当增加 W_1 的励磁电压时，电弧电压增大，反之则减小。为扩大电弧电压的调节范围，在 W_2 的励磁电压回路中，接入电阻 R_1，开关 SA_1 与它并联。SA_1 闭合，R_1 被短接，W_2 的励磁电压增大，焊丝送进速度加快，电弧长度缩短，电弧电压降低，适用于细焊丝焊接。SA_1 断开，R_1 串入回路，W_2 的励磁电压降低，焊丝送进速度减慢，电弧电压升高，适用于粗焊丝焊接。

M_1 的空载速度是不能调节的。M_1 电枢电路串联了电阻 R_2，G_1 的串励绕组 W_3、W_3'

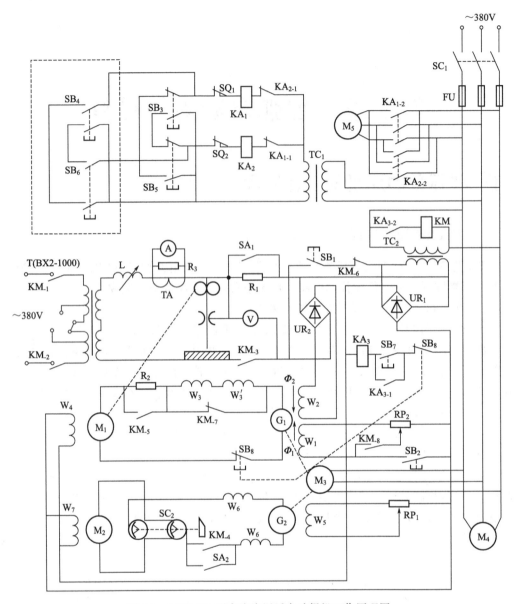

图 5-1 MZ-1000 型交流流埋弧自动焊机工作原理图

M_1,M_2—直流电动机；G_1,G_2—直流发电机；$M_3 \sim M_5$—三相异步电动机；KM—交流接触器；KA_1,KA_2—交流继电器；KA_3—直流继电器；T—焊接变压器；TC_1,TC_2—控制变压器；UR_1,UR_2—单相整流桥；$SB_1 \sim SB_8$—按钮开关；SQ_1,SQ_2—线位开关；SC_1,SC_2—转换开关；SA_1,SA_2—钮子开关；RP_1,RP_2—电位器；TA—电流互感器

又被 KM 的常开触头 KM_{-7} 短路，因串励方向相同，故空载送丝速度比较慢，便于调整焊丝的位置。

③ 焊接小车拖动电路：该电路由发电机 G_2 与电动机 M_2 系统拖动，G_2 有一个他励绕组 W_5 和一个串励绕组 W_6，M_2 有一个他励绕组 W_7。W_5 由控制变压器 TC_2 经整流桥 UR_1 整流后，再经调节焊接小车速度的电位器 RP_1 供电。调节 RP_1 使 W_5 的励磁电压增大，焊接小车的行走速度加快。焊接小车拖动回路中装有一个换向开关 SC_2，用以改变小车的行走方向，使小车前进或后退。SA_2 为小车的空载行走开关，焊接时，应把 SA_2 拨到焊接位置

（断开）。

(2) 埋弧自动焊机的操作

① 准备。首先闭合控制线路的电源开关 SC_1，冷却风扇电动机 M_4 启动；三相异步电动机 M_3 启动，G_1 和 G_2 电枢开始旋转；控制变压器 TC_1 和 TC_2 获得输入电压，整流桥 UR_1 有直流输出。通过调节电位器 RP_1 来调节焊接速度；调节 RP_2 来调节电弧电压；按钮 SB_3、SB_5 或 SB_4、SB_6 来调节焊接电流，使它们达到预定规范。将焊接小车置于预定位置，通过按钮 SB_1（焊丝向下）和按钮 SB_2（焊丝向上）使焊丝末端和焊件表面轻轻接触，闭合焊车离合器，换向开关 SC_2 拨到焊接方向，开关 SA_2 拨到"焊接"位置，开关 SA_1 拨到需要的位置，开启焊剂漏斗阀门，使焊剂堆敷在预焊部位，准备工作即告完成。

② 焊接。按下启动按钮 SB_7，中间继电器 KA_3 接通并动作，其常开触头 KA_{3-1}、KA_{3-2} 闭合。KA_{3-1} 闭合使 SB_7 自锁；KA_{3-2} 闭合使接触器 KM 回路接通。KM 的各触头完成以下动作：主触头 KM_{-1}、KM_{-2} 闭合，接通交流弧焊变压器 BX2-1000 的一次绕组；辅助触头 KM_{-8} 闭合，将 G_1 的他励绕组 W_1 接通；KM_{-3} 闭合，将 G_1 的另一个他励绕组 W_2 与电弧电压接通；KM_{-4} 闭合，使 M_2 的电枢回路接通；KM_{-5} 闭合，将 M_1 的电枢回路中电阻 R_2 短路；KM_{-6} 断开，使焊丝向下按钮 SB_1 失去作用，避免 SB_1 的误动作；KM_{-7} 断开；使 G_1 的串励绕组 W_3、W_3' 接入电枢回路。

在电焊机启动后的瞬间，由于焊丝先与工件接触而短路，故电弧电压为零，W_2 两端电压为零，W_2 不起作用。在 W_1 的作用下，使焊丝回抽，由于这时焊接主回路已被接通，在焊丝与工件之间便产生电弧。随着电弧的产生与拉长，电弧电压由零逐渐升高，使 W_2 产生的磁通也由零逐渐增加，W_2 与 W_1 合成结果使焊丝回抽速度逐渐减慢，但这时仍由 W_1 起主导作用。当电弧电压增长到使 W_2 的励磁强度等于 W_1 的励磁强度时，合成磁通为零，G_1 的输出电压为零，M_1 停止转动，焊丝便停止回抽。但这时电弧仍继续燃烧，电弧电压在增加，也就是说 W_2 的磁通在继续加强，并已超过 W_1 的励磁强度，合成磁通的结果变为 W_2 起主导作用，M_1 反向转动，焊丝开始送进。当送丝速度与焊丝熔化速度相等后，焊接过程进入稳定状态，与此同时，焊接小车也开始沿轨道移动，焊接便正常运行。

③ 停止。按下 SB_8 双层按钮。先按下第一层，M_1 的电枢供电回路先被切断，焊丝只靠 M_1 的转动惯性继续下送，但电弧还在燃烧并且拉长，使弧坑逐渐填满。电弧自然熄灭后，再按下第二层，也就是将 SB_8 按到底，这时 KA_3 回路才能切断，KM 回路也被切断，焊接电源切断，各继电器和接触器的触头恢复至原始状态，焊接过程全部停止，应注意 SB_8 不能一次按到底，否则，焊丝送进与焊接电源同时停止和断开，但 M_1 的机械惯性会使焊丝继续下送，插入尚未凝固的焊接熔池，使焊丝与工件发生"粘住"现象。

在焊接停止的同时，关闭焊剂漏斗阀门。

MZ-1000 型直流埋弧自动焊机动作程序见图 5-2。

将图 5-1 做如下改动将原交流埋弧焊机只需进行以下几部分改动就成了图 5-5 的直流埋弧焊机。

① 去掉交流埋弧焊变压器（BX2-1000），改用直流弧焊发电机（M_1-G_1）机组，直流弧焊发电机的三相输入线单独直接接入电网。

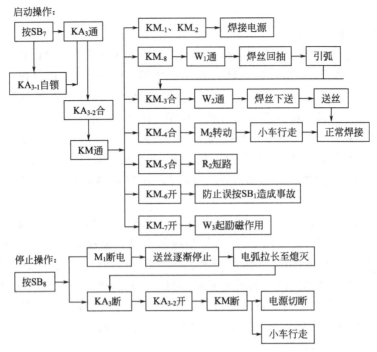

图 5-2 MZ-1000 型直流埋弧自动焊机动作程序方框图

② 把交流电流表、电压表换成直流电流表和直流电压表。
③ 把电流互感器 TA 换成分流器 RS。
④ 把直流弧焊发电机的一个电极连接交流接触器 KM 的主触头（应将两个触头并联使用）。

5.1.2 MZ1-1000 型交流自动埋弧焊机工作原理

图 5-3 MZ1-1000 型交流埋弧自动焊机的特点是等速输送焊丝，可用于焊剂层下自动焊接开坡口或不开坡口的对接焊缝，搭接焊缝，"船形"位置的有转弯、无转弯焊件的焊缝，容器的环形焊缝或直线焊缝。电焊机由小车式自动焊机头、控制箱及电源组成。

该电焊机的焊接电弧引弧动作程序如下。

当按下按钮 SB_3 时，SB_{3-1} 接通继电器 KA_3，触头 KA_{3-1} 闭合自锁；触头 KA_{3-2} 闭合为焊丝的正常送丝电路做准备，触头 KA_{3-3} 闭合，使接触器 KM 电路接通。KM 的主触头接通弧焊电源 T。它的辅助触头 KM_{-5} 闭合，使继电器 KA_1 经过按钮 SB_{3-1} 而接入电路，这时 KA_{1-1}、KA_{1-2} 接通三相电动机 M 反抽电路，于是引起电弧。所以，电弧是在使用者手按着启动按钮过程中产生的，这个过程非常短，大约 1s。使用者听到起弧声后，手一松开，按钮 SB_3 复位，SB_{3-1} 断开，使继电器 KA_1 断电，电动机 M 停止反抽。SB_{3-2} 闭合，继电器 KA_2 通电，KA_{2-1}、KA_{2-2} 接通电动机 M 电路，使 M 正转送丝，维持电弧燃烧。此时，电动机的另一端轴带动焊车行走，进入正常焊接过程。

电焊机停止工作时，先按下 SB_1 按钮，SB_{1-2} 断开，继电器 KA_2 断电，电动机 M 停止转动，焊车停止行走，焊丝也停止送进，电弧拉长，此时弧坑慢慢填满，待电弧自然熄灭后，再按下 SB_2 按钮（可松开 SB_1），SB_{2-1} 断开，继电器 KA_3、接触器 KM 相继断电，使焊接电源切断，同时 SB_{2-2} 闭合，继电器 KA_1 通电，电动机 M 反转，使焊丝上抽。当松开 SB_2 按钮后，焊接过程便全部停止，电路又恢复到原始状态。

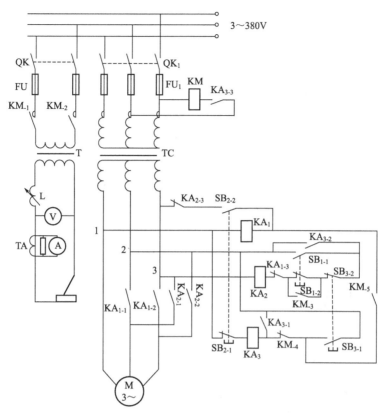

图 5-3 MZ1-1000 型交流埋弧自动焊机电路原理图

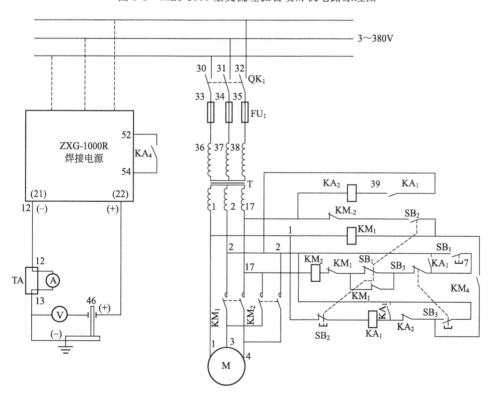

图 5-4 MZ1-1000 型直流埋弧自动焊机电路原理图

5.2 埋弧自动焊机其他电路

(1) MZ1-1000 型直流埋弧自动焊机电路原理图（图 5-4）
(2) MZ-1000 型直流埋弧自动焊机电路原理图（图 5-5）
(3) MZ-400 型自动埋弧焊机电路原理图（图 5-6）
(4) MZ2-1250 型交流自动埋弧焊机电路原理图（图 5-7）

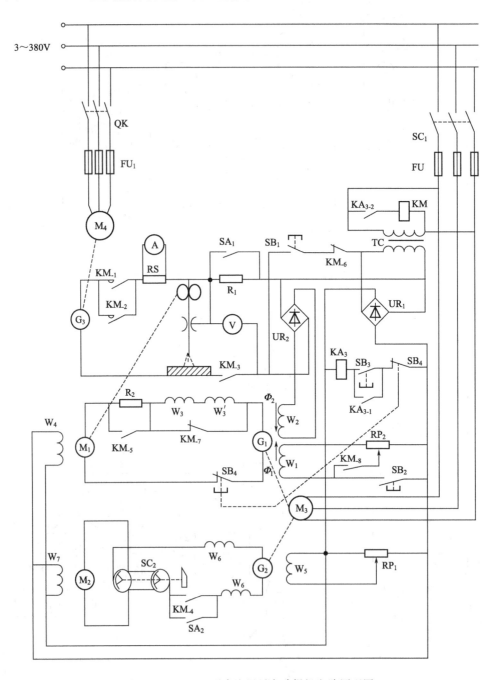

图 5-5　MZ-1000 型直流埋弧自动焊机电路原理图

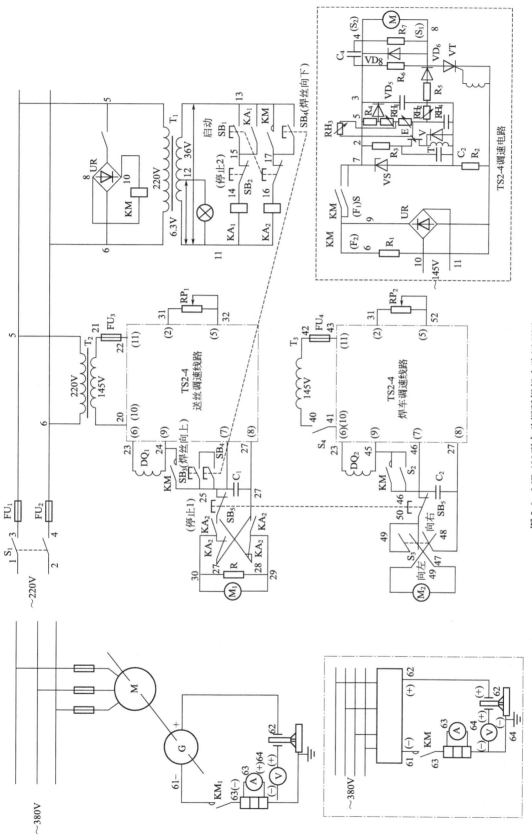

图 5-6 MZ-400型自动埋弧焊机电路原理图

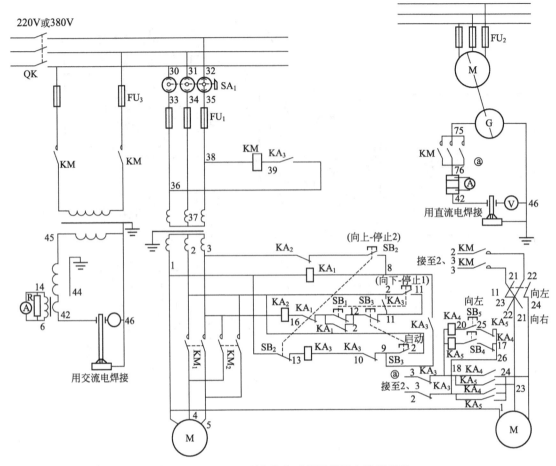

图 5-7　MZ2-1500 型交流自动埋弧焊机电路原理图

5.3　埋弧自动焊机的维护和使用

埋弧自动焊机的正确使用和维护,是保证设备正常运转,延长电焊机使用寿命的关键。埋弧焊机的安装使用,可参考产品使用说明书(要详细阅读)。电焊机的安装接线一定要正确,接地线要牢固可靠,外接电缆要有足够的容量(线径符合要求)和绝缘。开始通电之前一定要仔细检查一遍,而后运行空车试验检查,如电动机旋转方向是否正确、空载电压、直流电源的极性是否合设备的要求。施焊前的准备工作做好后,经检查无误才能正式开始焊接。

5.3.1　埋弧自动焊机的维护保养

埋弧自动焊机日常的维护保养工作内容及周期见表 5-1。

5.3.2　埋弧焊机使用规范参数

(1) 两面时对接参考规范 (表 5-2)

表 5-1　埋弧自动焊机日常的维护保养工作内容及周期

序号	保养部位	维护保养工作内容	保养周期
1	整机	①擦拭外壳 ②空载运行	每日一次 每月一次
2	焊接小车	①检查控制盘上各开关、按钮是否失灵 ②检查小车车轮及离合器有无故障 ③小车车轮轴油孔注油 ④保持焊剂斗、导管的畅通	每日一次 每日一次 每季一次 每日一次
3	导电嘴	①检查磨损状况,更换磨损严重零件 ②紧固定螺钉	每周一次 每日一次
4	送丝滚轮	①滚轮压力调整适当 ②更换磨损严重的滚轮	每周一次 每年一次
5	齿轮箱	更换润滑油	每年一次
6	伺服电机	①直流电动机电刷弹簧压力调整 ②直流电动机电刷更换	每月一次 每年一次
7	控制箱	①用压缩空气吹除灰尘 ②接触器、继电器触头烧损状况 ③发电机电刷弹簧压力调整 ④发电机电刷更换 ⑤检查外部接线螺钉松动情况	每月一次 每年一次 每月一次 每年一次 每周一次
8	焊接电缆	①检查外皮是否破损 ②检查接头螺钉是否松动、发热 ③检查地线与工件接触是否良好	每日一次 每周一次 每日数次
9	控制电缆	①检查插件是否松动 ②检查外皮是否破损 ③检查电缆与插件接头是否有掉头、开焊	每月一次 每日一次 每年一次

表 5-2　两面时对接参考规范

焊丝直径 /mm	钢板厚度 /mm	对接焊缝间隙 /mm	电流 /A	电弧电压 /V	焊接速度 /(m/h)	焊丝速度 /(m/h)
3	3	0～1.5	350～380	28～30	71.0	73
	4	0～2.0	380～400	28～30	71.0	83
	5	0～2.5	420～450	30～32	62.0	95
	6	0～3.0	450～475	32～34	47.5	108
	8	0～3.0	475～500	32～34	41.5	123
	10	0～4.0	500～550	32～34	41.5	142
	12	0～4.0	550～600	32～34	41.5	164
	14	0～4.0	600～650	34～36	36.5	190
	16	0～4.0	650～700	34～36	32.0	190
4	4	0～2.0	450	28～30	54	64
	5	0～2.0	470	28～30	54	73
	6	0～2.5	540	30～32	47.5	73
	8	0～3.0	600	32～34	47.5	83
	10	0～4.0	600～650	34～36	41.5	95
	12	0～5.0	650～700	34～36	41.5	108
	14	0～5.0	700～750	36～38	36.5	123
	16	0～5.0	750～800	36～38	32	123
	18	0～5.0	850～900	38～40	28	142
	20	0～5.0	900～950	38～40	24.5	164

续表

焊丝直径/mm	钢板厚度/mm	对接焊缝间隙/mm	电流/A	电弧电压/V	焊接速度/(m/h)	焊丝速度/(m/h)
5	7	0~2.0	550~600	34~36	28	64
	8~9	0~3.0	600~700	34~36	24.5	64
	10	0~4	700~750	36~40	24.5	73
	12	0~5	750~800	36~40	24.5	83
	14	0~5	800~850	38~42	24.5	85
	16	0~5	850~950	38~42	18.5	95
	18	0~5	900~950	40~44	16	108
	20	0~5	975~1050	40~44	13.5	123
	14	3~4	700~750	34~36	28	64
	16	3~4	700~750	34~38	24.5	64
	18	4~5	750~800	36~40	24.5	73
	20	4~5	850~900	36~40	24.5	83
	24	4~5	900~950	38~42	24.5	95
	28	5~6	900~950	38~42	18.5	95
	30	6~7	950~1000	40~44	16	108
	40	8~9	1100~1200	40~44	13.5	123

(2) 手工打底对接焊参考规范（表5-3）

表5-3 手工打底对接焊参考规范

焊丝直径/mm	钢板厚度/mm	坡口深度/mm	坡口角度/(°)	打底焊深厚/mm	电流/A	电弧电压/V	焊接速度/(m/h)	焊丝输送速度/(m/h)
3	8	—	无	4	550~600	32~34	41.5	142
	10	—	无	4	600~650	32~34	36.5	164
	12	—	无	4	650~700	34~36	32	190
	14	—	无	5	725~775	36~38	28	225
	16	8	40	6	725~775	36~38	24.5	225
4	8		无	4	600~650	34~36	41.5	95
	10		无	4	650~700	34~35	36.5	108
	12		无	4	700~750	36~38	32	123
	14		无	5	700~750	36~38	28	123
	16	8	40	6	825~875	38~42	24.5	142
	18	10	40	6	900~950	38~42	24.5	164
	20	12	40	7	900~950	38~42	21.5	164
	8		无	4	700~750	34~35	41.5	64
	10		无	4	775~825	34~36	41.5	73
	12		无	4	800~850	36~40	36.5	73
	14		无	5	850~900	38~42	32	83
	16	9	40	6	900~950	38~42	24.5	95
	18	10	40	6	975~1050	38~42	21.5	108
	20	12	40	7	975~1050		18.5	108

(3) "船形"角焊缝焊接参考规范（表5-4）

表5-4 "船形"角焊缝焊接参考规范

焊丝直径/mm	焊角/mm	电流/A	电弧电压/V	焊接速度/(m/h)	焊丝输送速度/(m/h)
3	4	350	28~30	54	73
	5	450	28~30	54	108
	6	500	30~32	47.5	123
	8	550~600	34~36	28	142
	10	600~650	34~36	21.5	164
4	5	450	34~36	62	64
	6	575	28~30	54	83
	7	675	30~32	47.5	108
	8	650~700	32~35	36.5	108
	10	650~700	34~36	24.5	108
	12	725~775	34~38	18.5	123
5	8	675~725	32~34	32	56
	10	725~775	32~35	24.5	64
	12	775~825	36~38	18.5	73

(4) 悬空双面对接焊参考规范（表 5-5）

表 5-5　悬空双面对接焊参考规范

焊丝直径/mm	焊件厚度/mm	焊接顺序	焊接电流/A	焊接电压/V	焊接速度/(m/h)
4	6	正	300～420	30	34.6
4	6	反	430～470	30	32.7
4	8	正	440～480	30	30
4	8	反	480～530	31	30
4	10	正	530～570	31	27.7
4	10	反	590～640	33	27.7
4	12	正	620～660	35	25
4	12	反	680～720	35	24.8
4	14	正	680～720	37	24.6
4	14	反	730～770	40	22.5
5	15	正	800～850	34～36	38
5	15	反	850～900	36～38	26
5	17	正	850～900	35～37	36
5	17	反	900～950	37～39	26
5	18	正	850～900	36～38	36
5	18	反	900～950	38～40	24
5	20	正	850～900	36～38	35
5	20	反	900～1000	38～40	24
5	22	正	900～950	37～39	32
5	22	反	1000～1050	38～40	24

(5) 无坡口铜板埋弧自动焊接对接焊规范（表 5-6）

表 5-6　无坡口铜板埋弧自动焊接对接焊规范

板厚/mm	焊丝直径/mm	焊接规范		
		电流/A	电弧电压/V	焊接速度/(m/h)
2	1.6	140～160	32～35	25
3	2.0	190～210	32～35	20
4	2.0	250～280	30～35	25
5	2.0	300～340	30～35	25
6	2.0	330～350	30～35	20
8	3.0	400～440	33～38	16

(6) 铝板对接焊参考规范（表 5-7）

表 5-7　铝板对接焊参考规范

板厚/mm	焊丝直径/mm	电流/A	电弧电压/V	焊接速度/(m/h)	间隙/mm
12	1.8	280～300	36～38	16	0～1.0
16	2.5	350～400	38～40	16	0～1.0
18	2.85	400～430	39～41	16	0～1.5
25	4.0	550～600	40～42	16	0～2

5.4 埋弧自动焊机技术数据

5.4.1 埋弧自动焊机技术数据（表5-8）

表5-8 埋弧自动焊机主要技术数据

新型号	MZA-1000	MZ-1000	MZ1-1000	MZ2-1500	MZ-1-1000	MZ6-2×500	MU-2×300	MU1-1000
旧型号	GM-1000	EA-1000	EK-1000	EK-1500		EH-2×500	EP-2×300	
送丝方式	弧压自动调节	弧压自动调节	等速送丝	等速送丝	弧压自动调节	等速送丝	等速送丝	弧压自动调节
电焊机结构特点	埋弧、明弧、两用小车式	小车式	小车式	悬挂小车式	小车式	小车式	堆焊专用	堆焊专用
焊接电流/A	200～1200	400～1200	200～1000	400～1500	200～1000	200～600	160～300	400～1000
焊丝直径/mm	3～5	3～6	1.6～5	3～6	3～6	1.6～2	1.6～2	焊带宽30～80 厚0.5～1
送丝速度/(m/h)	30～360 (弧压反馈控制)	30～120 (弧压35V)	52～403	28.5～225	30～120	150～600	96～324	15～60
焊接速度/(m/h)	2.1～78	15～70	16～126	13.4～112	15～70	8～60	19.5～35	7.5～35
焊接电流种类	直流	直流或交流	直流或交流	直流或交流	直流	交流	直流	直流
送丝速度调整方法	用电位器无级调速（用改变晶闸管导通角来改变直流电机转速）	用电位器自动调整直流电机转速	调换齿轮	调换齿轮	用电位器无级调速（晶闸管系统）	用自耦变压器无级调整直流电机转速	调换齿轮	用电位器无级调整直流电机转速

5.4.2 埋弧半自动焊机技术数据（表5-9～表5-26）

表5-9 MB-400型半自动埋弧焊机技术数据

电源电压/V	220	焊丝盘可容纳焊丝质量/kg	18
额定焊接电流/A	400	焊剂漏斗可容纳焊剂质量/kg	0.4
额定负载持续率/%	100	外形尺寸（长×宽×高）/mm	610×230×470
工作电压/V	25～40	SS-2送丝机构质量/kg	12
焊丝直径/mm	1.6～2.0	焊把(连特殊软管电缆)质量/kg	6.5

表5-10 MBL-1000型半自动螺柱焊机技术数据

电源电压/V	380(三相四线)	焊接电流调节范围/A	300～1000
螺柱直径/mm	4～16（低碳钢） 4～12（其他材料）	控制箱外形尺寸（长×宽×高）/mm	450×440×240
		焊枪尺寸（高×枪体直径）/mm	290×66
螺柱长度/mm	20～65	控制箱质量/kg	22
焊件厚度	不小于螺柱直径1/3	焊枪质量/kg	2.5

表 5-11　MZ-2×1600 型双丝自动埋弧焊机技术数据

电源电压/V	三相 380	焊接速度/(m/h)	13.5～82
频率/Hz	50	送丝速度调节方法	等速均匀两用
额定焊接电流/A	前丝 直流 1600 后丝 交流 1000	外形尺寸(长×宽×高)/mm	1100×1000×800
焊丝直径范围/mm	3～5.5	质量/kg	240
送丝速度/(m/h)	30～180	配用电源型号	直流 ZXG-1600 交流 BX-1000

表 5-12　MZ-1000 型自动埋弧焊机技术数据

控制箱电源电压/V	380	焊丝盘可容纳焊丝质量/kg	12
焊接电流/A	400～1200	焊剂漏斗可容纳焊剂质量/kg	12
焊接直径/mm	3～6	自动焊小车外形尺寸(长×宽×高)/mm	1010×344×662
焊接速度/(m/h)	15～70		
送丝速度(弧压=35V)/(m/min)	0.5～2.0	控制箱外形尺寸(长×宽×高)/mm	980×585×705
焊头位置可调节位移： 左右旋转角/(°) 向前倾斜角/(°) 侧面倾斜角/(°) 垂直位移/mm 横向位移/mm	 90 45 ±45 85 ±30	自动焊小车质量 (不包括焊丝及焊剂)/kg 控制箱质量/kg	 65 160

表 5-13　MZ-1-1000 型自动埋弧焊机技术数据

控制箱电源电压/V	380	焊剂漏斗可容纳焊剂质量/kg	12
焊接电流/A	220～1000	送丝速度(弧压=35V)/(m/min)	3
焊丝直径/mm	3～6	焊头位置可调节位移： 左右旋转角/(°) 向前倾斜角/(°)	 90 45
焊接速度/(m/h)	15～70		
侧面倾斜角/(°)	±45	自动焊小车外形尺寸 (长×宽×高)/mm	1010×344×662
垂直位移/mm	85		
横向位移/mm	±30	自动焊小车质量 (不包括焊丝及焊剂)/kg	65
焊丝盘可容纳焊丝质量/kg	12		

表 5-14　MZ1-1000 型自动埋弧焊机技术数据

控制箱电源电压/V	380	焊剂漏斗可容纳焊剂质量/kg	6.5
焊接电流/A	220～1000	自动焊小车外形尺寸 (长×宽×高)/mm	716×346×540
焊丝直径/mm	1.6～5		
送丝速度/(m/h)	52～403	自动焊小车质量 (不包括焊丝及焊剂)/kg	45
焊接速度/(m/h)	16～126		
焊机头侧面倾斜角/(°)	45	控制箱外形尺寸(长×宽×高)/mm	750×500×540
焊丝盘可容纳焊丝质量/kg	8	控制箱质量/kg	65

表 5-15　MZ2-1500 型自动埋弧焊机技术数据

项目	参数	项目	参数
控制箱电源电压/V	220 或 380	焊机头垂直升降距离	180
焊接电流/A	400~1500	回收焊剂所需压缩空气压力/MPa	0.4~0.5
焊丝直径/mm	3~6	焊剂筒可容纳焊剂容量/L	22
焊丝输送速度/(m/h)	28.5~225	焊丝盘可容纳焊丝质量/kg	12
焊接速度/(m/h)	13.5~112	焊机头外形尺寸(长×宽×高)/mm	760×710×1763
焊丝输送速度和焊接速度调节方式	调换变速齿轮	焊机头质量/kg	160
焊机头沿焊缝方向的倾斜角/(°)	达 60	配电箱外形尺寸(长×宽×高)/mm	380×280×330
焊机头沿焊缝横向的倾斜角/(°)			
焊机头绕垂直中心线回转角/(°)	180±45		

表 5-16　MZ8-1500 型螺旋焊管自动埋弧焊机技术数据

项目	参数	项目	参数
电源电压/V	380(三相四线)	焊接带钢壁厚/mm	3.5~7
频率/Hz	50	焊接钢管直径规格/mm	168~529
额定负载持续率/%	100	焊头上下调整范围(在与焊点同一水平线上时)/mm	A,上升 350 B,下降 50
额定焊接电流范围/A	300~1500	焊头前后调整范围(立柱中心线到焊点中心距)/mm	A,向前 1380 B,向后 900
焊接速度范围/(m/min)	0.5~4		
焊丝输送速度范围/(m/min)	1~10	外形尺寸(长×宽×高)/mm	A,机头 2210×1040×1860 B,控制屏 1000×700×2300 C,操作台 500×500×1250
焊丝直径/mm	2、2.5、3、4、5		
焊接带钢钢种	碳素钢及低合金钢		

表 5-17　MZ8-2×1500 型螺旋管焊自动埋弧焊机技术数据

项目	参数	项目	参数
电源电压/V	380	焊头沿焊缝横向调节角/(°)	±30
额定焊接电流(两个焊头均达)/A	1500	焊垂直移动距离/mm	85
焊丝直径/mm	3~5	两焊丝间可调距离(允许双丝间倾斜±20°时)/mm	20~80
焊接速度(指带钢的递送速度)/(m/min)	0.6~2.7	焊头轴向电动移动速度/(mm/s)	8
焊丝输送速度(电弧电压反馈)/(m/min)	1~6	焊头轴向电动移动范围(焊点为中心)/mm	±50
焊丝输送方式	电弧电压自动调节	焊丝盘可容纳焊丝质量/kg	50~100
负载持续率/%	100	焊剂斗可容纳焊剂质量/kg	25
焊头悬臂水平移动范围/mm	±200	压缩空气压力/kPa	400~600
悬臂绕立柱旋转角度/(°)	±90	外形尺寸(长×宽×高)/mm	2800×950×3480
悬挂移动机构沿水平方向旋转角度/(°)	±90	控制箱外形尺寸(长×宽×高)/mm	585×435×455
悬臂上、下移动范围/mm	900	质量/kg	焊机 1200 控制箱 75

表 5-18　MU1-1000-1 型带极自动埋弧焊机技术数据

项目	参数	项目	参数
控制电源电压/V	380	带极盘质量/kg	20
带极厚度/mm	0.5~1.0	熔剂漏斗可容纳熔剂质量/kg	15
带极宽度/mm	30~80	自动头尺寸(长×宽×高)/mm	1300×430×855
堆焊电流/A	400~1000	控制箱尺寸(长×宽×高)/mm	1000×515×748
堆焊速度/(m/h)	6~28	自动头质量/kg	80
带极输送速度/(m/h)	20~80	控制箱质量/kg	123

表 5-19　MU8-2×1500 型双丝自动埋弧焊机技术数据

摇臂机构：		摇臂升降行程/mm	1100
摇臂全长/mm	2500	摇臂升降速度/(mm/min)	1000
立柱中心至工件中心/mm	1400	额定负载持续率/%	100
立柱移动行程/mm	600	焊接电流调节范围/A	200~2000
跟踪执行机构：		次级空载电压/V	80
运动行程/mm	±50	工作电压/V	40
运动速度/mm	5~6		
送丝机构：		交流电焊机型号	BX1-1000
焊丝直径/mm	3~6	电源电压/V	380
送丝速度/(m/min)	0.7~5	相数	3
焊枪水平调整/mm	±35	频率/Hz	50
焊枪垂直调整/mm	80	额定焊接电流/A	1000
焊枪前后调整/mm	80	额定负载持续率/%	100
焊枪转动调整/(°)	±25	次级空载电压/V	81
直流电源：		工作电压/V	40
型号	ZXG-1500	焊接电流调节范围/A	300~1300
相数	3 相		
频率/Hz	50		
额定焊接电流/A	1500		
立柱移动速度/(mm/min)	600		

表 5-20　MZD8-2×1500 型螺旋管带钢对焊自动埋弧焊机技术数据

电源电压/V	380	焊头垂直位移距离/mm	85
额定焊接电流(两个焊头均达)/A	1500	焊丝盘可容纳焊丝质量/kg	30~50
焊丝直径/mm	3~5	焊剂斗可容纳焊剂质量/kg	15
焊接速度(指割焊机机头速度)/(m/min)	0.5~1.5	压缩空气压力/kPa	0.4~0.6
焊丝输送速度(电弧电压反馈)/(m/min)	1~6	压缩空气流量/(L/min)	100
焊丝输送方式	电弧电压自动调节	外形尺寸： 控制箱(长×宽×高)/mm 操作箱(长×宽×高)/mm	 585×435×455 455×285×335
负载持续率/%	100	质量： 机头/kg 控制箱/kg 操作箱/kg	 70 62 10
两焊丝间可调距离(允许双丝间倾斜角±20°)/mm	20~120		

表 5-21　MZ9-1000 型悬臂式单头自动埋弧焊机技术数据

电源电压/V	380	焊接速度(横臂水平移动速度)/(m/h)	6~48
额定输入容量/kV·A	1000	横臂有效工作行程/mm	垂直 5000,水平 5000
电源频率/Hz	50	台车移动速度/(m/h)	6~48
额定负载持续率/%	80	焊丝盘可容纳的焊丝质量/kg	不小于 12
额定焊接电流/A	1000	焊剂容器可容纳的焊剂容量/L	不小于 10
空载电压/V	80/90	立柱回转角度/(°)	360
工作电压/V	30~42	外形尺寸：	
电流调节范围/A	100~1000	电焊机总高/mm	7500
焊丝直径/mm	3~6	台车尺寸/mm	2400×2400
焊丝输送速度(当弧压反馈时 $U_{弧}=$ 30~40V)/(m/h)	30~120	横臂总长/mm 质量/kg	8200(轨距为 2000) 6500

表 5-22 MZN8-2×1500 型螺旋管内焊自动埋弧焊机技术数据

电源电压/V	380	导电杆上、下可调范围/(mm/s)	±50
额定焊接电流(两个焊头均达)/A	1500	焊头轴向电动移范围(以焊点为中心)/mm	8
焊丝直径/mm	3～5		
焊接速度(指带钢的递送速度)/(m/min)	0.6～2.7	焊丝盘可容纳焊丝质量/kg	±50
		焊剂漏斗可容纳焊剂质量/kg	50～100
焊丝输送速度(电弧电压反馈)/(m/min)	1～6	压缩空气压力/kPa	25
焊丝输送方式	电弧电压自动调节	冷却水流量/(L/h)	4～6
负载持续率/%	100	冷却水压力/kPa	6
两焊丝间可调距离(允许双丝间倾斜角±15°)/mm	15～60	外形尺寸: 机头(长×宽×高)/mm 控制箱(长×宽×高)/mm 操作箱(长×宽×高)/mm	1600×500×800 585×435×455 455×285×335
两焊丝适应成形角的变化可调角/(°)	50～75		
两焊丝沿焊缝可调倾斜角/(°)	±15	质量: 机头/kg 控制箱/kg 操作箱/kg	224 75 11
焊头沿钢管轴向可调距离/mm	450		
焊头沿钢管径各可调距离/mm	200		

表 5-23 MU-2×300 型双头自动埋弧堆焊机技术数据

可焊车轮直径/mm	760～2000	自动堆焊机头朝被焊车轮径向移动距离/mm	(不变更角度)80 (变更角度)30
焊接电流/A	160～300	两焊嘴间可调距离/mm	10
焊接速度调节方式	调换齿轮	自动焊机头在垂直方向上下移动距离/mm	170
焊接速度/(m/h)	19.5～35		
焊丝输送速度调节方式	调换齿轮	焊丝盘可容纳焊丝质量/kg	每只8
		焊剂漏斗容纳焊剂质量/kg	15
焊丝输送速度/(m/h)	96～324	外形尺寸: 自动堆焊机头(长×宽×高)/mm 控制箱(长×宽×高)/mm	870×(1500～2400)×920 600×520×630
焊丝直径/mm	1.6～2		
控制箱电源电压/V	380	质量: 自动堆焊机头(不包括焊丝及焊剂)/kg	100
控制箱所需容量/kV·A	约0.8		
控制线路电压/V	36	控制箱质量/kg	65

表 5-24 MU2-1000 型悬臂式单头纵环缝带极自动埋弧堆焊机技术数据

电源电压/V	380	横臂有效工作行程/mm 台车移动速度/(m/h)	垂直 5000;6500 水平 5000
额定输入容量/kV·A	100	焊机头在垂直方向上的位移/mm	6～48
电源频率/Hz	50	焊机头水平方向的调节距离/mm	不小于 300
额定负载持续率/%	80	带极沿焊缝方向的前后倾角/(°)	不小于±150
额定焊接电流/A	1000	带极盘可容纳的带极质量/kg	不小于±45
空载电压/V	80/90	焊剂容器可容纳的焊剂容量/L	不小于 12
工作电压/V	30～42	带极经校正机构矫直后的允许弯曲度(在100mm内)/mm	不小于 10
电流调节范围/A	300～1000	立柱回转角度/(°)	小于 3.5
带极尺寸/mm	厚0.4～0.6;宽20～60	轨道间距/mm	360
带极输送速度(当弧压反馈时 $U_弧$=30～42V)/(m/h)	20～80	外形尺寸: 焊机总高/mm 台车尺寸(长×宽)/mm 横臂总长/mm	7500;9000 2400×2400 (轨距为2000mm)8200
焊接速度(横臂水平移动速度)/(m/h)	6～48		
横臂垂直移动速度/(m/h)	180	质量/kg	总重 6500;6700

表 5-25 MU3-2×1000 型悬臂式双关内环缝带极自动埋弧堆焊机技术数据

项目	参数	项目	参数
电源电压/V	380	焊车垂直有效工作行程/mm	2200
额定输入容量/kV·A	2×100	台车移动速度/(m/h)	6~48
电源频率/Hz	50	焊头在垂直方向上的位移/mm	不小于 300
额定负载持续率/%	80	焊头水平方向的调节距离/mm	不小于±150
额定焊接电流/A	2×1000	带极沿焊缝方向的前后倾角/(°)	不小于±45
空载电压/V	80/90	带极盘可容纳的带极质量/kg	不小于 12
工作电压/V	2×(30~42)	焊剂容器可容纳的焊剂容量/L	不小于 10
电流调节范围/A	2×(300~1000)	带极经校正机构矫直后的允许弯曲度(在 100mm 内)/mm	小于 3.5
带极尺寸/mm	厚 0.4~0.6；宽 20~60	轨道间距/mm	2000
带极输送速度(当弧压反馈时 $U_{弧}$=30~42V)/(m/h)	20~80	外形尺寸： 焊机总高/mm 台车尺寸(长×宽)/mm	7500 2400×2400，轨距为 2000
焊接速度(焊车水平移动速度)/(m/h)	6~48		
横臂垂直移动速度/(m/h)	180	横臂总长/mm	9400
焊车水平有效工作行程/mm	4500	质量/kg	8500

表 5-26 MZD8-2×1500 型双丝自动埋弧焊机技术数据

项目	参数	项目	参数
直流电源： 型号 电源电压/V 相数 频率/Hz	ZXG-1500 380 3 相 50	额定负载持续率/%	100
		焊接电流调节范围/A	200~2000
		次级空载电压/V	80
		工作电压/V	40
额定输入容量/kV·A	163	送丝枪间距/mm	0.7~5
交流电源： 型号 电源电压/V 相数	BX1-1000 型 380 单相	两焊枪间距/mm	140~235
		两焊枪头中心距(当两焊枪头夹角为 20°时)/mm	≥10
频率/Hz	50	两焊枪横向移动： 左移/mm 右移/mm	 30 20
额定焊接电流/A	1000		
额定负载持续率/%	100	两焊枪上下微调/mm	35
次级空载电压/V	81	两焊枪自动跟踪： 左、右移/mm	 各 20
工作电压/V	40		
焊接电流调节范围/A	300~1300	跟踪速度/(mm/s)	6
焊接小车速度/(m/min)	0.3~1.5	焊剂头可装焊剂/kg	40
额定焊接电流/A	1500	焊丝盘可容纳焊丝质量/kg	60

5.5 检修实例

5.5.1 MZ-1000 型交流埋弧自动焊机的故障（图 5-1）

（1）**故障现象**：电焊机电源接通后，当按下启动按钮 SB_7，中间继电器 KA_3、接触器 KM 不动作。

故障分析及处理： 闭合电源 SC_1，风扇电动机 M_4 或三相异步电动机 M_3 运转正常，证明熔断器是良好的。否则，要检查熔断器。

按下 SB_7，观察中间继电器 KA_3 是否动作，有以下三种情况。

① 按下 SB_7，KA_3 动作，触头合上，并且不掉下来。故障就在接触器线圈本身或控制回路上。原因可能是 KA_{3-2} 触头烧毛、不洁或有氧化层不导电，还可能是 KM 线圈松动，接触不良。

② 按下 SB_7，KA_3 动作，触头合上，但一松开 SB_7，KA_3 就复原。说明自锁回路有故障，原因很可能是 KA_3 触头不洁或有氧化层。

③ 按下 SB_7，KA_3 不动作，该故障原因比较复杂，要仔细对照电焊机电路原理图逐一排查。

按下 SB_1 送丝，再按下 SB_2 抽丝。这说明控制变压器 TC_2 以上的线路都是正常的，整流桥 UR_1 和 UR_2 的工作也是正常的，则故障就出在 KA_3 线圈、SB_7 以及 SB_8 的回路上。这时可多按几下 SB_8 之后再按 SB_7，如果 KA_3 动作了，则说明故障就是 SB_8 接触不良，应拆开检修。如果还无反应，可用绝缘棒压下 KA_3 的活动部分，使 KA_3 的两个常开触头闭合，此时可能出现下面两种情况：

a. KM 动作，这表明接触器是好的。但绝缘棒一拿走，中间继电器的活动部分又复原了，这表明故障仍可在 KA_3 线圈上、SB_7 和 SB_8 回路中，需停机或带电分段检查这一段线路，找出故障。

b. KM 动作，而且绝缘棒拿走以后，KA_3 的活动部分不再复原，则说明 KA_3 线圈已通电，触头 KA_{3-1} 起自锁作用。故障出在 SB_7 本身接触不良或 SB_7 回路断开。故障的原因主要是小车上的插座、插头处接触不良，导致从控制箱中的 KA_3 线圈上引到控制盘中按钮 SB_7 的导线在插头处断路。

④ 按 SB_1 送丝，按 SB_2 焊丝不动。说明 TC_2 以上的线路工作是正常的，故障出在 TC_2 以下的线路部分。此时应停机或带电分段检查这一段线路和电气元件，直到找出故障为止。

⑤ 按 SB_1 和 SB_2，焊丝均不动。这时故障很可能就出在包括 TC_2 在内的以上线路部分。此时，同样可以将中间继电器活动部分强行合上，来检查故障所在部位。如果此时接触器 KM 能合上，表明 KM 线圈通电，则故障很可能就在 TC_2 线路中或 TC_2 本身。

在确定了故障范围，需进一步检查时，首先检查外部接线，仔细检查是否有断线、接头松动和烧坏的地方。还要注意到小车控制电缆插头接触是否可靠，控制箱中的导线接头是否松动等。

(2) **故障现象：** 开始焊接时，按下焊丝向上或向下的按钮，而输送焊丝的电动机不转。

故障分析： ① 控制线路没有电压，例如熔体熔断，降压变压器损坏或整流器损坏。

② 电动机电枢回路中有断路。例如停止按钮的常闭触头接触不良，电动机电刷脱落。

③ 控制电缆的芯线有断路或插头、插座接触不良。

④ 焊丝输送机构中机械部分有故障。

处理方法： ① 认真逐级检查控制回路的各点参数（电压、电流）。

② 检查电枢回路中可能发生断路的各点，并用直流电压表逐级检查直流电压。修复或更换新的碳刷。

③ 检查电缆芯线及插头与插座之间的接触情况。

④ 检查焊丝输送机构。

(3) **故障现象**：在加工设备时，自动焊机一个小车轮的胶皮外缘被热的焊件烫坏，直接影响了工作。

故障分析：自动焊机小车的车轮有如下三个功能：

① 支承焊接小车，滚动时拖动小车在轨道上均速地移动；

② 使小车与轨道相互绝缘，因为小车上连着导电嘴和焊丝，轨道放在工件上，这正是电弧的两极，就靠小车车轮外缘的胶皮绝缘；

③ 小车车轮外缘有导向槽，保证小车沿导轨走直线。

现在，该电焊机小车的一个车轮外缘的胶皮被热件（焊件）烫坏，车轮的绝缘就被破坏，这会造成焊机电源通过小车而与工件短路，使焊接难以进行。虽然小车车轮外缘尚有部分胶皮可起到绝缘作用，但小车行走时也不会平衡，将会影响电弧的稳定和焊接质量。由此可见，小车车轮外面的橡胶是很重要的。

处理方法：更换因热件（焊件）烫坏的车轮。如没有备用车轮，可以用粗的电木棒加工一个尺寸相同的车轮换上，解决临时加工工作。一般情况下应需要多备几个小车的车轮（因在实际工作中小车轮的损坏比较常见）。

(4) **故障现象**：电焊小车不能向前或向后移动。

故障分析：① 位于电焊小车控制盘中央的开关的触头损坏。

② 交流接触器与电焊机小车的接线有错误。

③ 小车进退换向开关损坏。

④ 控制电缆的芯线有断路或插头与插头接触不良。

处理方法：① 可临时用一根导线将它短路，必要时换一个新的开关。

② 检查辅助触头的接触情况。

③ 更换新的开关。

④ 检查电缆的芯线有断路或插头与插头接触情况。

(5) **故障现象**：在工作时电焊小车行走速度不能调节。

故障分析：① 调节速度的电位器 RP_1 的滑动触头接触不良。

② 多芯控制电缆芯有断路，或插头与插座接触不良。

处理方法：① 检查滑动触头，必要时换一个新的电位器（同规格、型号）。

② 检查多芯控制电缆芯线和插头与插座之间接触情况。

(6) **故障现象**：一台 1000A 硅整流电源的埋弧自动焊机，在焊接电流用到 800A 时电源就过热且有焦糊味。

故障分析：电焊机的铭牌规定上标为 1000A，其最大电流可以供到 1000A，但这是在电焊机每工作 3min 之后就停止 2min，即负载持续率为 60% 条件下电焊机电源可允许输出电流。60% 的负载持续率是手工电弧焊接的条件，埋弧焊的负载持续率为 100%，所以，该电焊机作为埋弧焊使用时，电源最大工作电流应控制在 774A（1000A× $\sqrt{60\%}$ =774A）以内，电焊机才可连续工作。现在该电焊机施焊电流达到 800A，已经大于 774A，显然属于超载运行。电焊机超载运行短时间还可以，时间稍长电焊机绕组就要发热，温升增高，并有焦糊味产生，这是很危险的，不及时停机会使电源烧毁。

处理方法：① 因为电焊机使用 800A 电流是过载运行，所以应停机重新来调整焊接参数，将电流调在 774A 以下，使电焊机不超载。

② 如果焊接工艺要求必须保证在 800A 电流的条件下施焊，可以采取以下措施来解决。

a. 为电源增大冷却风机的风量，可以打开机壳，外加风机，对电焊机的变压器、电抗器和硅元件提供冷却风，使之快速冷却。

b. 更换大电源，将 1000A 的整流电源换成 1500A 的，这样就可以在正常连续负载下运行。

c. 并联电源，再找一台同类型的 1000A 硅整流电源并联使用，或用三台 500A 的硅整流电源并联供电。

d. 用两台 500A 的旋转式直流弧焊发电机并联使用。虽然两台 500A 直流弧焊发电机的负载持续率仍为 60%，提供 800A 电流仍属于超载，但因为旋转式电焊机承受过载能力较强，负担 800A 电流时仅超载 3%，是可以承受的，不会出现烧毁电源问题。

（7）**故障现象**：在焊接过程中焊丝输送停止，甚至抽回。

故障分析：① 整流器 UR_2 损坏，整流电压降低。

② 交流接触器 KM 的辅助触头接触不良。

③ 多芯控制电缆芯线有断路，或插头与插座间接触不良。

处理方法：① 用直流电压表检查整流器的输出电压。如果损坏，按同规格、型号的进行更换。

② 检查触头的接触情况。

③ 检查电缆芯线及插头与插座间的接触情况。

（8）**故障现象**：大修后进行空载调节焊丝，当按动焊丝的"向上"或"向下"按钮时送丝动作恰好相反。

故障分析：正常情况应该是按动按钮 SB_1 时，送丝发电机 G_1 的他励绕组 W_2 从整流器 UR_2 获得励磁电压，则 G_1 发电机输出电压供给送丝电动机 M_1 的转子使其正向转动，焊丝向下送。按动 SB_2 时，送丝发电机 G_1 的另一个他励绕组 W_1 从整流器 UR_1 获得励磁电压，G_1 发电机输出电压供给送丝电动机 M_1 的电枢，使其反转，焊丝上抽。送丝发电机 G_1 是由异步电动机 M_1 带动旋转的。当异步电动机 M_3 转向相反时，必然使 G_1 极性变了，M_1 也反向了，则使得送丝方向也相反。

现在，该电焊机空载调整时，出现按下焊丝"向上"或"向下"按钮而送丝颠倒的现象，是由于异步电动机 M_3 的控制箱三相电源进线相序不恰当，导致异步电动机 M_3 按设计反转所致。

处理方法：调换异步电动机 M_3 的电源进线相序，即将三相电源进线的任意两根线换接一下，M_3 电动机的转向变更，使送丝发电机 G_1 极性变更，于是带动焊丝的直流电动机 M_1 方向就变了。

（9）**故障现象**：在焊接过程中，焊丝输送不均匀，甚至使电弧中断，但电动机工作正常。

故障分析：① 输送焊丝的压紧滚轮对焊丝的压力不足，或滚轮已严重磨损。

② 焊丝在焊嘴或焊丝盘内被卡住。

③ 焊丝输送机构未调整好。

处理方法：① 调整滚轮对焊丝的压力或换新的滚轮。

② 清理焊嘴或将焊丝整理好。

③ 仔细调整焊丝输送机构。

（10）**故障现象**：在空载调整时，按焊丝"向上"按钮时焊丝机构不转动。

故障分析及处理：在一般情况下按焊丝"向上"按钮 SB_2 时，送丝发电机 G_1 的他励绕组 W_1 得到直流电压，发电机 G_1 发电，给送丝电动机 M_1 供电，则 M_1 旋转带动送丝机构传动系统工作，这时使焊丝向上反抽。

现在，该电焊机出现故障，其原因可能是送丝机构系统出了问题，也可能是电气系统出了问题。

首先按焊丝"向下"按钮 SB_1 试验一下，若焊丝能正常下送，说明送丝发电机、电动机及送丝机械传动系统均无问题，应该检查送丝发电机 G_1 的焊丝"向上"的他励绕组 W_1 系统。

用直流电压挡检查整流器 UR_2 是否有正常的直流电压输出，如果没有正常的直流电压输出，则认为是整流器损坏了或者是其接线掉头，若有正常的直流电压，应再进行下一步检查和排除。

按动按钮 SB_2，用万用表检查他励绕组 W_1 是否有电压。如果没有电压，就要先检查 SB_2 是否有故障，如果有故障应更换新的；如检查按钮 SB_2 无问题，再用万用表检查他励绕组 W_1 是否断路，或与其连线接触不良，应予以修复。

如果在按焊丝"向下"按钮 SB_1 时，焊丝还不动作，还要进行下面的检查。

首先检查带动送丝发电机的异步电动机 M_3 是否转动。如果不转动，应检修 M_3，若 M_3 转动，送丝发电机 G_1 不转动，应检查联轴器是否损坏，连接键是否损坏，如果损坏就要进行处理。

下一步再用万用表检查发电机 G_1 是否有直流输出，若有直流输出，说明 G_1 没有问题，若无正常直流输出，应调整电刷，使其与换向器良好接触。

检查送丝电动机 M_1 是否正常运转，若运转正常，就是送丝的机械系统出了故障，若 M_1 不转时，应用万用表检查送丝电动机 M_1 的他励绕组 W_4 是否有直流电压，若 W_4 没有直流电压，就是绕组 W_4 有断路，找到断头处，接好线并包扎绝缘。

送丝系统的机械故障可用下列方法处理。

① 检查机头上部的焊丝给送减速机构，检查齿轮和蜗轮、蜗杆是否严重磨损与啮合不良，如有应该予以更换。

② 如果焊丝给送滚轮调节不当，压紧力不够，应该予以调整。送丝滚轮若磨损严重，应更换新的滚轮。

(11) **故障现象**：当空载时正常，在按"焊接"按钮时却不能引弧，影响焊接工作。

故障分析及处理：正常情况下，按下"焊接"按钮 SB_7 后，中间继电器 KA_3 立即动作，交流接触器 KM 也动作，则焊接电源接通，此时小车发电机 G_2 对电动机 M_3 供电，小车开始行走，送丝发电机 G_1 的他励绕组 W_1 有电，焊丝反抽引弧。

由此可见，电焊机启动后不起弧的主要原因是，焊接回路未接通，电源电压太低或程控电路出故障等原因。

① 使电焊机断电后，用万用表电阻挡检查："启动"开关 SB_7，即按下"启动"开关后测量是否接触不良或有断路，如有故障，应检修或更换新按钮。

② 检查中间断电器 KA_3 是否有故障，若有故障应检修或更换新件。

③ 检查交流接触器 KM 是否有故障，若有故障应检修更换新件。

④ 检查焊丝与工件是否预先"短路"接触不良，例如，工件锈蚀层太厚、焊丝与工件间有焊剂或脏物等，应该清除污物，使焊丝与工件间保持轻微的良好接触。

⑤ 检查地线焊接电缆与工件是否接触不良，应该使之接触牢靠。

⑥ 用万用表交流电压挡测量焊接变压器的一次绕组是否有电压输入，如果没有电压输入，就是供电线路有问题，或交流接触器 KM 接触不良，应该予以检修。如果一次绕组有电压输入，再测量二次绕组是否有电压输出，若无电压输出，说明焊接变压器已损坏，应检修焊接变压器。

(12) **故障现象**：电焊机启动后焊丝末端周期地与工件"粘住"或常常断弧。

故障分析：① "粘住"是因为电压太低，焊接电流太小或网络电压太低。

② 常常断弧是因电弧电压太高，焊接电流太大或网络电压太高。

处理方法：① 检查电源电压，减少电弧电压或焊接电流。

② 检查电源电压，增加电弧电压或焊接电流。

(13) **故障现象**：合上设备电源的开关，此时电源风扇电动机旋转，再送上小车行走开关后，此时小车电动机不转。

故障分析及处理：该设备在正常情况下，当合上设备电源开关时，异步电动机 M_3 开始旋转，带动小车发电机 G_2 的转子旋转。控制变压器 TC_2 获得输入电压，对整流器 UR_1 供电，整流器对小车直流电动机 M_2 的励磁绕组 W_7 供电，并且通过电位器 RP_1 给予小车发电机 G_2 的他励绕组 W_5 供电，发电机 G_2 得到励磁则发电。这时把单刀开关 SA_2 投到空载位置，并合上小车离合器，拨转控制盒上的转换开关 SA_1 向左或向右位置，小车便开始移动。

若是异步电动机 M_3 旋转，小车发电机 G_2 不发电，应该进行下列检查。

① 检查异步电动机 M_3 的输出轴与小车发电机 G_2 连接的联轴器、轴及键是否损坏，有故障应进行修理。

② 检查小车发电机 G_2 他励绕组 W_5 是否有电压，可用万用表的直流电压挡，检查 W_5 是否有电压输入，若有输入，证明绕组 W_5 正常。若无电压，检查电位器 RP_1 是否有断线或接触不良。

③ 检查整流器 UR_1 是否有交流输入及直流输出，若有输入，而没有正常的直流输出，证明整流器坏了。若没有输入，再向前检查线路，如有整流器元件损坏，应更换同规格型号的新元件。

④ 检查控制变压器 T_2 是否正常工作，用电压表检查 T_2 是否有电压输入，若没有电压输入，证明 T_2 的进线接触不良或断线，若有输入而没有电压输出，证明变压器 T_2 已坏，应修理或更换。

⑤ 若是小车发电机 G_2 正常，应进行下列检查：

检查小车控制盒上的单刀开关 SA_2 合上后是否接触良好，如有故障就更换；检查转换开关 SA_1 是否损坏，如有损坏应换新件；检查小车电动机 M_3 绕组是否断线，电刷与换向器是否接触不良，他励绕组 W_7 是否断线或接触不良，若有故障，应及时检修。

(14) **故障现象**：在电焊机送电后，发现焊接小车速度不能调节。

故障分析及处理：焊接小车拖动电路是由发电机 G_2 与电动机 M_2 组成的。发电机 G_2 的电枢由异步电动机 M_3 带动旋转，有一个串励绕组 W_6 和他励绕组 W_5，通过调节电位器 RP_1 改变 W_5 的励磁电压，从而改变了发电机 G_2 的电压，调节了小车电动机 M_2 的速度。

电焊机出现了小车速度不能调节的故障，原因就是电位器 RP_1 坏了。RP_1 是线绕式电位器，出故障有两种情况：一是电阻丝断了，二是触点与绕线接触不良。如果是电阻丝断了，应换新的电阻丝，如果是接触不良，是触点与绕线接触太松或不接触，应紧固螺钉，如果仍接触不良，应把活动滑块的压板弹簧用钳子弯一下，使其接触良好或者更换新的电位器。

(15) **故障现象**：在使用过程中，按"焊接"按钮后小车不动作。

故障分析及处理：在正常情况下，把控制盒上的单刀开关 SA_2 打到焊接位置，把转换开关 SA_1 指向小车前进方向，挂上离合器，按"焊接"按钮 SB_7，中间继电器 KA_3 的绕组得电，触点动作，此时，电动机 M_2 得电后转动，小车开始运行。此时，按"焊接"按钮后小车不动作，则说明故障在按动"焊接"按钮后的继电器 KA_3 和接触器 KM 电路里，应逐步进行仔细检查确定故障位置。

在检修（试验）时按着"焊接"按钮 SB_7 不放，看一下中间继电器 KA_3 是否动作。若不动作，首先检查按钮 SB_7 和 SB_8 是否接触不良或接线断路，再检查多芯控制电缆及接插件是否断线或接触不良，此处有故障应先排除，若无故障应继续检查。

若中间继电器 KA_3 动作，则先检查交流接触器 KM 是否动作。若 KM 动作，但小车仍不走，则是因为 KM 的常开触点 KM_{-4} 闭合不良所致，应该断电打磨该触点，使之良好接触。若 KM 不动作，先检查中间继电器 KA_3 的常开头 KA_{3-1} 和 KA_{3-2} 是否接触不良或接线断开，应予以修复，修复不好的应更换新的。

(16) MZ-1000 型交流埋弧电焊机能否改成直流埋弧焊机。

直流埋弧焊机和交流埋弧焊机只是使用的弧焊电源的电流种类不同，在电焊机的焊接程序控制上没有差别，所以交流埋弧焊机稍加改制就可以变为直流埋弧焊机。

按图 5-2 可将原交流埋弧焊机进行以下部分改制：去掉交流弧焊变压器，改用直流弧焊发电机组，直流弧焊发电机的三相输入单独直接接电网；把交流电流表、电压表换成直流电流表和电压表；把电流互感器换成分流器；把直流弧焊发电机的一个电极连接交流接触器的触点。完成以上的改动后，可进行供电的空载调试，合格后应进行试焊，完全达到要求后再投入正常使用。如果使用的电流较大，超过一台直流弧焊发电机的负荷时，应两台直流弧焊发电机并联使用。

(17) **故障现象**：导电嘴末端随焊丝一起熔化。

故障分析：① 电弧太长或焊丝伸出长度太短。

② 焊丝送进和焊接小车皆已停止，电弧仍在燃烧。

③ 焊接电流太大。

故障处理：① 增加焊丝供给速度或焊丝伸出长度。

② 检查焊丝和焊车停止原因。

③ 减小焊接电流。

5.5.2 MZ1-1000 型交流自动埋弧焊机常见故障分析及处理（图 5-3）

(1) **故障现象**：电焊机在接入电源后，此时空载电压和空调焊丝上下均正常，欲焊接时，按下"焊接"按钮后听到了控制箱内的接触器吸合响声，小车电动机也转动了，焊丝也向上抽，就是不起弧，无法工作。

故障分析：电焊机正常情况下，焊接电弧引弧过程是：在手按下按钮 SB_3 没松开时，SB_3 第一层钮（SB_{3-1}）接通继电器 KA_3，它的第一个触点 KA_{3-1} 自锁；第二个触点 KA_{3-2} 为焊丝的正常送丝电路做准备；第三个触点 KA_{3-3} 闭合，使接触器 KM 电路接通。KM 的主触点接通弧焊电源变压器 T，它的辅助触点 KM_5 闭合，使继电器 KA_1 经过按钮 SB_3 第一层而接入电路，这时 KA_{1-1}、KA_{1-2} 接通三相电动机 M 反抽电路，于是引起电弧。所以，电弧是在操作者手按着启动按钮 SB_3 过程中产生的，这个过程很短，大约 1s，操作者听到起弧声后，手一松开，按钮 SB_3 复位，其第一层钮（SB_{3-1}）断开，而使继电器 KA_1 断开，电动机 M 停止反抽，SB_3 的第二层钮（SB_{3-2}）闭合后，使继电器 KA_2 接通供电，KA_{2-1}、KA_{2-2} 接通 M 电路，使 M 正转送丝，维持电弧燃烧。此时，电动机的另一端轴带动小车行走，进入正常的焊接过程。

此时电焊机的控制系统是正常的。按下 SB_3 钮而不起电弧，是焊接电路预先没有接通。有下列原因之一就引不起电弧。

焊接前，焊丝与焊件间没有形成真正的短路接触。焊接地线电缆端头没有与工件接好。接触器 KM 的主触点 KM_{-1}、KM_{-2} 因打弧而烧短路，在其闭合时，使弧焊电源变压器 T 的一次侧没有接通，熔断器 FU 已经熔断，使电源没接入电网；弧焊电源的输出端有电缆线掉线或螺钉不紧，致使接触不良。

故障处理：焊前工件表面要除去污垢，将焊丝与焊件调整到轻微接触并可靠短路；焊接地线与焊件要使用地线夹子，夹紧夹实，形成可靠接触；电焊机电源输出端，要保证可靠紧密连接，不准使用铁螺栓，以确保接触良好；检查熔断器的熔丝，使容量合适；检查接触器的主触点，发现触点烧坏时，应更换主触点或更换整个接触器。

（2）**故障现象**：在电焊机空载时按动"焊丝向下"按钮时，电动机不转，焊丝没有动作。

故障分析：在正常情况下，当按动"焊丝向下"按钮 SB_1 时，它将三相电动机 M 正向转动的是电路接通，焊丝向下送进。电焊机出现按下 SB_1 钮而焊丝不送的故障，应沿电路查找：用表测量三相电网电压是否异常，然后检查刀开关 QK_1 合上时输出端是否有电压，最后查验熔断器 FU_1 的熔丝有否烧断。检查三相变压器 TC 是否正常。用电压表测三相输出电压是否平衡，是否有缺相，TC 的二次电压是否符合电焊机说明书的性能要求，检查继电器 KA_2，只将刀开关 QK_1 合上，手握旋具木柄，用前端按动继电器的动铁芯，使触点吸合，观看三相电动机 M 是否转动。若 M 不转动，说明故障在 KA_2 的一对常开触点 KA_{2-1}、KA_{2-2} 上，触点虽动作但并未将电路接通；若电动机 M 转动，说明 KA_2 不吸合。使该继电器绕组不吸合的原因很多，应逐一检查：

① KA_2 的绕组内部断线，用万用表电阻挡可测出；

② 按钮 SB_1 的第一层触点按动时是否未接通电路，用万用表电阻挡可测出。

③ 按钮 SB_3 的第一层触点、KM_3 的常闭触点和继电器 KA_1 的常闭触点 KA_{1-3}，是否在常闭状态时都可靠地接通电路，用万用表的电阻挡可测出。

④ 该电路的连接导线和各连接点是否有断头或掉头故障，也可用万用表的电阻挡测量出。

检查三相电动机 M，也有可能是控制电路无故障，而是三相电动机绕组烧毁或接线处断线、掉头所致。

故障处理：若电动机接线掉头，接牢便可；若电机烧了，应拆下来重新绕制修理；中间继电器的触点故障，可打磨触点，去除污垢；继电器绕组断线，可购新绕组换上，或更换新继电器；按钮的故障，应更换同型号的新按钮；变压器的故障，可检修或更换新的变压器；

熔断器的熔丝烧断，应更换合适容量的新熔丝。

（3）**故障现象**：电焊机按动"焊丝向下"按钮，焊丝能向下送进，但是按"焊丝向上"按钮时，电动机不转，焊丝不能向上抽。

故障分析：电焊机在按 SB_1 钮时，焊丝能正常向下输送，说明焊丝的拖动三相电动机 M 无故障，电动机的减速箱正常。

由图 5-3 可知，在正常情况下，当按动 SB_2 钮时，继电器 KA_1 的绕组电路被接通，其一对常开触点 KA_{1-1}、KA_{1-2} 闭合，三相电动机 M 反转，使焊丝向上抽。现在，按 SB_2 时焊丝不上抽，应做以下检查：

① 检查按钮 SB_2 第二层钮（SB_{2-2}）按动时触点接通的可靠性，用万用表电阻挡可检测；

② 测继电器 KA_2 常闭触点 KA_{2-3} 接通的可靠性，用万用表电阻挡测定；

③ 检测继电器 KA_1 的动作可靠性，继电器 KA_1 的绕组是否有断线处，检测继电器 KA_1 的常开触点 KA_{1-1}、KA_{1-2} 闭合时的可靠性，可用万用表的电阻挡检测；

④ 检查该电路的连接导线及接头是否有断头处。

故障处理：发现双层按钮有故障时，应按原规格型号换新件。对于继电器触点的接触不良，可用砂纸打磨触点，或校正一下触点的变形。对于绕组断线故障，则应按原规格更换新绕组。如果检修后仍不好用，应更换新继电器；电路导线的故障，应更换新线并可靠地接牢。

（4）**故障现象**：MZ1-1000 型埋弧自动焊机使用时按下"焊接"按钮后电焊机内接触器没有动作，不能起弧焊接。

故障分析：从图 5-3 可以看出，在正常情况下，合上电焊机刀开关 QK、QK_1 以后，按动 SB_3 钮时，中间继电器 KA_3 吸合，其常开触点 KA_{3-3} 闭合，而使交流接触器 KM 吸合，电焊机发出"咔"的吸合响声，同时继电器 KA_1 吸合，焊丝反抽而起弧，当松开 SB_3 钮时，第一层 SB_{3-1} 断开，其第二层 SB_{3-2} 合上，使得继电器 KA_1 断电，KA_{1-1} 和 KA_{1-2} 复位使电动机 M 停止反抽焊丝；与此同时，SB_3 钮的第二层 SB_{3-2} 的复位使继电器 KA_2 得电，KA_{2-1} 和 KA_{2-2} 闭合，使电动机 M 正向旋转变为送丝，于是开始正常焊接。

现在该电焊机故障是由于接触器 KM 未吸合，所以不能焊接。查找故障应从接触器 KM 着手，导致 KM 未吸合的原因可能有：

① 接 KM 两相电源的熔断器的熔丝烧断；

② 接触器 KM 的绕组烧毁，接线掉头或螺钉松脱；

③ 继电器 KA_3 的触点 KA_{3-3} 失灵；

④ 继电器 KA_3 的绕组烧毁，所以致使 KM 未动作；

⑤ 按钮 SB_3 的动合触点接触不良，造成假闭合，致使 KA_3 不动作，而 KM 也无法动作了；

⑥ 按钮 SB_2 的动断触点失灵，常闭状态并未真正地接通电路所致；

⑦ 接触器 KM 的常闭辅助触点 KM_{-4} 失灵，并未真正闭合电路，使 KA_3 未接通，致使 KM 不能动作；

⑧ KM 绕组电路和 KA_3 绕组电路的导线接头松脱、断线、掉头等都能使电路断路，电路不能导通；

⑨ 控制变压器 TC 故障可使 1、2 两点无电压，也会使继电器 KA_3 不动作，致使 KM 不能动作。

故障处理：

故障①时应更换熔断器的熔丝，故障便可排除。

故障②或⑦时，应更换接触器 KM，或只换损坏的绕组或辅助触点即可。

故障③或④时，应更换新的继电器 KA_3 便可。

故障⑤、⑥时，应更换新的按钮。

故障⑧时，应更换断头的导线，或将掉头、松脱的接头接好焊牢。

故障⑨时，即控制变压器 TC 绕组烧断，应重新绕制绕组并浸漆，故障便可排除。

第6章 硅整流（晶体管）弧焊机检修

6.1 硅整流弧焊机基本原理及结构

6.1.1 ZXG7-300-1型弧焊整流器工作原理

整流器的电气原理见图6-1；可控硅电流调节器的电气原理见图6-2。

整流器由下列几个部分组成：焊接变压器-饱和电抗器组；硅整流器组；可控硅电流调节器；通风机；与控制线路有关的电气元件，包括转换开关、继电器、机架。

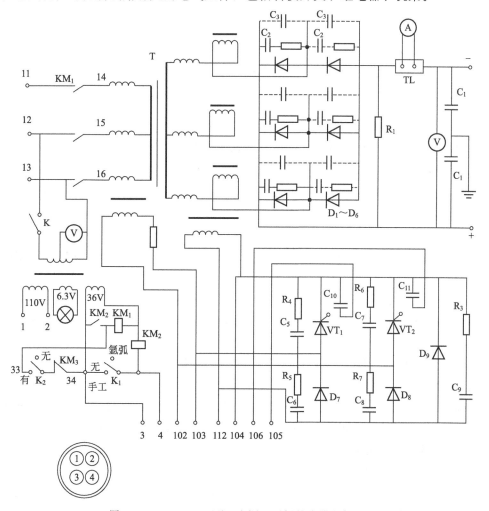

图6-1 ZXG7-300-1型（电源）弧焊整流器电气原理

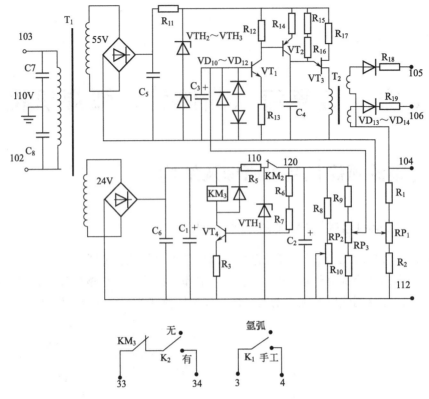

图 6-2 可控硅电流调节器电气原理

(1) 各主要部分的结构、性能

① 焊接变压器-饱和电抗器组：焊接变压器为三相变压器，变压器的次级绕组端部较长，伸放在饱和电抗器的铁芯中，成为电抗器的工作绕组之一，饱和电抗器具有垂直的外特性，因而焊接电流非常稳定，调节电抗器控制绕组中的控制电流，即可改变电抗器的输出特性，获得电流调节。由于利用变压器次级绕组的一部分，从而节约了材料，降低了重量并压缩了体积。

② 硅整流器组：硅整流器组由 250V、200A 硅六个整流元件组成，连接成三相桥式全波整流回路。

③ 可控硅电流调节器：可控硅电流调节器制成一个独立部件，装在面板上，必要是可以取出，便于检修，调节器上装有电流衰减开关及手工焊转换开关，衰减时间细调旋钮和焊接电流调节旋钮。

④ 通风机：通风机是由一单相 220V、1400r/min 的电动机拖动，指示灯亮，说明机器可以正常工作。

⑤ 机架：机架是由扇钢焊接而成，下面有四个滚轮，机随架的顶部设有电源开关、焊接电流调节旋钮、衰减时间调节开关旋钮以及指示灯、电流表、电压表，后面的下方设有交流输入电源的接线板连接氩弧焊控制的插头。

见图 6-1、图 6-2。整流器使用时，接通电源，将电源开关 K 放到"通"位置，接通辅助变压器，同时，接通通风机，指示灯亮。在氩弧焊时，将焊接转换开关可控硅电流调节器中的 K_1 放到"氩弧焊"位置。按下焊接手把上的开关，使接点 3、4 接通，继电器 KM_2

得电，使交流接触器 KM_1 接通，整流器工作。

当需要电流衰减时，将可控硅电流调节器中的电流衰减开关 K_2 开到"有"的位置，使 KM_3 串接在 KM_1 回路中，焊接结束时，松开手把上的开关，继电器 KM_2 断开。此时由于交流接触器 KM_1 通过 KM_3 仍然接通，故焊接电流继续维持。同时 KM_2 断开，使可控硅电流调节其中的接点 110、120 断开，控制电流信号通过电容器 C_2 放电来供给，使焊接电流随着控制电流因放电的逐渐减少而逐步衰减，至电流衰减时间后才释放，切断 KM_1，整流器恢复到准备工作状态。

电流衰减时间的细节调节，转动衰减时间的旋钮，改变电容 C_2 的放电阻 RP_2 来达到。

转动焊接电流调节旋钮，改变电位器 RP_3 的电阻值，改变可控硅电流调节器的输出电压，即可获得焊接电流的调节。

当整流器单独用作手工电焊时，将焊接转换开关 K_1，放到"手工焊"位置。

整流器的辅助变压器设有 110V 的辅助电源输出。整流器的输出特性是垂直下降时，故整流器不能出现过负载的情况，因此，整流器无过载保护装置，为了防止瞬变过电压抑制保护。

（2）用途

ZXG7-300-1 型弧焊整流器系列直流垂直下降性焊接电源，主要为了不熔化电极氩弧焊接电源；用于焊接钢、不锈钢等材料，亦可作手工电弧电源。为了满足焊接工艺要求，整流器具有下列特点：

① 具有垂直下降的外特性，焊接电流稳定；
② 采用变压器和电抗器相结合式结构，体积小，重量轻；
③ 焊接电流采用无级调节，调节方便；
④ 具体电流衰减装置，适应环缝及闭合焊缝焊接的需要；
⑤ 控制电流设有稳定装置，输出电流稳定；
⑥ 采用硅整流元件，具有使用维护简单，动特性好、噪声小、效率高、寿命长、对潮湿、环境温度和化学气体不敏感等特点。

（3）结构与特点

整流器的主回路由三相焊接变压器-饱和电抗器组及硅整流元件组成。控制电流由可控硅电流调节器供给，整流器为自行通风扇冷式，下有四个滚轮供移动。

整流器设有冲击电压保护装置，并设有轴流风机，以保证在通风冷却的条件下可靠地工作。

可控硅电流调节器设有控制电压稳定装置，以保证控制电流的稳定，保持输出电流稳定，并设有电流衰减装置，以适应环境及闭合焊缝焊接的需要。

6.1.2 动圈变压器式（ZXG1-160）硅整流弧焊机基本原理

动圈式弧焊整流器是一种手工焊接弧焊整流器，主要产品型号为 ZXG1-160。电气原理如图 6-3 所示，其主要组成部分有三相动圈式变压器、硅整流器组和浪涌装置。在三相动铁式、动绕组式弧焊变压器的输出端，接入硅整流器就成为动铁式、动绕组式硅整流器。均可无级调节，但无功功率所占比例较大，功率因数 $\cos\varphi$ 一般只有 0.5～0.65，不能遥控，没有网络电压补偿，外特性为缓降特性。

图中虚线部分是浪涌电路，是动绕组式硅弧焊整流器的辅助电路，它的电源是由整流变

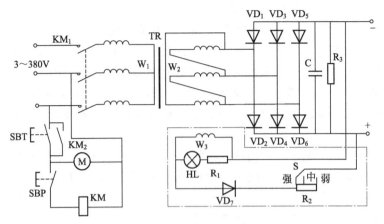

图 6-3　ZXG1-160 型硅弧焊整流器电路图

压器的二次绕组 W_3 单独供电，电压为 14V，经二极管 VD_7 半波整流，再经转换开关 S 分挡（强、中、弱），与限流电阻 R_2 串联后再与焊机主电路输出的同名端相并联，然后向焊接电弧供电。

由此可见，使用动绕组式硅整流器弧焊机焊接时，焊接电流是由空载电压 71.5V 的主电路和整流后电压 6.3V 的浪涌电路两个电路同时供电。由于浪涌电压低于电弧电压，更低于空载电压，因此在焊机的空载状态和电弧燃烧（焊接）时浪涌电路不向外输出；而在焊接引弧或焊接过程的熔滴过渡时，由于电弧电路处于短路（或接近于零），低于浪涌电路电压，浪涌电路工作，即向外输出电流。因此，凡是焊接引弧或熔滴短路过渡时，便产生浪涌电流，以加快引弧和熔滴短路过程，而电弧正常燃烧时，浪涌电路便停止工作。可见浪涌电路在此焊机里对引弧和稳弧是有加强作用的，尤其是在小电流焊接时。

低于浪涌电压，故其闭锁不起作用，只有当电弧间隙短路时，浪涌装置就送出瞬时浪涌电流，一旦熔滴消散，浪涌电流也就停止，由此可知，浪涌电流主要是增加熔滴过渡的推力，使焊接过程稳定。电容 C 用于抑制瞬时过电压峰值，起保护硅元件 $VD_1 \sim VD_6$ 的作用，电阻 R_3 用于防止电容 C 与电路电感发生振荡。此种整流器具有较大的内部漏抗，故具有陡降的外特性。

动圈式弧焊整流器与磁放大器式相比，其优点是结构及电路简单，不需输出电抗器，节省材料，重量轻，电流冲击小，焊接电流的冷热态变化小。缺点是由于有可动部分，使用时难免会有振动和噪声，并且不能补偿电网电压波动对焊接电流的影响，此外，也难实现焊接电流的远距离调节，故仅使用于近距离操作的手工焊条电弧焊或手工钨极氩弧焊。

还有一种增强漏磁式弧焊整流器，即动铁式弧焊整流器，它由三相动铁分磁式变压器、整流器及输出电抗器组成。其活动铁芯的作用与动铁弧焊变压器相同，即增大一次绕组与二次绕组之间的漏磁。此种类型的整流器生产数量不多，因为它存在着三相电流不平衡、振动和噪声大等问题。

6.1.3　电磁调节型（ZXG-300）硅弧焊整流器电焊机原理

ZXG-300 硅弧焊整流器，由三相降压变压器、磁放大器、硅整流器组、输出电抗器、控制绕组、稳压装置、通风机组、过电压保护装置、接触器和底架与箱壳等组成。

在整流变压器和硅整流器之间加入饱和电抗器（磁放大器），用来获得所需的外特性。

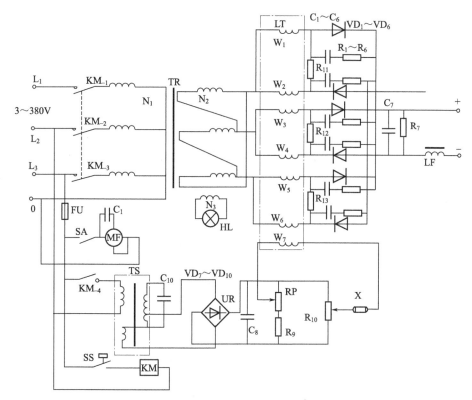

图 6-4 ZXG-300 型弧焊整流器电路原理图

ZXG-300 型等类焊机，就是这类磁放大器式弧焊整流器电焊机，其电路原理如图 6-4 所示。

图 6-4 中三相磁放大器是控制焊接时所需的下降外特性，调节焊接时所需电流的大小。磁放大器全称叫内桥内反馈六元件三相磁放大器，它由六只饱和电抗器与六只硅整流管组成。每只交流绕组分别串接一只硅整流管，每相上的两只交流绕组之间有电阻 R_{11}、R_{12}、R_{13} 连接，起内负反馈作用，故它属于部分内反馈磁放大器。每相上的两个交流绕组接成反向串联，使内反馈电流所产生的磁通与直流控制绕组产生的磁通在直流控制绕组内产生的感应电势的总和等于零，直流绕组仅一个。这种电焊机的下降外特性是靠内桥的负反馈作用获得的，内桥电阻越小，负反馈的削弱作用就越显著，外特性曲线就越陡。

输出电抗器是一个串接在焊接回路内的有气隙的铁芯电抗器。有滤波作用，主要作用是改善输出电流的脉动程度，使焊机的动特性得到改善，电弧能稳定燃烧，抑制冲击电流的产生，减少焊条金属的飞溅和弧飘现象。

控制电路中，为减少网络电压波动对焊接电流的影响，采用铁磁谐振式稳压器，确保控制电路的稳定，从而保证了焊接电流的通过，磁放大器 LT 的电抗压降等于零，故空载电压为三相整流后的整流变压器的二次电压，电压较高，便于引弧。

焊接工作时，由于磁放大器 LT 内桥电阻的存在，工作绕组中有交流分量通过，使它得到较大的电抗压降，随焊接电流的不断增加，电抗压降也随着不断增加，因此获得下降外特性。

焊机短路时，由于短路电流很大，磁放大器通过的交流分量急剧增加，工作绕组产生的电抗压降使电弧电压也急剧下降，接近于零，限制了短路电流。

焊接电流是依靠面板上的焊接电流控制器 R_{10} 来调节的，调节 R_{10} 可改变磁放大器控制绕组中励磁电流的大小，改变铁芯中磁饱和程度及电抗压降，使焊接电流得到了调节。

6.1.4　ZXG-1500 型硅整流器式直流电焊机原理

ZXG-1500 型弧焊整流器是具有陡降电压特性的焊机，主要作为在焊剂层下进行自动埋弧焊的焊接电源，特别是作为铝制焊件应用比较多。整流器采用三相磁放大器线路，具有维护简单、工作可靠、噪声小、效率高、体积小、使用寿命长等优点。

如图 6-5 所示 ZXG-1500 型弧焊整流器由三相降压变压器、内桥内反馈六元件三相磁放大器、输出电抗器、通风机组、底架与箱壳等组成。三相降压变压器一次线圈在内，二次线圈在外，接法为 YN d，将电网电压降至焊接所需要电压值。内桥内反馈六元件三相磁放大器用于控制焊接所需的陡降特性及调节焊接电流大小，它是本焊机的主要部件，此磁放大器

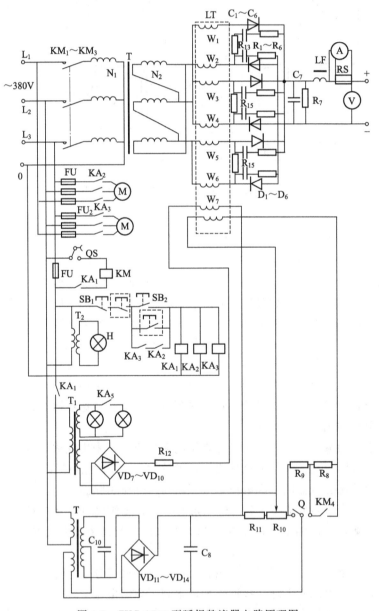

图 6-5　ZXG-1500 型弧焊整流器电路原理图

由六只饱和电抗器与六只硅整流器组成，每个放大元件都串联一只整流器，组成内桥内反馈六元件三相磁放大器。硅整流器采用 2CZ 型大电流硅整流元件。输出电抗器为一只带有气隙的铁芯式电抗器，串联于焊接回路内，其作用是为了进一步减小输出电流的脉动程度，使经硅整流器整流后的直流电流更趋平直，同时还能改善焊机的动特性，减少金属飞溅，并使焊接电弧稳定。

焊机采用螺旋式通风机。鼓风时，风由下部和前面板上的进风窗进入焊机，经过输出电抗器、饱和电抗器、三相变压器、冷却硅整流器组，最后由焊机后面板中部的排风窗外排出。风窗后装一只水银开关，与转动叶片组成风压开关，风扇转动时，叶片受风压转动水银开关，接通电路，风扇停止鼓风时，风压消失，水银开关复位，断开电路，起到了保护硅整流元件及其他电气部件的作用。

（1）启动及停止

将电源引入整流器的接线端，"电源"指示灯即亮，整流器处于准备工作的状态，按启动按钮 SB_2，通风机开始运转，当转向正确、风量满足时，风压开关接通，使继电器 KA_1 接通，然后接触器 KM 接通，整流器接入电网，进入工作状态，"焊接"指示灯亮。

停止工作时，按停止按钮，接触器立即断开，整流器停止工作。

（2）电流调节

整流器上设有电流调节旋钮及粗、细调旋钮开关，实现两挡调节，微调是通过电流调节旋钮改变瓷盘电阻器 R_{10} 的电阻值，从而改变了饱和电抗器中控制绕组的电流大小，达到调节电流的目的。电流的调节可以在面板上进行，同时还可以在台上实现远距离调节。

（3）网路补偿

饱和电抗器的控制电流由稳压器输出并经过整流后供给，基本上不受电网波动的影响，在饱和电抗器中另有一组与控制绕组方向相反的位移绕组，其电流是由一个辅助变压器 T_1 输出，通过电抗器 LF 经整流后供给的，当电网电压波动时，位移绕组中的电流将随着电网电压的波动而大幅度地变动，使总控制安匝数随电网电压的增大而减小做相反地变化。

6.2 弧焊整流器技术数据（表 6-1～表 6-6）

表 6-1 弧焊整流器技术数据（一）

结构形式		磁放大器式								
型号		ZXG-30	ZXG-50	ZXG-100	ZXG-120	ZXG-120-1	ZXG-200	ZXG-200N	ZXG-300	ZXG-300N
输出	额定焊接电流/A	30	50	100	120	120	200	200	300	300
	焊接电流调节范围/A	2～30	5～50	5～100	7～120	5～140	10～200	15～200	15～300 50～376	30～300
	空载电压/V	80	120	80		40～70	70	70	70	70
	工作电压/V	12	22～40	20	25	20～26	25～30	16～25	25～30 30	16.5～30
	额定负载持续率/%	60	60	60	60	60	60	60	60 60	60
	各负载持续率时焊接电流/A	100%	23		77.5	93	93	155	155	230 232	230
		额定负载持续率	30		100	120	120	200	200	300 300	300

续表

结构形式		磁放大器式									
型号		ZXG-30	ZXG-50	ZXG-100	ZXG-120	ZXG-120-1	ZXG-200	ZXG-200N	ZXG-300		ZXG-300N
输入	电源电压/V	380	380	380	380	380	380	380	380	380	380
	电源相数	3	3	3	3	3	3	3	3	3	3
	频率/Hz	50	50	50	50	50	50	50	50	50	50
	额定电流/A	2.08		7.58		12	23.6	26.3	32	39	32
	额定容量/kV·A	1.36	5.14	5	8.05	9	15.55	15.55	21	25.7	21
功率因数					0.6						
焊机效率/%		50			62.3	65					
质量/kg		34	65	65	380	180	170	170	220	262	220
外形尺寸(长×宽×高)/mm		520	575	575	750	530	560	575	600		600
		250	280	280	650	355	410	410	440		440
		390	450	450	1050	820	820	825	940		940
用途		作为小电流钨氩弧焊电源,也可作为手弧焊电源					主要作为钨极氩弧焊电源,也可作为手弧焊电源				

表6-2 弧焊整流器技术数据(二)

结构形式		磁放大器式									ZXG2-30		ZXG2-100
型号		ZXG-300R	ZXG-400	ZXG-500	ZXG-500R	ZXG-1000	ZXG-1000R	ZXG-1500	ZXG-1600	ZXG-2000	维弧	焊接	
输出	额定焊接电流/A	300	400	500	500	1000	1000	1500	1600	2000	2	30	100
	焊接电流调节范围/A	30~300	40~480 (46~570)	25~500	40~500	250~1200	100~1000	200~2000	160~1600	200~2000	2	1~30	40~100
	空载电压/V	70	80 (65~83)	70	70~80	95	90/80	80	90/80	90/80	135	75	350
	工作电压/V	25~30	22~39	20~40	25~40		25~45	40	30~45	30~45		25	150
	额定负载持续率/%	60	60	60	60	60	80	60	100	60		60	60
各负载持续率时焊接电流/A	100%	194	310	387	315		890	1500	1600	1550		23	100
	额定负载持续率	300	400	500	500	1000	1000	2000		2000	2	30	13
	额定输出功率/kW												
输入	电源电压/V	380	380	380	380	380	380	380	380	380		380	380
	电源相数	3	3	3	3	2	3	3	3	3		3	3
	频率/Hz	50	50	50	50	50	50	50	50	50		50	50
	额定电流/A	29.6	53(44)	58	53.8	150	152	248	243	304		4.28	38
	额定容量/kV·A	21	34.9(29)	38	38	98	100	163	160	200		2.82	
焊机效率/%			80										
质量/kg		240	330(250)	325	360		800	1250	1600	1200		44	750
外形尺寸(长×宽×高)/mm		690	690(565)	650	760	1005	910	1360	1360	1360		520	472
		440	490(540)	500	520	695	700	800	850	850		250	545
		900	952(890)	1020	1000	1290	1200	1450	1450	1450		390	
用途		主要作为钨极氩弧焊电源,也可作为手弧焊电源	手弧焊电源,也可作为钨极氩弧焊、埋弧焊、碳弧气刨用电源			主要作为自动埋弧焊电源,也可作为气体保护焊、碳弧气刨电源					小电流等离子弧焊接电源		等离子弧切割电源

表6-3 弧焊整流器技术数据（三）

结构形式		磁放大器式									
型号		ZXG2-150N	ZXG2-400-1	ZXG7-300	ZXG7-300-1	ZXG7-500	ZXG7-500-1	ZPG-1500	ZPG1-500-1	ZPG2-400	ZXG2-500
输出	额定焊接电流/A	150	400	300	300	500	500	1500	500	400	500
	焊接电流调节范围/A	10～150	100～500	20～300	20～300	50～500	50～500	200～2000	35～500		60～500
	空载电压/V	140	300/180	72	72	80	80	85	75		65
	工作电压/V	50～60	160/50	25～30	25～30	25～40	25～40	40	15～42	18～36	20～40
	额定负载持续率/%	60	60	60	60	60	80	60	60	60	60
	各负载持续率时焊接电流/A 100%	115		230	230	385	450	1500	400	310	385
	额定负载持续率	150		300	300	500	500	2000	500	400	500
	额定输出功率/kW		64	9	9	20	20		21	13.6kV·A	20
输入	电源电压/V	380	380	380	380	380	380	380	380	380	380
	电源相数	3	3	3	3	3	3	3	3	3	3
	频率/Hz	50	50	50	50	50	50	50	50	50	50
	额定电流/A	32				63.5	63.5	248	56	45	51.7
	额定容量/kV·A	21	130	25	23	45	45	163	37	29.7	34
	功率因数			0.57	0.57	0.67	0.64			0.55	0.7
	焊机效率/%			68	68	70	70		88		84
	质量/kg	220	1350	210	200	320	320	1250	450	310	485
	外形尺寸（长×宽×高）/mm	600/440/940	1350/745/1610	420/6000/790	410/600/790	492/650/1130	492/650/1130	1360/800/1450	1180/840/656	730/560/1120	120/635/930
	用途	等离子弧粉末堆焊的电源	等离子切割、堆焊、喷涂等	手弧焊电源	手弧焊电源	主要作为钨极氩弧焊可作为手弧焊电源	手弧焊电源，也可作为埋弧自动焊电源	熔化极自动半自动CO_2气体保护焊电源	粗丝CO_2气体保护焊自动焊电源	熔化极气体保护焊电源	熔化极自动、半自动气体保护焊电源

表6-4 弧焊整流器技术数据（四）

结构形式		晶闸管					脉冲式		
型号		ZDK-160	ZDK-250	ZDK-500	ZX6-250	ZX6-400	ZPG3-200	ZPG8-500	ZXG-250-1
输出	额定焊接电流/A	160	250	500	250	400	脉冲:200（100Hz全波平均值）基本:10～80	500	250
	焊接电流调节范围/A	10～195	15～300	50～600	25～250	40～400			20～300
	空载电压/V	78		78	55	60	基本:75	65	90
	工作电压/V	16～27	16～30	40	21～30	21～36	脉冲:20～40（交流有效值）基本:30		9～14（氩弧焊）
	额定负载持续率/%	60	60	80	60	60	60	60	60
	各负载持续率时焊接电流/A 100%								194
	额定负载持续率								250
	额定输出功率/kW	7.6	14.5	34				20	

续表

结构形式		晶闸管				脉冲式		
型号		ZDK-160	ZDK-250	ZDK-500	ZX6-250	ZX6-400	ZPG3-200	ZPG8-500	ZXG-250-1
输入	电源电压/V	380	380	380	380	380	380	380	380
	电源相数	3	3	3	3	3	基本:3 脉冲:单	3	3(四线)
	频率/Hz	50	50	50			50	50	50
	额定电流/A	11.5	18	49			47		27
	额定容量/kV·A	9.4	14.5	36.4	14	24	11.2	37	17.5
	功率因数	0.54	0.94	0.96	0.75	0.75			
	焊机效率/%	95	96	97	0.7	0			
	质量/kg	195	280	350	150	200	385		275
外形尺寸 (长×宽×高)/mm		860	900	940	780	1000	715	580	820
		530	570	540	400	530	555	880	550
		195	930	1000	440	440	1130	1070	1220
用途		手工弧焊电源、气体保护焊及等离子弧焊电源		手弧焊、CO_2气体保护焊、等离子焊、埋弧焊等电源	手弧焊电源		熔化极自动、半自动脉冲氩弧焊电源	脉冲自动氩弧焊电源	主要作为钨极氩弧焊电源

表 6-5 弧焊整流器技术数据（五）

结构形式			磁放大器式			动圈式					
型号			ZPG7-1000	ZDG-500-1	ZDG-1000R	ZXG1-160-1	ZXG1-160	ZXG1-250	ZXG1-300	ZXG1-400	ZXG1-500	ZXG6-160
输出	额定焊接电流/A		1000	500	1000	160	160	250	300	400	500	160
	焊接电流调节范围/A		200~1000	50~500	100~1000	40~192	40~192	63~300	60~360	100~480	100~600	35~200
	空载电压/V		70~90	68	90/80	60~65	71.5	74.5	70~80	71.5	72~81	65
	工作电压/V		下28~44 平30~50	平15~40	24~44	22~28	22~28	22~32	23~35	24~39	24~44	22~28
	额定负载持续率/%		100	60	80	60	60	60	60	60	60	60
	各负载持续率时焊接电流/A	100%			895	124	124	195	231	310	387	124
		额定负载持续率	1000		1000	160	160	200	300	400	500	160
	额定输出功率/kW		50kV·A	20			4.2	7.5				
输入	电源电压/V		380	380	380	380	380	380	380	380	380	380
	电源相数		3	3	3	3	3	3	3	3	3	3
	频率/Hz		50	50	50	50	50	50	50	50	50	50
	额定电流/A		152		152	15.5	16.8	26.3	36	42	61	16.4
	额定容量/kV·A		100	37	100	10.6	11	17.3	24	27.8	40	11.2
	功率因数		0.63			0.73	0.7	0.72	0.64			0.53
	焊机效率/%		80			54	55	60				75
	质量/kg		800	550	800	68	138	182	200	238	280	120
外形尺寸 (长×宽×高)/mm			950	660	910	410	595	635	650	685	710	650
			650	945	700	470	480	530	525	570	590	430
			1500	1215	1200	650	970	1030	950	1075	1050	725
用途			粗丝CO_2气体保护焊电源，亦可作埋弧焊电源	熔化极、不熔化极气体保护焊	自动埋弧焊及碳弧气刨电源，亦可作粗、细丝气保焊电源	手弧焊电源	手弧焊电源					手弧焊电源也可作为钨极氩弧焊电源

表 6-6 弧焊整流器技术数据（六）

	结构形式		动圈式	交直流	两用式	抽头式	多站式				高压引弧式
							ZXG-2000		ZPG6-1000		
	型号		ZXG6-300-1	ZXG3-300-1	ZXG9-150	ZPG8-250	焊机本身	附镇定变阻器	焊机本身	附镇定变阻器	ZXG12-165
输出	额定焊接电流/A		300	300	150	250	2000	BPF-300	1000	PZ-3006×300	165
	焊接电流调节范围/A		40～360(50Hz) 35～360(60Hz)	50～300	交流8～180 (25～180) 直流7～160 (20～160)		25～330		15～300		20～200
	空载电压/V		70	80	82	18～36	74	64	70		80
	工作电压/V		22～34		27		68	32	60	30	25～30
	额定负载持续率/%		60	60	40	60	100		100	60	60
	各负载持续率时焊接电流/A	100%	232	230		196	2000		1000		130
		额定负载持续率	300	300		250				300	165
	额定输出功率/kW			9		6.5kV·A			60kV·A		
输入	电源电压/V		380	380	380	380	380		380		380
	电源相数		3	单	单	3	3		3		3
	频率/Hz		50或60	50	50	50	50		50		50
	额定电流/A		33	64	40	15	243		115		13.5
	额定容量/kV·A		21.7	18.6	14	10	150		72		9
功率因数			0.62		0.4	0.81	0.97		0.89		0.85
焊机效率/%			70		60(75)	80	91		86		62
质量/kg			168		150	155	1200	29	400	35	75
外形尺寸(长×宽×高)/mm			680 475 865	1095 665 1255	654 466 722	605 470 905	1180 960 2160	594 470 505	650 690 1170	530 360 710	660 325 530
用途			手弧焊电源也作钨弧焊	直流交流两用不熔极氩弧焊电源	交直流两用电源。并可与专用氩弧焊控制箱配套作为直流氩弧焊机	CO_2气体保护焊电源	可同时供给10～24个焊接岗位的手弧焊电源		可同时供给六个焊接岗位的手弧焊电源		手弧焊电源、同时可对蓄电池进行常规与快速充电

6.3 硅整流弧焊机使用与维护

6.3.1 手工硅弧焊整流器的一般检查试验

（1）一般检查

首先检查外观，紧固件是否牢固，风扇、电流调节装置、滚轮转动是否灵活。

(2) 绝缘电阻测定用 500V 摇表摇测

一次绕组对外壳：1.0MΩ。

二次绕组对外壳：0.5MΩ。

控制回路对外壳：0.5MΩ。

一次与二次绕组之间：1.0MΩ。

(3) 绝缘介电强度

一次绕组对外壳：2000V。

二次绕组对外壳：1000V。

一、二次绕组之间：2000V。

控制回路对外壳：控制回路<50V 时为 500V。

控制回路>50V 时为 2000V。

(4) 匝间绝缘

以 130% 一次电压额定值，历时 5min 试验。

(5) 空载电流

主变压器空载电流不大于额定一次电流的 10%。

(6) 电流调节范围

最小焊接电流应不大于额定焊接电流的 20%，最大焊接电流应不小于额定焊接电流。相应的工作电压为：$U=20+0.04I(V)$。

式中　U——工作电压，V。

　　　I——焊接电流，A。

(7) 一次电流不平衡率

测量额定焊接电流的 20% 及 100% 两点，其不平衡率应小于各相平均值的 10%。

(8) 冲击过电压

不大于整流元件所允许的最高反向电压，在空载情况下，一次绕组接入 420V 电压，连续通断 30 次以上即可。

(9) 过载能力

以额定焊接电流时的稳态短路电流，通 2s，断 7s，10s 一周期做 2min 即可。

6.3.2　整流弧焊机的安装

整流弧焊机安装之前应选择合适的地方，如海拔不超过 1000m，周围介质温度不超过 40℃，空气相对湿度不超过 85%，整流弧焊机背面离墙壁距离不小于 300mm。

在安装之后，使用之前，应进行外观检查和绝缘电阻测定。所应注意的是应先用导线，将弧焊机的输出回路短接，或把硅整流元件短接，以防止元件因过电压击穿。如若万用表指针为零，即该回路短路，也可能是触碰到机壳。如果绝缘电阻较低，可能是绝缘受潮，应设法对绕组进行烘干，使绝缘电阻恢复到正常后方能使用。

弧焊机外壳应可靠接地，不能与其他焊机接地线串接应该并接。

在装运和安装过程中，切忌振动，以免影响工作性能。

整流弧焊机一般都装有风扇，使用前应注意风扇的转向是否正确。

在安装晶闸管式弧焊机时，还应注意主回路晶闸管元件的电源极性与触发信号极性的配合，使之相序配合。

安装时还应注意网络电源功率是否够用，开关、熔断器和电缆选择是否合适。

整流弧焊机在作为其他设备的电源使用时，应先单独检查，而后配套检查，设备运行是否正常，空载电压、工作电压、电流是否正确。

使用整流弧焊机的安全注意事项和使用交直流弧焊机时基本相同。特别要注意的是弧焊机外壳一定要牢靠接地，切忌用手去触摸带电物体。导线绝缘要可靠，防止触电事故，保证人身的安全。

6.3.3 整流弧焊机的使用

当使用新焊机或长期未用的焊机时，使用前必须进行外观检查和绝缘电阻检查，如不符合使用要求，一定要设法使焊机达到使用要求后方可使用。

① 焊接前要仔细检查各部分的接线是否正确，电缆接头是否拧紧。
② 在移动弧焊电源时，一定要切断电源，切不可在工作时任意移动。
③ 空载时要检查空载电压、风扇运转及其他部分是否正常。
④ 工作过程中不得任意打开外壳顶盖。
⑤ 要注意整流弧焊机所在位置的环境卫生。
⑥ 工作时的负载必须按照相应焊机的负载持续率。

如一台弧焊机电流小不够用，可以把两台陡降的外特性相同的电源并联使用。由于硅整流元件彼此起阻断作用，所以不致因空载电压不同而产生均衡电流，但不同的整流弧焊机在并联使用时，仍要注意电流合理协调分配。

垂直陡降和下降的外特性式整流弧焊机适用于手工电弧焊和 TIG 焊或等离子弧焊接和切割电源。薄板的焊接宜采用垂直陡降的外特性式整流弧焊。

6.3.4 整流弧焊机电源线选用

整流弧焊机的电源引入线可采用 BXR 型橡皮绝缘铜芯软电线或 YHC 型三相四芯移动式橡皮套软电缆，导线的截面积可按表 6-7 选择。

表 6-7 整流弧焊机电源导线截面积的选用

焊机额定容量/kV·A	5 以下	6～10	11～20	21～40
相数及电压/V	3 相 380	3 相 380	3 相 380	3 相 380
根数×导线截面积/mm²	3×4+1×2.5	3×6+1×4	3×10+1×4	3×25+1×10

6.4 整流弧焊机常见故障分析及处理

(1) **故障现象**：硅弧焊整流器接入电源后，在尚未按动焊机上的启动开关前，刚一合上电网电源开关就发生了短路故障。

故障分析：焊机接入电网后，在还没有启动电焊机之前，刚一合上电网的铁壳开关或断路器（空开）就发生了短路现象，可以肯定电焊机本身并没有故障，短路一定是发生在电焊机的输入端子接线处，或者在电网的铁壳开关内部或是断路器的电源侧。首先应检查电焊机输入端子板的三相接线螺栓间是否有短路的痕迹，因为有的电焊机输入端子板的三相电线的间隔太小，加上接线的线头处理不净而有铜毛刺相接触，必然发生短路故障。如果不是上述原因，再检查铁壳开关，如果熔丝容量太小，而电焊机的空载电流又较大，这也可能导致刚一合上铁壳开关后熔丝就烧断的现象。再则，若铁壳开关的相间绝缘发生损坏，也会造成一合上开关就"放炮"的故障。

故障处理：首先将电焊机接电网的三相电源导线的连接接头焊上线鼻子，并将周围的线头铜丝毛刺清理干净，然后包上绝缘胶布；电焊机输入端子板上接电源的螺栓如果距离太近（两相之间小于80mm），应设法更换端子板将三相螺栓之间适当放大。如果不便，也应采取绝缘措施；检查铁壳开关，发现熔丝容量不够，应按电焊机容量要求更换相应的熔丝；如果开关相间绝缘不够而又无法修复时，则应更换铁壳开关。

（2）**故障现象**：电网电源开关正常，在按动电焊机启动按钮后，冷却风扇刚一转动，电源开关就断开（严重短路现象）。

故障分析：电焊机在启动时发生短路故障，也就是在接触器接通焊接变压器主电路时产生的。此时，应仔细检查主电路中的三相焊接变压器、三相电抗器、三相整流桥和滤波电抗器等元器件。这种严重短路故障必有烧伤的痕迹，很容易发现。产生这类故障的主要位置有两处：

① 三相整流桥的硅元件因过载或过压产生阻断层烧穿，引起电路短路；
② 三相焊接变压器或三相电抗器的绕组绝缘损坏而产生相间短路。

故障处理：如果是三相整流桥的硅整流元件损坏，应更换硅整流元件；如果是变压器或电抗器绕组绝缘损坏，应将绕组的短路处用绝缘胶带包扎处理。

（3）**故障现象**：动绕组式硅弧焊整流器调节机构失灵，手柄摇不动。

故障分析：转动的丝杠与绕组支架的螺母之间被异物卡死，或因甘油硬化而滞死；丝杠产生弯曲或扭曲变形；动绕组支架的滑道倾斜、变形或滑动间隙过小或被异物卡死等。

故障处理：清除阻碍动绕组移动的异物；检查丝杠、滑道的垂直度或平行度；调整滑道间隙；在丝杠与螺母及滑道上注入适当的润滑剂，使调节手柄灵活；如果是丝杠弯曲变形，应更换新丝杠，或者对旧丝杠校直并在车床上修整。

（4）**故障现象**：动绕组式硅弧焊整流器（图6-3）浪涌电路失灵。

故障分析：浪涌电路是动绕组式硅弧焊整流器的辅助电路，它的电源是由整流变压器的二次绕组 W_3 单独供电，电压为14V，经二极管 VD_7 半波整流，再经转换开关 S 分挡，与限流电阻 R_2 串联后再与电焊机主电路输出端的同名端相并联，然后向焊接电弧供电。

由此可见，在使用动绕组式硅整流弧焊机焊接时，一般焊接电弧是由空载电压71.5V的主电路和整流后电压为6.3V的浪涌电路同时供电。由于浪涌电路电压低于电弧电压，更低于空载电压，因此，在电焊机的空载状态和电弧燃烧时浪涌电路不向外输出，而在焊接引弧或焊接过程的熔滴过渡时，由于电弧电路处于短路状态，这时的电弧电压为零，低于浪涌电路电压，浪涌电路工作，即向外输出电流。因此，凡是焊接引弧或熔滴短路过渡时，便产生浪涌电流，以加快引弧和熔滴过渡过程，而电弧正常燃烧时，浪涌电路便停止工作。可见浪涌电路对引弧和稳弧有加强作用，尤其是在小电流焊接时，非常重要。

浪涌电路产生故障原因可能是：交流电源绕组 W_3 断线，或接头连接不良；整流二极管 VD_7 烧坏，或接线连接处接触不良；限流电阻 R_2 可能烧断，或分挡转换开关 S 接触不良。

故障处理：分别检查试验，确定故障部位，更换或修好损坏的零部件，重新接通电路，故障便可排除。

（5）**故障现象**：动绕组式硅弧焊整流器使用中电流调到最大时，突然电焊机内产生严重火花、冒烟，并将电焊机烧坏。

故障分析：动绕组式电焊机电流调大需将动、静组活动间距调到最小，即一次绕组与二次绕组间的间距越小，电流越大。一般电焊机为限制电流调得过大，即超过额定电流，也为防止一、二次绕组因距离过小而出现接触，需在两绕组之间设置限位垫块。如果电焊机的限位垫块遗失，电焊机在没有动绕组的限位条件下，长时间在最大电流状态下使用，一、二次绕组接触部位的绝缘层会严重磨损，造成局部短路，进而出现强烈的火花，严重时会将电焊机烧坏。此种现象发生得比较多，主要是因为电焊机在使用过程中经常移动，而且维护不及时造成的。

故障处理：将短路的一、二次绕组拆下，将线圈烧断处焊接好，并包扎好绝缘。将绕组仍固定在原位，并在定绕组与动绕组之间设置限位垫块。限位垫块可用 10mm 左右的电木板，根据位置制作，一定要注意不能用未浸过绝缘漆的木板制作，因吸了潮木板就不是绝缘体，仍会引起短路。按此方法处理好后，电焊机需要试验。如果最大电流在额定电流值左右，说明修理成功；如果最大电流比额定电流小，可减小限位块的厚度，一般最大电流能达到原先值的 90% 就算可以了。

（6）**故障现象**：饱和电抗器式硅弧焊整流器接入电网铁壳开关正常，启动后风机正常转动，可电焊机的空载电压偏低（46V）。

故障分析：饱和电抗器式硅弧焊整流器主电路的三相全波整流桥是由六只二极管组成的全相整流电路，其正常工作时，整流电压波形见图 6-6(a)。图 (a) 中上图为整流变压器二次线电压 U_1、U_2、U_3；下图是整流后的直流电压，即电焊机的空载电压 U_0。

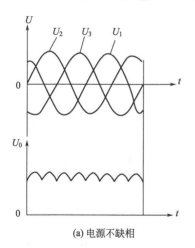 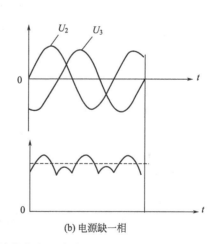

(a) 电源不缺相　　　　　　　　　　　(b) 电源缺一相

图 6-6　三相桥式全波整流电压波形图

该类电焊机如果输入交流电压缺少一相，其波形见图 6-6(b)。因三相交流输入变为两相输入，其整流电压减少 1/3。电焊机的空载电压正常情况下是 70V，因缺相减少 1/3 后就变成了 46V 左右，由此分析可得出结论，此种故障是由输入电压缺相造成的。

造成电焊机整流输入缺相的可能原因如下：

① 电网或铁壳开关中缺相，如某一相熔丝烧断；

② 整流变压器的某一相绕组内有断线或连接导线接头开焊、线鼻子掉头、螺钉松脱等均会使该相电源无输出；

③ 接触器某一相主触点烧化，使接触器吸合时该相触点未闭合，致使整流变压器某相未接入电网电源。

故障处理：逐一检查以上各项，如果是熔丝烧断，应更换容量合适的熔丝；如果是整流变压器有问题，应检修变压器绕组，或将不导电的导线接头修好，并焊牢；如果是接触器有问题，应更换接触器的触点，或者更换同规格型号的接触器。

(7) **故障现象**：一台 ZXG-300 型硅弧焊整流器，正常使用电焊机时，启动后风扇转动正常，空载电压正常，可是焊接电流小且不能调节。

故障分析：此电焊机承担焊接电流调节作用的元件是饱和电抗器的励磁电路，它是由电抗器的直流控制绕组和向它供电的带稳压器整流电源，以及调节该电流大小的电位器三部分构成。

该电焊机的故障现象是焊接电流很小且不能调节，这说明在电焊机饱和电抗器的直流控制绕组中并无励磁电流，致使饱和电抗器的阻抗最大而又不能调节，当然电焊机的输出电流就很小且不可调节了。电焊机产生无励磁电流的可能原因有：稳压整流电源中整流元件的损坏或元件连接线断路；直流控制绕组中有断头；滑动触点电位器的阻丝烧断或滑动接触点松动；连接各元件的导线断头、接点掉头、假焊或螺栓松动等。

故障处理：要对电焊机及线路做到仔细（逐件）查找，确定故障发生的部位，对查找的故障要及时修理或更换损坏的元件，重新接通电路，故障一定可以排除。

(8) **故障现象**：一台使用不久的 ZXG-300 型硅弧焊整流器，在启动后风机旋转正常，但是该电焊机无空载电压，不能焊接作业。

故障分析：ZXG-300 型是饱和电抗器（亦称磁放大器）式硅弧整流器，图 6-4 是饱和电抗器类型弧焊整流器中常用的一种典型电路原理图。该电焊机的输入电源是电网的三相四线制，电焊机由三相变压器 TR 将电网高压降至空载电压所需值后，采用三相饱和电抗器 LT 的降压作用获得下降外特性，三相全波整流桥 $VD_1 \sim VD_6$ 将交流电变成直流电，最后经阻容（C_7、R_7）和滤波电抗器 LF 的双重滤波而输出。该电焊机的焊接电流调节是由稳压器 TS 提供的交流，经单相整流桥 UR 整流后向饱和电抗器的直流控制绕组 W_7 进行励磁供电。

ZXG-300 型弧焊整流器的启动过程是这样：当拨动开关 SA 时冷却风机 MF 转动，冷却风吹动风力微动开关 SS 使接触器 KM 绕组电路接通，其主触点 $KM_{-1} \sim KM_{-3}$ 闭合，将整流变压器 TR 的一次绕组接入电网，电焊机有空载电压；接触器 KM 的辅助触点 KM_{-4} 闭合励磁电路，稳压器 TS 有电，单相整流桥 UR 向饱和电抗器的绕组 W_7 供电，焊机将按预先调节的焊接电流值输出。

上述电焊机启动后无空载电压，但风机却能正常转动，说明有一相（L_3）相电源已接入电焊机，但这不代表其他两相（L_1、L_2）相都已接入，故障还应从电网电源查起（电焊机是新购而使用不久，一般不会有零部件的损坏）。

经检查电网电压正常，发现铁壳开关内的 L_2 相熔丝烧断了，所以电源仅有 L_1、L_3 相有电。冷却风机是单相220V，由 L_3 相供电，可是由于 L_2 相无电，接触器 KM 并未动作，整流变压器 TR 并未接入电源，这就是电焊机无空载电压的原因。

故障处理：遇到此类故障时，要冷静处理，一定要更换适当规格的熔断丝。

(9) **故障现象**：ZXG-300 型是饱和电抗器式硅弧焊整流器，电源电压正常，启动时风机转动正常，而且电焊机的指示灯未亮，也没有空载电压。

故障分析：由图 6-4 可知，该电焊机的启动过程是：拨动启动开关 AB→风机 MF 转动→风力微动开关 SS 闭合→接触器 KM 吸合→接通整流器 TR→指示灯 HL 亮→有空载电压。由此可见，故障是在接触器的绕组电路中。具体说有三种可能：

① 风力微动开关 SS 是否完好。

② 接触器 KM 的绕组是否完好。

③ 连接接触器绕组电路的导线是否有断头，导线接头连接处螺钉是否松动。

以上三处中，只要有一处有故障或未达到要求，电焊机启动时接触器绕组电路就不会通，接触器也就不能吸合，电焊机当然就启动不起来。

按上述三种可能产生的原因，进行分别确定：

① 风力微动开关的检查，即拨动迎风叶片时看开关动合点是否接通，可用万用表的电阻挡测量开关的动合两点，如果万用表显示电阻为零，那么证明该开关接通无损坏，同时还应对风力微动开关进行检查，当电焊机的风机转动后，风力是否能吹动叶片而接通开关，若吹不动时，应加大迎风叶片的尺寸。

② 接触器绕组的检查：最简单的方法是给接触器绕组接上额定的工作电压（该电焊机为 380V），看接触器是否吸合，工作是否正常。

③ 连接导线和接线点的检查，应逐点逐段用万用表测量，或带电时用试电笔检测。

故障处理：对损坏器件应更换（原规格、型号）新的元件，对连接点没有接好的应重新焊牢，对接触器绕组损坏的应进行更换或处理。

(10) **故障现象**：有一台使用很久的饱和电抗器式硅弧焊整流器，在使用时空载电压正常，但电流调节范围小，焊接电流最大还不足 190A。

故障分析：硅弧焊整流器的焊接电流的大小是由直流控制绕组中的励磁电流决定，一般是成正比的，电焊机厂家在出厂时已调好。励磁电流最大时，则焊接电流最大（该电焊机的最大电流为 360A）可是因故障使电焊机的最大电流变为不足 190A，这样就可以肯定该电焊机的故障是在励磁电流系统的整流电源上，该电源是单相整流桥 UR，当整流桥的二极管损坏时，全桥整流就变成半波整流了，单相半波整流的输出电压为全波整流电压的一半，这样，原来是全波整流桥供电的励磁电流因整流桥的半臂损坏而减小了一半，使电焊机本应该输出 360A 的电流降为 180A 左右，这就是故障产生的原因。

故障处理：更换检测出损坏的整流桥或二极管元件（按同型号、同规格的元器件），故障消除。

(11) **故障现象**：ZXG-300 型弧焊整流器在使用时发现该电焊机焊接时不好用，经检查发现励磁电路整流桥被击穿，按原型号（规格）更换后，在试机时发现焊接电流调节失灵，而且电流比较小，不能工作。

故障分析：该电焊机的励磁电路整流桥（硅堆）UR 被击穿（即短路），这种故障常常伴随着整流桥 UR 输入侧的交流稳压器 TS 的二次绕组短路。这种短路持续久了还会使稳压器的一次绕组烧毁。因此，电焊机在更换整流桥（块）的同时，应检查稳压器是否完好。如果该稳压器因短路而烧毁，其二次电压为零，换上新的整流桥（块）后仍然没有电流输出，即励磁电流为零，所以使电焊机焊接电流最小，且不可调节。

故障处理：将烧毁的稳压器拆下来，按照原型号、规格更换上，故障即可排除。另外，也可以将烧毁的稳压器的绕组拆开，仿照原绕组的绕法重新绕制一个，按规定浸漆并烘干，装配好后进行调试。

(12) **故障现象**：ZXG-300 型饱和电抗器电阻内桥式硅弧焊整流器，在使用过程中焊接电流偏小。在拆机检查（测试）发现直流励磁电流达到了5A，而电焊机的输出电流才200A左右。

故障分析：该电焊机是电阻内桥接法的饱和电抗器（图6-7），是ZXG型硅弧焊整流器的电流调节元件。电焊机的最大输出电流应达到300A而现在才200A左右，这显然是电焊机的饱和电抗器的电抗值偏大所致。这种状况可以用改变内桥电阻阻值R_n的办法，即调整内桥的内反馈作用来解决。

故障处理：将三相饱和电抗器的三个内桥电阻R_n同时更换成阻值更大的电阻（三个阻值要相等），或者在三个内桥电阻电路内同时再串入一个相等的电阻，达到使内桥电阻阻值增大的目的，这样电焊机外特性曲线的短路电流值便增大，曲线的陡度变小，电焊机的输出电流会增大（图6-7）。这时测电焊机的输出电流，若大小可达到要求，调整便算成功。如果认为电流增大得不够，那么继续增大内桥电阻R_n，直至达到所需电流。电焊机内桥电阻值R_n的增大和外特性曲线的变化趋势见图6-7(b)。其中图6-7(b)是R_n增至无穷大（内桥电路开路）时，外特性曲线陡变平，这是极限状态。

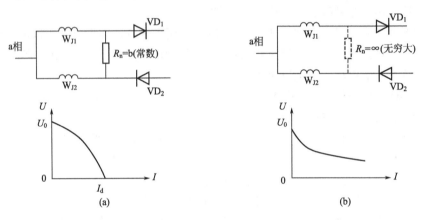

图6-7 饱和电抗器的电阻内桥接法及焊机外特性曲

（13）**故障现象**：ZXG型饱和电抗器电阻内桥式硅弧焊整流器，电焊机的启动、引弧、焊接都正常，但使用时电流偏大。

故障分析：电阻内桥接法的饱和电抗器是ZXG型硅弧焊整流器的电流调节元件。电焊机的输出电流的大小、电流调节范围，可以调整饱和电抗器的参数来达到。

故障处理：电焊机的输出电流偏大是电焊机的饱和电抗器的电抗值偏小所致，此时，应改变内桥电阻R_n，使其减小阻值，具体方法是：将三相电抗器的三个内桥电阻R_n的阻丝同时均等地切一段，然后接通电路，测电焊机的输出电流，看电流值下降的幅度是否达到要求，如达到所需电流表明调整完成。若达不到要求，应继续将内桥电阻的阻丝减短，直到获得所需电流为止。

（14）**故障现象**：ZXG型硅弧焊整流器的饱和电抗器大修后发现该电抗器的直流控制绕组两端有高压火花产生。

故障分析：ZXG型硅弧焊整流器的饱和电抗器是三相结构，各相结构对称，每相都为双口形铁芯，两个交流绕组在外侧，一个直流控制绕组绕在双口铁芯中间。该电抗器接线时按照这样一个原则：保证交流绕组工作时，对直流绕组不产生感应电动势。为此要求进入上下两侧交流绕组的交流电流所产生的磁通在中间铁芯处应方向相反，相互抵消，只有这样才能保证在直流绕组中不产生感应电动势，由此分析可得知，如果将两个交流绕组的接线接反，在直流绕组上将产生较高的感应电动势，高压火花将同时产生。

故障处理：将已接好的电抗器两交流绕组拆开，将其中一个交流绕组的两端对调，再按原接线图接好，故障即可排除。

（15）**故障现象**：ZXG-1500 型硅弧焊整流器在使用时发现工作电流小，在 850A 上下，调不到正常工作状态下电流值（1200A）因此无法进行焊接工作。

故障分析：该焊机焊接电流调节作用是由整流器上设有的电流调节旋钮以及粗、细调节旋钮开关实现两挡调节，微调是通过电流调节旋钮改变瓷盘电阻器 R_{10} 的电阻值，从而改变饱和电抗器中控制绕组的电流大小，达到调节电流的目的。电流的调节可以在面板上进行，同时还可以在台上实现远距离调节。

该电焊机的故障现象是焊接电流小且不能调到正常值（工作状态 1200A 左右），这说明在电焊机饱和电抗器的直流控制绕组中并无励磁电流，致使饱和电抗器的阻抗最大而又不能调节，当然电焊机的输出电流就很小且不可调节了。

电焊机产生无励磁电流的可能原因有：稳压整流电源中整流元件的损坏或元件连接断路；直流控制绕组中有断头；滑动触点电位器的阻丝烧断或滑动接触点松动；连接各元件的导线断头、接点掉头、假焊或螺栓松动等。

故障处理：要对电焊机及线路做到仔细（逐件）查找，确定故障发生的部位，对查找的故障要及时修理或更换损坏的元件，重新接通电路，故障可以排除。经检查，上述故障是整流元件假焊（虚焊）造成的，重新补焊后一切正常。

6.5　整流弧焊机改造实例

（1）将一台 ZXG-300 型硅弧焊整流器改造成有近控又有远控调节电流的整流弧焊机

ZXG-300 型硅弧焊整流器的电流调节励磁电路，如图 6-8 将其改制成有近控和远控调节电流的电焊机，其电路在原电路中的 MN 段内接开关 QK；在 M 点和 P 点设插头 XP_1 和 XP_2；选择瓷盘电阻器 RP_2，其规格型号与 RP_1 相同；按实际需要选取二芯胶皮软电缆，按图 6-9 接线接好即可成完成有近控又有远控调节电流的整流弧焊机了。

（2）将一台 ZXG-500 型硅弧焊整流器改制成既能远控又能近控调节电流的电焊机

ZXG-500 型弧焊整流器是饱和电抗式硅整流弧焊机。电焊机是采用改变电位器（瓷盘电阻）的方法，调节饱和电抗器的直流控制来改变饱和电抗器的电抗值，使三相整流器的输

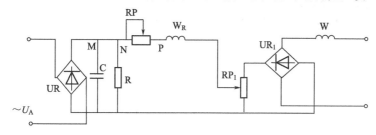

图 6-8　ZXG-300 型硅弧焊整流器的电流调节励磁电路

C,R—阻容滤波电路；W—绕组；UR,UR_1—单相桥；W_R—电流调节励磁绕组；RP,RP_1—电位器

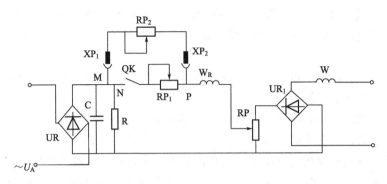

图 6-9　ZXG-300 型焊机改成远控电流调节电路

UR，UR$_1$—单相桥；W$_R$—电流调节励磁绕组；W—绕组；C，R—阻容滤波装置；
RP$_1$—近控电位器；QK—选择开关；RP$_2$—远控电位器；RP—电位器

入电压产生改变，从而调节了电焊机的输出直流电流的大小。

ZXG-500 型硅弧焊整流器饱和电抗器的励磁调节电路，如图 6-10 所示，只要在该图中 MN 线段之间安装一个开关 QK，然后再使调控的电位器 RP$_2$ 通过开关 QK 与原电位器 RP$_1$ 并联（见图 6-11）。

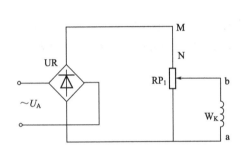 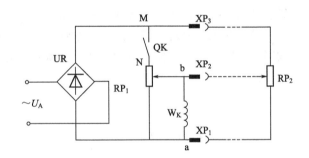

图 6-10　ZXG-500 型弧焊整流器　　　　　图 6-11　ZXG-500 型焊机改
　　的电流调节励磁电路　　　　　　　　　　成远控电流调节电路
UR—单相桥；RP$_1$—电位器；　　　　　UR—单相桥；RP$_1$，RP$_2$—电位器；QK—关开；W$_K$—饱和电抗器
W$_K$—饱和电抗器的励磁绕组　　　　　　的励磁绕组；XP$_1$，XP$_2$，XP$_3$—插头、插座

在 a、b、M 三点接上插座和插头 XP$_1$、XP$_2$、XP$_3$。

在 XP$_1$、XP$_2$、XP$_3$ 插头上接上三芯胶皮软电缆线，其长度按所要求的远控距离而定。

在三芯电缆的另一端联上电位器（瓷盘电阻）RP$_2$，RP$_2$ 的阻值与 RP$_1$ 相同。

完成上所述，改装即完成。电焊机近控时，合上开关 QK，拔下插头 XP$_1$～XP$_3$，调电位器 RP$_1$ 便可近调电焊机电流；电焊机需远距离调节时，可以打开开关 QK，插上插头 XP$_1$～XP$_3$ 后，就可以使用电位器 RP$_2$ 在远处调节电焊机电流了。

第 7 章　晶闸管整流式弧焊机检修

晶闸管弧焊电源有直流、交流两种。直流晶闸管弧焊电源实质上是弧焊整流器的另一种形式，也称晶闸管弧焊整流器。利用晶闸管桥来整流，可获得所需的外特性以及调节电压和电流，而且完全用电子电路来实现控制功能，因而它是电子控制的弧焊电源的一种，而且是在当前使用比较广泛的一种焊接设备。下面以经常使用的 ZX 系列晶闸管式弧焊整流器为例说明。

7.1　ZX5 系列晶闸管式弧焊整流器原理

7.1.1　概述

ZX5 系列晶闸管式弧焊整流器有 ZX5-250、ZX5-315、ZX5-400、ZX5-500、ZX5-630 等规格，适用于各种牌号药皮焊条的直流电弧焊，也可以用于钨极氩弧焊。

图 7-1 是 ZX5 系列晶闸管式弧焊整流器的结构原理图、图 7-2 为其电气原理图。

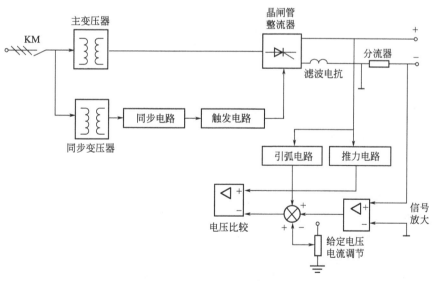

图 7-1　晶闸管式弧焊整流器结构原理图

该弧焊电源的主电路由主变压器、晶闸管整流器、平衡电抗器（相间变压器）和滤波电抗器组成；控制电路主要包括晶闸管触发脉冲电路、信号控制电路和稳压电源等。该电源采用了电流负反馈控制，输出下降外特性，并采用了引弧电路和推力电路，使引弧容易，动态性能良好。

7.1.2 主电路

弧焊电源的主电路采用了带平衡电抗器的双星形可控整流电路形式，由主接触器 KM、三相主变压器 T_1、晶闸管 $VH_1 \sim VH_6$、平衡电抗器 L_1、滤波电抗器 L_2、分流器 RS 等组成。如图 7-2、图 7-3 所示。

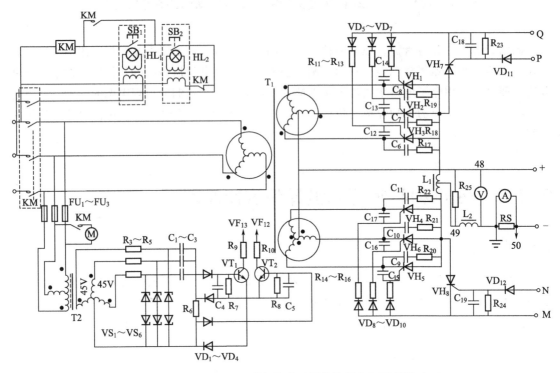

图 7-2 ZX5-系列（400）晶闸管式弧焊整流器电气原理图（一）

7.1.3 触发电路

由于主电路采用了带平衡电抗器的双星形可控整流电路形式，因此有两套晶闸管触发电路，分别触发正极性组和反极性组的晶闸管，其触发脉冲移相范围为 0°～90°。

触发脉冲电路如图 7-4 所示，由触发脉冲产生电路、触发脉冲输出电路和同步电路组成。

（1）触发脉冲产生电路

如图 7-4 的下半部分所示，它分成左右对称的两套电路。该电路主要由晶体管 VT_3、VT_4，单结晶体管 VF_{12}、VF_{13}，电容 C_{20}、C_{21}，电阻 $R_{26} \sim R_{32}$，电位器（可变电阻）$RP_8 \sim RP_{11}$，二极管 VD_{15}、VD_{16}，脉冲变压器 PT_3、PT_4 等器件组成。由于两套触发脉冲产生电路的结构相同，工作原理也相同，因此现以左边的一套电路为例来分析其工作原理。

该触发电路实际上是一个单结晶体管触发电路，如图 7-4 所示，它是利用晶体管 VT_3 串联在电容 C_{20} 充电电路中，通过改变晶体管 VT_3 的基极电位来改变晶体管 VT_3 集电极与发射极之间等效电阻大小，从而控制电容 C_{20} 充电的时间而达到脉冲移相的目的。

来自运算放大器 N_4 控制电压信号 U_k 经 R_{69} 从 145 点输入，接至晶体管 VT_3 的基极。U_k 为负值，使 VT_3 导通，电容 C_{20} 被充电。当电容 C_{20} 上的充电电压达到单结管 VF_{12} 的峰值电压 U_P 时，VF_{12} 的 eb1 结导通，电容 C_{20} 通过单结管 VF_{12} 的 eb1 结和脉冲变压器 PT_4 放

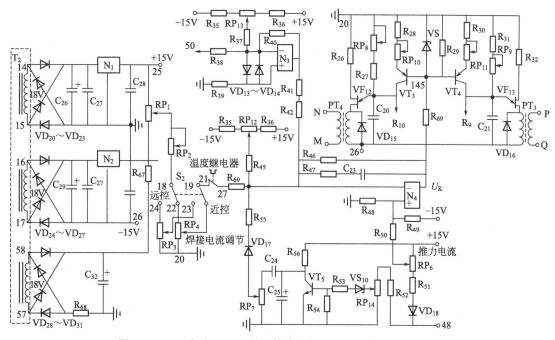

图 7-3 ZX5-系列（400）晶闸管式弧焊整流器电气原理图（二）

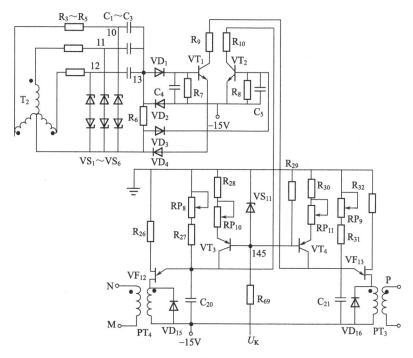

图 7-4 触发脉冲电路原理图

电。当电容 C_{20} 上的电压下降到单结管 VF_{12} 的谷点电压以下时，VF_{12} 的 eb1 结阻断，电容 C_{20} 又处于充电状态。如此循环往复，电容 C_{20} 上的电压变化类似一个锯齿波，有规则地振荡着，而脉冲变压器 PT_4 相应地产生一系列脉冲信号，其脉冲（峰值）时间为 C_{20} 的放电时间，图 7-5 是其脉冲波形示意图。U_k 愈负，VT_3 集电极与发射极之间的等效电阻愈小，C_{20} 的充电时间愈快，其锯齿波上升沿的斜率愈陡，达到 VF_{12} 的触发导通时间愈早，即使脉冲的相位前移；反之，脉冲的相位后移，达到了触发脉冲移相控制的目的。图 7-5 中，因为 U_{k2} 比 U_{k1} 更负，所以，电容充电时间 $t_2 < t_1$。可见，只要改变 U_k 值，就可实现触发脉冲的移相，也就可以调节晶闸管式整流器的输出电压和电流。

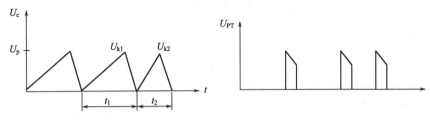

图 7-5　触发脉冲电路电压脉冲波形示意图

由于单结晶体管和晶体管的参数存在分散性，因此其组成部分的触发脉冲电路产生的触发脉冲相位有可能不完全相同。为避免同样 U_k 时，两组触发脉冲产生的触发脉冲相位不同，使主电路中晶闸管导通角不同而造成三相不平衡，须精细调整触发脉冲电路中各点参数。

图 7-4 所示的触发脉冲电路中电位器 RP_8 和 RP_9 分别用以弥补单结晶体管 VT_3 和 VT_4 之间参数的差异，从而保证两套电路输出的触发脉冲相位一致。

(2) 同步电路

为保证触发脉冲与晶闸管整流电源电压之间的同步关系且要使每只晶闸管的触发脉冲的相位相同，即每只晶闸管的导通角相等。必须从晶闸管整流电源中，取得能反映其频率和相位的信号——同步电压信号作用于触发脉冲产生电路。

ZX5 系列弧焊整流器采用两套触发脉冲电路，因此要求每套触发电路相隔 120°产生一次"有效"触发脉冲，而两套触发电路产生的触发脉冲的相位差为 60°，如图 7-3 所示。

ZX5 系列弧焊整流器中，产生同步信号的同步电路见图 7-4 所示的上半部分，主要由三相同步变压器 T_2、稳压管 $VS_1 \sim VS_6$，电容 $C_1 \sim C_3$，电阻 $R_3 \sim R_8$，二极管 $VD_1 \sim VD_4$ 以及晶闸管 VT_1、VT_2 等器件组成。

三相同步变压器 T_2 的二次侧各相电压互差 120°，与主电路变压器 T_1 的二次侧正极性组的电压相同，如图 7-6(a) 所示。图 7-4 所示，T_2 的二次侧各相接有正、反向稳压管 $VS_1 \sim VS_6$，电路中的 10、11、12、13 点各取得正、反向矩形波，如图 7-6(b)、图 7-6(c)、图 7-6(d) 虚线所示。各个矩形波分别经电容 $C_1 \sim C_3$ 和 R_6 构成的微分电路得到的尖脉冲电压也示于图 7-6(b)、7-6(c)、图 7-6(d) 中。由图 7-6 可见，各相正脉冲之间和各相负脉冲之间是互差 120°。图 7-6(e) 所示是 R_6 上的脉冲波形，其正、负脉冲相同，每个正脉冲和后面的负脉冲之间相差 60°。将正脉冲经 VD_1 和 VD_4 输送至晶体管 VT_1 的发射结，而将负脉冲经 VD_3 和 VD_2 输送至晶体管 VT_2 的发射结，以便 VT_1、VT_2 产生短暂的饱和导通。由于 VT_1、VT_2 分别并联在触发脉冲产生电路中的电容 C_{21}、C_{20} 两端，当 VT_1、VT_2 短暂的饱和导通时，电容 C_{21}、C_{20} 分别通过 VT_1、VT_2 瞬时放电清零，以便在同步点后，C_{21}、C_{20} 按 U_k 确定的速度从零开始充电。如此产生的第一个脉冲即"有效"的触发脉冲（因为是用它触发晶闸管，接着再产生的脉冲是无用的，故称之为"有效"）的相位完全由 U_k 值控制，从而满足了同步触发的要求。

对于三相可控整流电路是以自然换相点为触发延迟角的起始点（即 $\alpha = 0°$ 的点），该点为各相电压的交点（30°）处。对于单结晶体管触发电路，同步点可设在各相电压过零处或在

$0°\sim30°$。图 7-6 中的脉冲是在相电压过零处，这是在理想的情况下得到的。

实际上，由于稳压管削波作用，得到的不是矩形波而是近似的梯形波，而且隔离二极管 $VD_1\sim VD_4$ 有正向压降，使 VT_1、VT_2 产生短暂饱和导通的时刻（即同步点）是略滞后于各相电压过零的时刻。此后 C_{20}、C_{21} 充电到单结晶体管 VF_{12}、VF_{13} 的峰点电压还需要时间，所以第一个有效触发脉冲产生于自然换向点以后。采用该同步电路使同步点与主电路晶闸管电源电压过零点保持固定的相位关系，从而保证了脉冲与晶闸管整流电源电压之间的同步关系。

(3) 触发脉冲分配电路

ZX5 系列弧焊整流器中，采用两套触发脉冲电路，分别触发正极性组和反极性组的三只晶闸管。而每套触发脉冲电路产生的触发脉冲是利用触发脉冲分配电路分配给同极性组的三只晶闸管。现以一套触发脉冲分配电路为例，介绍其电路原理。

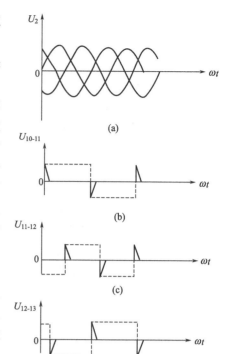

如图 7-2 所示电路原理图的右部分，晶闸管 VH_8、二极管 VD_{12}、$VD_8\sim VD_{10}$、电阻 R_{24}、$R_{14}\sim R_{16}$ 以及电容 C_{19} 等构成一套触发脉冲分配电路。脉冲变压器 PT_4 二次输出端 N、M 点输出的触发脉冲，经二极管 VD_{12} 触发脉冲分配电路中的

图 7-6 同步电路电压脉冲波形图

晶体管 VT_8，使 VT_8 导通，也就是对触发脉冲进行功率放大，再通过 VD_8 和 R_{14}、VD_9 和 R_{15}、VD_{10} 和 R_{16} 去触发主电路中同一极性组的晶闸管 VH_4、VH_5 和 VH_6。由于三相交流电的周期相同而相位不同，因此不同时刻，晶闸管 VH_4、VH_5 和 VH_6 的阴极电位不同。当晶体管 VT_8 触发导通后，只能触发晶闸管 VH_4、VH_5 和 VH_6 中阴极电位最低的那只晶闸管，该晶闸管一旦触发导通，则使 49 点（共阳极点）电位降低，等于该导通晶闸管的阴极电位（如果忽略晶闸管导通时的管压降），从而导致另外两只晶闸管承受反向电压而可能导通（即使有触发脉冲存在）。同时，由于 49 点的电位下降，也使晶闸管 VH_8 的阳极电位下降，其电位不能维持 VH_8 的继续导通，造成 VH_8 自行关断，从而为下一次触发做好了准备。由于三相主变压器与电网连接后，其三相交流电的相位关系就确定了。所以晶闸管 VH_4、VH_5 和 VH_6 的触发导通顺序也就确定了。

另外一套触发脉冲分配电路主要由 VH_7、二极管 VD_{11}、$VD_5\sim VD_7$、电阻 R_{23}、$R_{11}\sim R_{13}$ 以及电容 C_{18} 等构成，用以触发主电路中另一个极性组的晶闸管 VH_1、VH_2 和 VH_3。

(4) 信号控制电路

信号控制电路如图 7-3 所示的中、下部分，图 7-7 是信号控制电路的简化图。该电路主要由运算放大器 N_3 和 N_4、电位器 $RP_1\sim RP_4$、RP_6、RP_7 和 RP_{14}、整流二极管 $VD_{28}\sim VD_{31}$、二极管 VD_{17} 和 VD_{18}、稳压管 VS_{10}、晶体管 VT_9、电容 C_{24}、C_{25} 等组成。

① 给定电路：给定电路的作用是提供给定电压信号 U_g（图 7-7）。主要由 +15V 稳压电

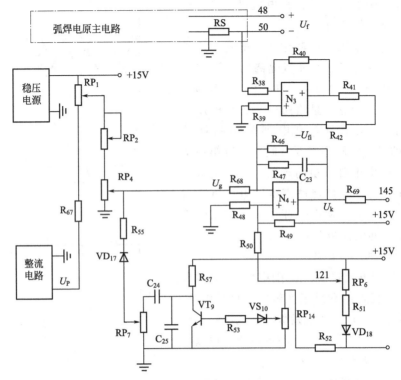

图 7-7 信号控制简化电路

源、电位器 RP_4 或 RP_3（如图 7-3 所示，RP_4 为弧焊电源焊接电流近控调节电位器，RP_3 为远控调节电位器，RP_4 与 RP_3 通过转换开关 S_2 进行转换）组成。通过电位器 RP_4 或 RP_3 调节给定电压信号 U_g 送入运算放大器 N_4 进行反相比例放大，得到控制电压信号 U_k（不考虑反馈信号）。U_k 再通过 R_{69} 连接到触发脉冲振荡产生电路中的晶体管 VT_3 和 VT_4（见图 7-3）的基极。给定电压 U_g 为正值，控制电压信号 U_k 为负值，U_g 正值越大，U_k 负值也越大（绝对值越大），增大 U_g，U_k 的负值也增大，VT_3 和 VT_4 集电极与发射极之间的电阻减小，电容 C_{20}、C_{21} 的充电速度加快，触发脉冲相位前移，晶闸管的导通角增大，弧焊电源的输出电压、电流增大。

可见调节 RP_4（近控）或 RP_3（远控），可以改变给定电压 U_g，从而改变控制电压信号 U_k，导致晶闸管导通角的变化，达到了调节弧焊电源输出电流的目的。电路中的电位器 RP_1、RP_2 用来设定弧焊电源输出电流的范围，调整额定电流的大小。电焊机出厂前，已调整好 RP_1、RP_2，用户一般不要再调整。

② 反馈电路：由控制弧焊电源的基本原理可知，采用不同的参数反馈可以获得不同的弧焊电源的外特性。ZX5 系列弧焊电源主要用于焊条电弧焊，因此需要下降的外特性。该电源的下降外特性主要是依靠电流负反馈获得的（弧焊整流器中的滤波电抗器对下降外特性也有一定的贡献）。

如图 7-7 所示，运算放大器及其外围电路构成了电流反馈信号处理电路。从主电路分流器 RS 上采样得到正的电流反馈信号，经电阻 R_{38} 进入 N_3 构成的反向放大器放大，输出负的信号电压 $-U_{fi}$，再将该信号连接到 N_4 的反向端，与电位器 RP_4 或 RP_3 上取出的电流给定信号 U_g 进行代数相加并放大，由 N_4 输出控制电压 U_k：

$$U_k = -K(U_g - U_{fi})$$

U_k 经 R_{69} 加到触发脉冲电路中的晶体管 VT_3、VT_4 的基极，控制 VT_3、VT_4 的导通情况。当 U_g 一定时，随着焊接电流 I_f 的增加，相应的电流负反馈信号 U_{fi} 增加，$U_g - U_{fi}$ 值减小，U_k 的绝对值减小。这使得 VT_3 和 VT_4 的集电极电流减小，C_{20}、C_{21} 的充电速度减慢，触发脉冲相位后移，晶闸管导通角减小，弧焊电源输出的电压降低，从而得到下降的外特性。

需要说明的是：在触发脉冲电路的 145 点与接地点之间接有稳压管 VS_{11}（见图 7-4），使电流负反馈带有截止电流负反馈的性质，即当电流 I_f 减小时，电流负反馈信号 U_{fi} 减小，$|U_k| = |-K(U_g - U_{fi})|$ 增大。当 $|U_k|$ 大于 VS_{11} 稳压值时，这时加在 145 点与接地点之间的电位就是 VS_{11} 的稳压值。该电压值成为触发脉冲的控制信号"U_k"，该控制信号的电压值与 U_{fi} 无关，相当于电流负反馈被截止。只有当 $|U_k|$ 大小等于 VS_{11} 的稳压值时，145 点与接地点之间电压才是由给定电压 U_g 和电流负反馈信号 U_{fi} 所确定的控制信号 U_k，此时的 U_k 与 U_{fi} 有关，即电流负反馈起作用。

③ 引弧电路与推力电路：引弧和推力电路在图 7-7 所示电路的下半部分，由晶体管 VT_9、稳压管 VS_{10}、三极管 VD_{17}、VD_{18}、电容 C_{24} 和 C_{25}、电位器 RP_6、RP_7、RP_{14}、电阻 $R_{49} \sim R_{55}$、R_{57} 等组成。

在引弧电路中，将弧焊电源输出电压 U_f 加到控制线路的 48 端，经电阻 R_{52} 和 RP_{14} 分压电路，由电位器 RP_{14} 取出电压反馈信号，经稳压管 VS_{10} 及电阻 R_{53} 输入到晶体管 VT_9 的基极。在焊接电弧引燃前，弧焊电源输出空载电压，则 RP_{14} 取出的电压反馈信号较高，足以使稳压管 VS_{10} 击穿导通，并使晶体管 VT_9 饱和导通，电容 C_{24}、C_{25} 被短接，电位器 RP_7 动点输出电位电压为"0"，二极管 VD_{17} 承受反压截止，该路电压对弧焊电源的控制无影响。焊接引弧时，弧焊电源从空载变为短路，弧焊电源输出电压电位为"0"，则 48 点电位变为"0"，RP_{14} 取出的电压反馈信号也为"0"，致使 VS_{10} 阻断，VT_9 截止，+15V 稳压电源经 R_{57} 向 C_{24}、C_{25} 充电，电位器 RP_7 的动点输出正的电压，并逐步增大。当该电压大于 RP_4 给出的给定信号 U_g 时，VD_{17} 导通，RP_7 给出的附加电压与 RP_4 给出的给定信号相加，相当于调大 U_g，使 N_4 输出的控制电压 $|U_k|$ 增大，触发脉冲相位前移，晶闸管导通角增大，弧焊电源输出较大的引弧电流。当电弧引燃后，弧焊电源从短路状态变为负载状态，弧焊电源输出负载电压（即电弧电压），此时由 RP_{14} 取出电压反馈信号也足以使 VS_{10}、VT_9 再次导通，C_{24}、C_{25} 被短接放电，RP_7 输出的附加电压逐渐减小直到消失，VD_{17} 截止，U_g 恢复到正常值，这就是引弧电路的作用。调节 RP_7，可调节引弧电流的大小。

推力电路的作用主要是当焊接电压比较低时，也就是在接近焊接短路时，增大焊接电流，以便加速熔滴过渡、增加熔深并避免焊条被粘住。电路的工作原理是：当弧焊电源输出端（48 点）电压 U_f 高于 15V 时，控制电路中的二极管 VD_{18} 因承受反向电压而截止，由 121 点输往 N_4 同相输入端的电压是 ±15V 电源在 RP_6、R_{50}、R_{49} 上的分压，由于该电压此时接近于零，因此对弧焊电源的输出电压无影响，也就是说，输出电压 U_f 对 N_4 输出的控制电压信号 U_k 无影响，只有电流负反馈控制，弧焊电源输出下降外特性。当弧焊电源输出电压 U_f 低于 15V 时，VD_{18} 导通。使 121 点电位随 U_f 降低。此时 N_4 同相输入端的电压不为零，而且随 U_f 一起降低。也就是说，此时的控制电压信号 U_k 不仅与给定电压 U_g、电流负反馈信号 U_{fi} 有关，而且与弧焊电源输出电压 U_f 有关，弧焊电源的控制既采用了电流负反馈，又采用了电压负反馈，因而使弧焊电源下降外特性在低电压段变缓，出现外拖，从而增大了焊接电流和短路电流。为了满足不同工件施焊时对外拖缓降特性的要求，可以调节 RP_6

来改变外特性下降斜率。

④ 电网电压补偿电路：弧焊电源在实际应用时，如果电网电压发生波动，弧焊电源的输出也会发生波动。一般情况下，如果电网电压升高，弧焊电源输出电压（或电流）也随之升高。为了抑制电网电压波动弧焊电源输出的影响，可以采用电网电压补偿电路。

ZX5 系列弧焊电源的电网电压补偿电路在图 7-7 所示的左边。图 7-7 中的一般整流电源是指由二极管 $VD_{28} \sim VD_{31}$ 构成的单相桥式整流电源（见图 7-3），该整流电源输出的正端接"地"，负端电位为 U_p，其输出电压 U_p 能反映电网电压的变化。U_p 串联在由 R_{67}、RP_1、+15V 稳压电源而组成的支路上。当电网电压上升时，+15V 稳压电源输出的电压不变，而一般整流电源负端电位 U_p 将变得更负。受 U_p 动点的电位下降，使给定电压 U_p 及控制电压 U_k 的绝对值减小，导致触发脉冲后移，晶闸管导通角减小，弧焊电源输出电压降低，从而抵消了电网电压升高对弧焊电源输出电压的影响。反之，当电网电压下降时，补偿情况相反。

⑤ 稳压电源电路：±15V 稳压电源电路位于图 7-3 所示的左下角。采用单相桥式整流和三端稳压块 W7185C 组成稳压电源电路，它提供了弧焊电源控制电路中所需要的±15V 稳压电源。

7.2 典型电路

7.2.1 ZX5-400 型晶闸管整流弧焊机电气原理图（图 7-8）

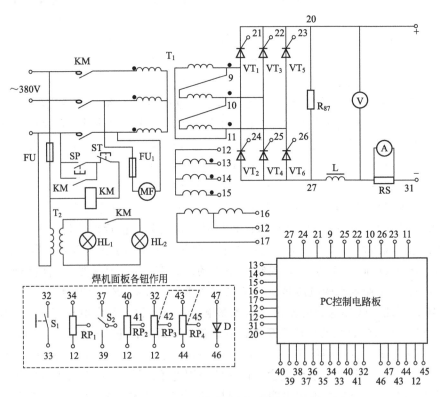

图 7-8　ZX5-400 型晶闸管整流弧焊机电气原理图

焊接面板各钮作用：S_1—断-连弧；S_2—推力-吹弧；RP_1—飞溅控制；
RP_2—推力-吹力强度；RP_3，RP_4—焊接电流调节；D—过载保护

7.2.2 ZDK-500 型晶闸管弧焊整流器主电路原理图（图 7-9）

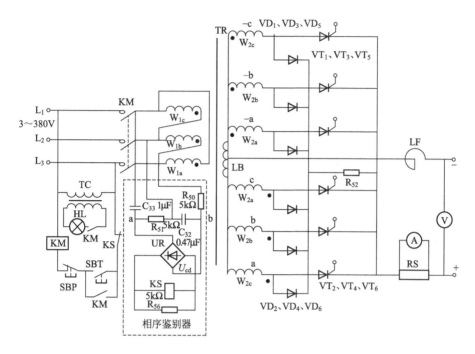

图 7-9 ZDK-500 型晶闸管弧焊整流器的主电路及相序鉴别器

7.2.3 GS-300SS 型晶闸管弧焊整流器主电路图（图 7-10）

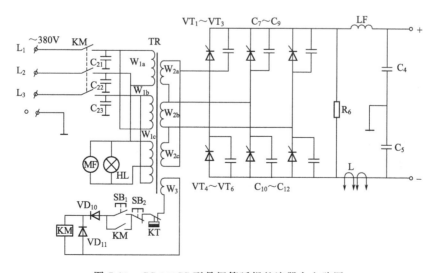

图 7-10 GS-300SS 型晶闸管弧焊整流器主电路图

7.2.4　ZX5-250型晶闸管弧焊整流器主电路（图7-11）

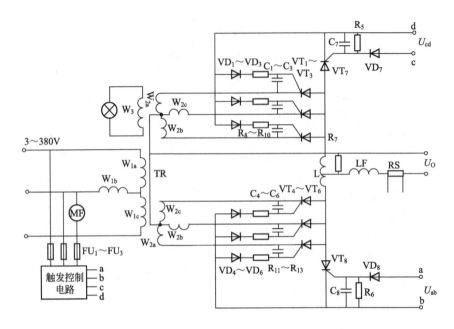

图7-11　ZX5-250型晶闸管弧焊整流器主电路

7.2.5　LHF-250型晶闸管弧焊整流器主电路图（图7-12）

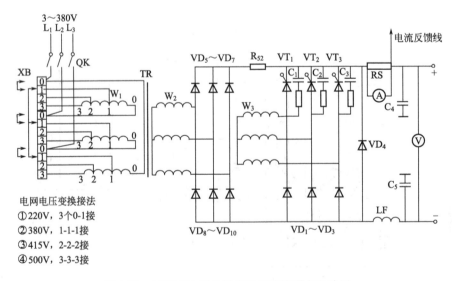

图7-12　LHF-250型晶闸管弧焊整流器主电路图

7.3 直流晶闸管式弧焊机技术数据（表 7-1、表 7-2）

表 7-1 晶闸管式弧焊机技术数据（一）

	型号	ZDK-250	ZDK-500	ZX5-250	ZX5-400	NZC6-400
输出	额定焊接电流/A	250	500	250	400	400
	电流调节范围/A	30~300	50~600	50~250	80~400	60~450
	空载电压/V	77	—	55	63	65
	额定工作电压/V	18~32	40	30	36	40
	额定负载持续率/%	60	80	60	60	60
输入	电网电压/V	380	380	380	380	380
	相数	3	3	3	3	3
	频率/Hz	50	50	50	50	50/60
	额定容量/kV·A	14.5	36.4	14	21	23
功率因数		—	—	0.7	0.75	0.76
效率/%		—	—	70	75	75
质量/kg		185	350	160	200	170
外形尺寸/mm	长	780	940	605	653	590
	宽	560	540	501	504	500
	高	920	1000	914	1010	900
用途		CO_2 气体保护电弧焊、手弧焊、钨极氩弧焊	CO_2 气体保护电弧焊、手弧焊、埋弧焊、钨极氩弧焊	手弧焊	手弧焊、钨极氩弧焊	熔化极气体保护电弧焊

表 7-2 晶闸管式弧焊机技术数据（二）

	型号	EUROTIG25①	YD-500SV21	LAH500E②	G630-1①	THT800③
输出	额定焊接电流/A	350	500	500	630	800
	电流调节范围/A	5~350	60~500	50~500	15~630	800
	空载电压/V	100		50	100	85
	额定工作电压/V	32	16~45		44	50
	额定负载持续率/%	80	60	60	35	—
输入	电网电压/V	380	380	220/550	380/415/500	220/380
	相数	3	3	3	3	3
	频率/Hz	50/60	50/60	50/60	50/60	50/60
	额定容量/kV·A	20	31.9	26.9	—	39
功率因数		0.65	0.8	0.79	0.69	0.85
效率/%		—	—	91	—	—
质量/kg		270	172	210	290	305
外形尺寸/mm	长	—	500	—	1040	1150
	宽		650		520	620
	高	—	1020	—	700	870
用途		等离子弧焊、手弧焊、钨极氩弧点焊	熔化极活性气体保护电弧焊	熔化极气体保护电弧焊	合金和非合金钢、铸铁、铝等的堆焊修复焊	电弧气刨、熔化极气体保护电弧焊、手弧焊

① 生产厂为德国 Messer Griesheim。
② 生产厂为瑞典 FSAB。
③ 生产厂为意大利 INE。

7.4 直流晶闸管弧焊整流器故障分析及处理

7.4.1 ZX5-400型晶闸管弧焊整流器故障分析及处理（图7-2～图7-4）

(1) **故障现象**：在使用中空载电压很低，在施工焊接时电弧不稳，影响焊件的焊接质量。

故障分析及处理：该弧焊整流器在正常时空载电压一般为70V左右，在使用时空载电压偏低，一般可以断定这是弧焊整流器三相晶闸管整流电路中缺相造成的。应首先检查晶闸管是否有损坏的，如果检测晶闸管没损坏，就可以断定是弧焊整流器的控制板有问题（无法实现控制），没有触发输出信号，导致晶闸管不触发，可以更换上生产厂家的新控制板，将损坏的控制板替换下来，故障便可排除。如果有一定的维修经验，也可以对损坏的控制板进行故障查找并处理。

(2) **故障现象**：当焊接设备接入电源时运行正常，但在启动电焊机时发现风机没有转动，此时电源指示灯也不亮，也没有直流空载电压输出。

故障分析及处理：此故障属于晶闸管弧焊机没有工作，其原因是控制回路接触器KM没有吸合，导致该故障的原因有以下几点。

① 启动按钮有故障，按动时动触点与静触点未接触，即按钮并未接通电路。
② 接触器KM的绕组有断线处，所以电路接通也不会使接触器动作。
③ 该接触器至启动按钮的电路有导线断线，或者接头螺钉松脱。

以上三点只要有一种故障发生，该电焊机就不能启动，所以，也就没有空载电压输出（70V）。这时就要对晶闸管弧焊整流器的控制电路进行检查，找出故障点，进行相应解决处理。故障①、②可采用修复或更换同型号、同规格的元件，便可排除故障；对故障③，可更换新线或将接头接牢即可。

(3) **故障现象**：在焊接作业时发现焊接电弧不稳，电压表显示的空载电压才有45V左右。

故障分析及处理：晶闸管弧焊整流器正常使用的空载电压应在68V或70V左右（电焊机设备标准值）。现在空载电压仅为45V左右，相当于正常时的三分之二。该现象一般是弧焊整流器三相的晶闸管整流电路缺一相的缘故，可是拆下来进行检查测试并没有一个损坏，这就可断定是弧焊整流器的控制板损坏了，其中有一相不输出触发信号，导致该相的晶闸管不触发。经检查控制板发现其中一相的触发回路中去VT_1的连接线开焊，导致触发信号失调。处理后（焊牢）一切正常。

(4) **故障现象**：电焊机在开机后，电源指示灯HL_1亮，风机运转正常而且指示灯HL_2也亮，但电焊机输出电流（焊接电流）不稳，忽高忽低。

故障分析及处理：故障现象说明电源及整流部分正常。只有两个方面可以造成上述故障的发生：一是弧焊整流器的控制板有软故障发生（如晶闸管的触发控制回路的电气元件时好时坏）；二是焊接电流调节电位器（RP_3、RP_4）接触不良造成的。根据上述故障对晶闸管的触发控制回路进行测试（触发信号）来确定其故障点，或用替换法对该控制板进行更换；对焊接电流调节电位器（RP_3、RP_4）进行更换或处理。

(5) **故障现象**：电焊机在使用中突然电流中断。

故障分析：ZX5-400型晶闸管整流器的主电路如图7-2所示。由图可知，主电路是由六相整流变压器T_1、带平衡电抗器L_1的双反星形全波全控整流电路VH_1～VH_6、滤波电抗

器 L_2 组成。当脉冲变压器产生触发信号时，它们分别触发小功率晶闸管 VH_7 和 VH_8，使晶闸管 $VH_1 \sim VH_3$ 和 $VH_4 \sim VH_6$ 导通，此时电焊机便能正常工作。

现在，电焊机在正常工作中突然电流中断，说明已在正常工作的晶闸管 $VH_1 \sim VH_6$ 突然停止导通不工作了。其主要原因可能如下。

① 电网电源突然停电，这种情况产生极易判断，因为电网电源突然停电，周围的电器均应停止工作。

② 接电网电源的铁壳开关的三相熔丝全部熔断，因熔丝选择的容量太小了。

③ 接铁壳开关的电源输入线太细，连接接线端子处螺栓又未拧紧，使输入端接触电阻过大，弧焊整流器使用时间较长而将接输入端子的导线烧断。

④ 触发控制电路的三相细熔丝 $FU_1 \sim FU_3$ 烧断，使触发器突然停止工作，没有了触发信号，所以 $VH_1 \sim VH_6$ 停止工作。

⑤ 印制线路板出现故障，使触发器无触发信号输出。

⑥ 在 VT 元件上装有温度继电器的弧焊整流器，可能因 VT 元件温升达到限定温度而起保护作用切断触发电路，或者温度继电器的误动作所致。

⑦ 电容 C_{18}、C_{19} 及二极管 VD_{11}、VD_{12} 损坏，使触发信号失去触发能力。

处理方法：对每个原器件要逐项查找并确定故障原因，如属原因①时，只待电网恢复供电，弧焊整流器便可正常工作；如果属于原因②或④时，应更换合格的熔丝便可；如属于原因③时，应更换适当的电源输入线，输入端子应接好接牢；如属于原因⑤时，应购新线路板；如属于原因⑥时，应检查温度继电器，确属其保护动作，应待弧焊整流器冷却后再用。如果温升并不高，而是温度继电器的误动作所致，则应更换新的温度继电器，如属于原因⑦时应检查确认后更换新的（同型号、同规格）电容和二极管。此时故障即可排除了。

(6) **故障现象**：电焊机使用时发现空载电压过低，引弧困难。

故障分析：致使电焊机空载电压过低的原因可能如下。

① 电网电源电压过低。

② 电源的铁壳开关中有一相熔丝烧断或电网电源缺相。

③ 整流变压器 T_1 二次绕组有一个绕组匝间短路，使该相电压较低。

④ 整流变压器 T_1 有的相二次绕组中间有断头，使该电焊机此相没有二次电压输出。

⑤ 在二极管 $VD_5 \sim VD_{10}$ 中有一个或几个管子损坏，致使它所提供的触发信号中断，使晶闸管不触发。

⑥ 晶闸管 $VH_1 \sim VH_6$ 中有一个或几个不触发。

⑦ 触发控制电路的熔断器有一个相熔丝烧断，使部分晶闸管不触发。

⑧ 电焊机一次输入接线端有一相开路（掉头或螺钉松脱）。

处理方法：在上述原因中，如果弧焊整流器出现原因①故障，不属其本身故障，应等待躲过电网电高峰期再用，或装置容量与电焊机相当的调压器保证电压。如果是出现了原因②、⑦的情况时，则应更换适当的熔丝。如果是原因③或④的情况时，则应拆修整流变压器的二次绕组。如果是原因⑤或⑥的情况时，应更换晶闸管或检修触发电路，或更换印制线路板。如果是出现原因⑧情况时，应更换输入导线或重新将导线接牢。

(7) **故障现象**：电焊机使用时间稍长便有焦煳味。

故障分析：弧焊整流器在额定的负载持续率下是可以连续作业的。如果电焊机连续施焊时间稍长便出焦味，说明电焊机有故障。电焊机过热是由于电焊机发出的热量在大于散失的热量，产生了热量积累，进而致使绕组绝缘物开始发生化学变化，而扩散出有机物烧焦的味道。电焊机内产生过热的具体原因可能如下。

① 电焊机整流变压器 T_1 的二次绕组有部分匝间短路，短路电流加速了变压器的发热，使温升过高所致。

② 电焊机风扇不转，或风扇虽转但扇叶变形，风力不够，使电焊机冷却条件变坏，不能使电焊机制发热量快速地散发掉。

③ 电焊机的晶闸管被击穿而导致主电路短路，会瞬间使电焊机产生强大的短路电流，将电焊机绕级绝缘烧焦，产生浓的焦煳味并会着火，致使电焊机烧毁，同时引起电网铁壳开关"放炮"。

处理方法：发现电焊机有焦煳之后，应立即停止使用。从电网上拆下来，打开机壳彻底检查。

故障①时，可用变压器空载电压测试法找出匝间短路的绕组，也可用变压器空载接电网电源一段时间，拉断电源后立即用手触摸二次绕组，有匝间短路的绕组表面温度会明显地增高。

匝间短路的绕组要视具体情况而定修复方式，对容易修复的可以进行小修处理，不容易修复就要拆变压器进行大修解决。

故障②时，可用风扇电动机试验法检验，不转的电动机应检修，修不好时及时更换新电动机；对叶片变形的应仔细校正，难以校正的应更换新叶片或更换新风扇。

若故障③时，此时应对电焊机进行大修，重绕绕坏的绕组。重新组装晶闸管整流桥时，除了要保证管子耐压值和额定电流值一致外，还要注意 $VH_1 \sim VH_3$ 和 $VH_4 \sim VH_6$ 每组中的三个晶闸管的正、反向电阻参数应尽量接近，因为这样能保证三相的整流波形相近。一般情况是更换整流元器件时一定要更换相同型号、规格的器件，不可随意使用不相同的器件。

7.4.2　ZDK-500 型晶闸管弧焊整流器故障分析及处理（图 7-9）

（1）**故障现象**：ZDK-500 型晶闸管弧焊整流器使用时电弧不稳。

故障分析及处理：晶闸管弧焊整流器的电流调节是靠改变晶闸管控制极的导通角来实现的。在晶闸管工作的波段内，导通角 ϕ 越小，则整流后的电流越小。所以可以控制晶闸管的触发角 a 来获得 ϕ 的大小，实现晶闸管整流输出的调节。对于晶闸管弧焊整流器三相全波全控整流电路，需要六只晶闸管同时在 a 时刻触发才行。

从上述的晶闸管的工作过程中可以发现，电焊机输出电流的波形中将有间隙存在。电焊机工作电流越小，导通角 ϕ 越小，则电流不连续的间隙将越大。晶闸管输出电流间隙将使焊接电流不稳定，致使电弧燃烧不稳定，尤其在小电流收弧时，不稳定性更严重。因此，晶闸管弧焊整流器都采用许多改善电流断续性的稳弧措施，并联引弧电路就是其中重要措施之一，即在整流主电路工作的晶闸管 VT 两端并联一只小容量的二极管 VD，形成一个引弧电路，使 VT 在其导电的间隙处有二极管 VD 的导电电流作补偿，这样可以保证输出电流连续性，电弧燃烧稳定。

ZDK-500 型弧焊整流器就是采用引弧电路来稳定电弧的。在 ZDK-500 型弧焊机主电路中，每只晶闸管均并联一只二极管，这就是引弧电路，六只二极管组成六相半波整流电路，经限流电阻的降压和限流与主电路相并联，这就补偿了晶闸管弧焊整流器电流间断、电弧不稳定的缺陷。

前述弧焊整流器出现电弧不稳，显然是由于稳弧的引弧电路有故障所致，产生这种故障的可能原因是：

① 引弧电路中起降压作用的线绕电阻 R 被烧坏；
② 引弧电路中的整流二极管中有部分元件损坏；.
③ 引弧电路中有的导线开断或接头松动。

按照以上分析，逐级查找故障。如果是线绕电阻损坏了，应更换新的电阻，可选用比原来的电阻功率大一级的；如果是二极管损坏，应更换成同型号、同规格的二极管；如果是导线开焊，应重新接通、接牢引弧电路。

(2) **故障现象**：ZDK-500 型晶闸管弧整流器在接入电网电源后不能启动。

故障分析及处理：为保证晶闸管能正常工作和准确触发，晶闸管弧焊整流器主电路 VT 的电源与其触发电路的电源必须同步，即 VT_1 进入工作状态时，VT_1 触发信号必须同时到来，VT_2、VT_3……都如此。因此该晶闸管弧焊整流器对三相电网电源的要求，不但电压要正确、要平衡，而且三相电源接入整流器的相序也必须正确。为了保证能实现这种目的，该类型弧焊整流器设计装置了相序鉴别电路，如图 7-9（虚线部分）所示。信号继电器 KS 的工作电压是由单相整流桥 UR 的输出电压 U_{cd} 提供，它取决于三相阻容电路 ab 两端的电压 U_{ab}，而 U_{ab} 又决定于三相电源 L_1、L_2、L_3 的相序。如果 R_{50}、R_{51}、C_{32}、C_{33} 的参数如图 7-9（虚线部分）所示，在电网额定电压情况下，U_{ab} 可为 26V，经整流之后，U_{cd} 便为 23.4V，远低于额定电压 110V 的 KS 的动作电压。因此，在相序正确时，KS 不会动作，电焊机能启动和工作正常。

假如相序接反，如 L_2、L_3 相颠倒，则 $U_{ab}=565V$，此电压整流后将使继电器 KS 动作，切断接触器 KM 的电源，使电焊机无法启动。其他任何两相相序接错，U_{ab} 电压都会有足够的电压值使 KS 动作以保护电焊机。若三相电源中有任何一相缺相，则 U_{ab} 电压也会达到 300V 左右，使继电器 KS 动作，电焊机不能启动，从而也保护了电焊机。

综上所述，相序鉴别电路不但可以保证电焊机在正确相序条件下工作，而且对电焊机还具有缺相保护作用。

该弧焊整流器故障的发生，正是因为电源的相序不对。故障的排除方法是：

调整三相电源的接线顺序后启动弧焊整流器，如果启动正常，说明相序正确。如果仍不能启动，应重新更换相序试启动，最多调整 5 次（见表 7-3）便能正确。

表 7-3　ZDK-500 型弧焊整流器鉴相器在不同相序时的工作状态

一次电源相序	L_1、L_2、L_3	L_1、L_3、L_2	L_3、L_2、L_1	L_3、L_1、L_2	L_2、L_3、L_1	L_2、L_1、L_3
相序是否正确	正确	不正确	不正确	不正确	不正确	不正确
鉴相器的继电器	不动作	动作	动作	动作	动作	动作
工作状态	正常使用	不能启动	不能启动	不能启动	不能启动	不能启动

(3) **故障现象**：ZDK-500 型晶闸管弧整流器大修后，在接入电网电源后不能启动，一送电就短路（熔丝就断）。

故障分析及处理：因该晶闸管弧焊整流器对三相电网电源的要求，不但电压要正确、要平衡，而且三相电源接入整流器的相序也必须正确。为了保证能实现这种目的，该类型弧焊整流器设计装置了相序鉴别电路，如图 7-9（虚线部分）所示。经过检测控制板无问题，但在试验时发现是大修后的绕组在绕制时把起、末头绕反了，而且在检修时也没有做记录，修后一送电就短路。因此在大修该类设备时一定要熟记原始数据，不要随意进行绕制。

7.4.3 GS-300SS 型晶闸管弧焊整流器故障分析及处理（图 7-10）

（1）**故障现象**：GS-300SS 型晶闸管弧焊整流器接入电源后，电焊机启动不起来。

故障分析及处理：从原理图可知，该电焊机的主电路是由变压器 TR、$VT_1 \sim VT_6$ 组成的三相全波全控桥、输出端跨接的稳定电阻 R_6、滤波电抗器 LF 等组成。该电焊机的启动电路是由直流接触器 KM、按钮 SB_1、SB_2 和温度继电器 KT 等组成。温度继电器安装在晶闸管 VT_1 的散热器上，其常闭触点串接在 KM 线圈电路内。当电焊机负载时间过长或过载而引起晶闸管温升达到限定温度时，KT 动作，常闭触点便将接触器 KM 电路切断，从而保护了电焊机不因过载而烧坏。

电焊机发生不能启动的原因主要是接触器 KM 没有动作，致使电焊机没有接通三相电源，产生此故障可能有以下几方面原因造成的：

① 接触器 KM 的绕组内有断头，致使 KM 没有动作，或者接触器 KM 动作，但触点接触不良；启动按钮 SB_1 或停止按钮 SB_2 的触点接触不良；温度继电器 KT 失灵，其常闭触点没有闭合；二极管 VD_{10} 损坏，使电路阻断；控制变压器 TR 的 W_3 绕组有断头，使 W_3 没有电压向 KM 绕组提供；

② 连接 W_3—KT—SB_1—SB_2—VD_{10}—KM 电路的导线和连接点有断头，或有松脱处。

按上述各种原因一一检查，属于元件的故障应重新按原来的规格、型号更换新的元件；属于变压器绕组的故障应按原来的线规及匝数重新绕制，经绝缘处理合格后接入电路便可；如果是某处断线，应换新的导线，将接头连接牢固，故障便可消除。

（2）**故障现象**：电焊机在焊接时输出电流减小，怎么调整也无法调到正常值，因此无法进行焊接。

故障分析：GS-300SS 型晶闸管弧焊整流器的输出电流，取决于晶闸管整流桥的输入电压的大小、输入三相电的平衡状况及晶闸管的导通角的大小等诸多因素。产生上述故障的有以一下方面：

电网电源的铁壳开关里有一相熔丝烧断，使弧焊整流器中整流桥缺相，导致输出电流变小；电网供电电压太低（线路过长），所以电焊机输出电流相应变小；弧焊整流器接电源的输入线老化或接头接触不良，压降太大，导致输入电压太低；弧焊整流器有的晶闸管损坏，造成整流缺相，导致输出电流变小；弧焊整流器印制电路板的触发电路有故障，使个别晶闸管没触发，或已触发而导通角太小，也使输出电流变小。

故障处理：熔丝熔断换上新的合格熔丝；电源线老化更换合格的电源输入线，将接头焊牢；晶闸管损坏，更换新的晶闸管；印制电路板有故障，更换新的电路板。

7.4.4 ZX5-250 型晶闸管弧焊整流器故障分析及处理（图 7-11）

（1）**故障现象**：电焊机工作时突然发现电流中断不能工作。

故障分析：由原理图可知，主电路是由六相整流变压器 TR、带平衡电抗器 L 的双反星形全波全控整流电路 $VT_1 \sim VT_6$、滤波电抗器 LF 组成。它的触发电路装在印制电路板上，当脉冲变压器产生触发信号 U_{ab}、U_{cd} 时，它们分别触发小功率晶闸 VT_7 和 VT_8，在它们导通时即强迫触发主晶闸管 $VT_1 \sim VT_3$ 与 $VT_4 \sim VT_6$，此时电焊机便能正常工作。

现在，电焊机在正常工作中突然电流中断，说明已在工作的晶闸管 $VT_1 \sim VT_6$ 突然停止导通不工作了。其原因可能有以下几个方面。

① 电网电源突然停电。

② 接电源的铁壳开关的三相熔丝全部熔断,因熔丝选择的容量太小了(考虑负载时没有充分选择好设备容量大小)。

③ 接铁壳开关的电源输入线太细,连接接线端子处螺栓又未拧紧,使输入端接触电阻过大,弧焊整流器使用时间较长而将接输入端子的导线烧断。

④ 触发控制电路的三相熔丝 FU_1~FU_3 烧断,使触发器突然停止工作,没有了触发信号,所以 VT_1~VT_6 停止工作。

⑤ 印制线路板出现故障,使触发器无触发信号输出。

⑥ 在可控硅元件上装有温度继电器的弧焊整流器,可能因可控硅元件温升达到限定温度而起保护作用切断触发电路,或者温度继电器的误动作所致。

故障处理:

原因①时,只待电网恢复供电,弧焊整流器便可正常工作。

原因②或④时,应更换合格的熔丝便可。

原因③时,应更换适当的电源输入线,输入端子应接好接牢。

原因⑤时,应购新线路板。

原因⑥时,应检查温度继电器,确属其保护动作,应待弧焊整流器冷却后再用。如果温升并不高,而是温度继电器的误动作所致,则应更换新的温度继电器。

(2) **故障现象:** 电焊机在使用过程发现空载电压很低,引弧困难,无法正常焊接。

故障分析及处理: 致使产生空载电压过低的原因可能是:

① 电网电源电压过低;

② 电源的铁壳开关中有一相熔丝烧断;

③ 整流变压器 TR 二次绕组有一个绕组匝间短路,使该相电压较低;

④ 整流变压器 TR 有的相二次绕组中间有断头,使该电焊机此相没有二次电压输出;

⑤ 在二极管 VD_1~VD_6 中有一个或几个管子损坏,致使它所提供的触发信号中断,使晶闸管不触发;

⑥ 晶闸管 VT_1~VT_6 中有一个或几个不触发;

⑦ 触发控制电路的熔断器有一个相熔丝烧断,使部分晶闸管不触发;

⑧ 电焊机一次输入接线端有一相开路(掉头或螺钉松脱)。

故障处理:

原因①时,应等待躲过电网电高峰期再用,或装置容量与电焊机相当的调压器保证电压。

原因②、⑦时,则应更换适当的熔丝。

原因③、④时,则应拆修整流变压器的二次绕组。

原因⑤、⑥时,应更换晶闸管或检修触发电路,或更换印制线路板。

原因⑧时,应更换输入导线或重新将导线接牢。

(3) **故障现象:** 该台电焊机设备,是一台使用较久的电焊机,在此次作业时发现短时间使用一切正常,但使用时间稍长便有焦糊味。

故障分析: 弧焊整流器在额定负载持续率下是可以连续作业的。如果弧焊机在连续施焊时间稍长便出焦糊味,说明电焊机有故障。电焊机过热是由于电焊机产生的热量大于散失的热量,产生了热量积累,进而致使绕组绝缘物开始发生化学变化,而扩散出有机物烧焦的味道,说明铁芯松动或线圈绝缘、线路板等有问题。

电焊机内产生过热有以下几点原因。

① 电焊机整流变压器 TR 的二次绕组有部分匝间短路，短路电流加速了变压器的发热，使温升过高所致。

② 电焊机风扇 MF 不转或风扇虽转，但扇叶变形或有灰尘等，风力不够，使电焊机冷却条件变坏，使电焊机发热量不能快速地散发掉。

③ 电焊机的晶闸管被击穿而导致主电路短路，会瞬间使电焊机产生强大的短路电流，将电焊机绕组绝缘烧焦，产生浓的焦烟味并会着火，致使电焊机烧毁，同时引起电网铁壳开关"放炮"。

故障处理：如果发现电焊机有焦烟之后，应立即停止使用。拉开电源开关，切掉电焊机电源，打开电焊机机壳彻底地进行检查。

故障①时，一是可以用变压器 TR 空载电压测试法找出匝间短路的绕组；二是可以把该电焊机空载接上电源送电观察一段时间，在拉开电源后立即用手触摸二次绕组，有匝间短路的绕组表面温度会明显地增高。匝间短路的绕组要视具体情况而定修复方式，对容易修复的可以进行小修处理，不容易修复就要拆变压器进行大修。

故障②时，可用风扇电动机试验法检验，不转的电动机应检修，修不好时要及时更换新电动机；对叶片变形的应仔细校正，难以校正的应更换新叶片或更换新风扇。对有灰尘（挂得比较厚）的要清理掉，保证风叶良好。

故障③时，应对电焊机大修，重绕烧坏的绕组。重新组装晶闸管整流桥时，除了要保证管子耐压值和额定电流值一致外，还要注意 $VT_1 \sim VT_3$ 和 $VT_4 \sim VT_6$ 每组中的三个晶闸管的正、反向电阻参数符合标准，尽量使其参数一致，因为这样能保证三相整流输出波形相近。

7.4.5 LHF-250 型晶闸管弧焊整流器故障分析及处理（图 7-12）

故障现象：电焊机焊接时引弧困难，空载电压偏低（50V）影响了正常焊接工作。

故障分析及处理：由主电路图可见，其整流变压器 TR 的一次绕组 W_1 有许多抽头，并可以进行星形或三角形的联结变换，以适应 220V、380V、415V 和 500V 的不同电压等级的电网使用，有专用的接线片 XB 转换连接（不允许使用不符合规定的连接片），使用方便。

它的整流变压器 TR 的二次绕组有两组绕组：W_3 是为主电路 $VT_1 \sim VT_3$、$VD_1 \sim VD_3$ 组成的三相全波半控桥（三相全波整流桥的六只整流元件全为晶闸管，称作全控桥；若六只整流元件中只有三只晶闸管，而另三只是二极管，称作半控桥）供电；W_2 是为 $VD_5 \sim VD_{10}$ 组成的三相全波整流桥供电，为引弧电路所用。

引弧电路的整流电压比主电路的整流电压高许多，其电压差由降压电阻 R_{52} 所平衡，两电路并联。电焊机引弧时所需较高的空载电压（77V）和较小的电流均由引弧电路提供，而电弧引燃之后需电弧电压较低，需要电流较大，此时由电压较低的大功率主电路提供。

以上分析晶闸管弧焊整流器启动以后，空载电压 50V 是不正常的，这正是主电路的整流电压值，说明 77V 的引弧电路没有电压，显然故障是出在引弧电路里。

引弧电路出现故障可能有以下原因：

整流二极管 $VD_5 \sim VD_7$ 或 $VD_8 \sim VD_{10}$ 全部烧坏，使电路处于断路状态；整流变压器绕组 W_2 有两相烧断；引弧整流电路的输出电路有断线；整流电路的降压电阻 R_{52} 损坏。

根据各种故障分别进行排除确定故障，如果是元件损坏，应按原型号、原规格进行更换新的元件；若是断线，应将断线处重新焊牢。如果是整流变压器绕组烧损就要重新绕制新的。

第 8 章　IGBT 逆变式弧焊机检修

8.1　逆变式弧焊机基本原理

8.1.1　ZX7 系列可控硅逆变弧焊整流器原理

ZX7 系列弧焊机的原理框图如下：

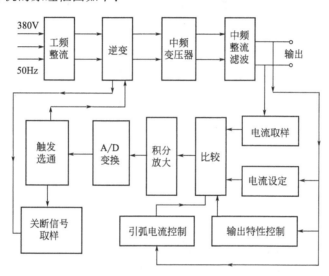

图 8-1　ZX7 系列弧焊机原理框图

将输入的三相交流电进行整流后，供给可控硅逆变器进行变频，然后由中频变压器降压再整流、滤波输出直流。

输出电流经分流器取样后与焊接电流设定值进行比较。为使焊接电源具有良好的抗电网波动能力和极小的冷、热态输出电流变化率，该电焊机的前向通道中设置了一级比例积分器，以提高系统的精度。比较产生的误差信号送给积分放大器处理后经 A/D 变换为一系列脉冲，这一系列脉冲经过触发选通电路处理后，送去触发逆变器的两支快速晶闸管轮流导通。关断信号取样电路在快速晶闸管关断 30μs 后，输出一个信号控制触发选通电路改变输出通道，以保证逆变器的可靠的工作。为了避免焊接过程中焊条与工件粘在一起，而设置了输出特性控制电路，当输出电压低于 15V 时该电路工作，使输出电流按一定规律增大，输出电压越低，输出电流就越大。为了帮助引弧，ZX7 系列晶闸管逆变弧焊整流器特设了引弧电流控制电路，使电焊机在起弧过程中加大焊接电流。

（1）ZX7 系列可控硅逆变弧焊整流器电路结构

参见原理图 8-2，主回路由限流限压电路、原边整流滤波电路、限压电路板 PCB1、控

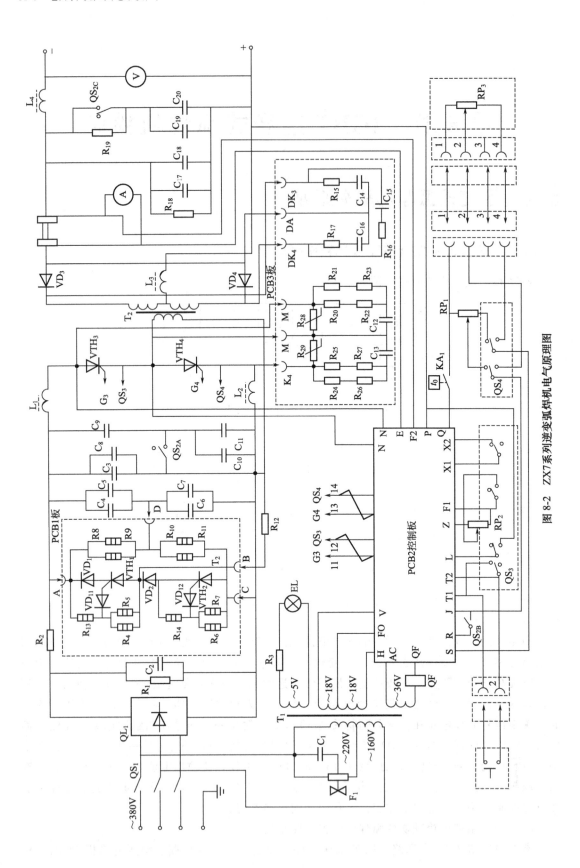

图 8-2 ZX7系列逆变弧焊机电气原理图

制板 PCB2、保护电路板 PCB3、逆变器及副边整流滤波电路等组成。下面针对各个电路进行简要叙述。

① 限流及限压电路：由自动空气开关 QS_1、压敏电阻 R_1、电容器 C_2、绕线电阻 R_2 组成。QS_1 是一种由复式脱扣机构的自动空气开关，当电焊机长时间超载运行时，其热脱扣机构动作，断开电焊机电源；若电焊机故障或遇外界强烈干扰，使电焊机主回路原边出现大于 300A 的电流时，QS_1 的电磁脱扣机构会在 10ms 内动作，断开电焊机电源。压敏电阻 R_1、电容器 C_2 用于吸收来自电网的尖峰电压，以保护快速晶闸管等半导体器件，当电焊机故障或遇外界强烈干扰造成"逆变失败"（或称"直通"，即 VTH_3、VTH_4 同时导通，下同），使电焊机主回路原边出现大电流时，R_2 将使电流的最大值不超过 2000A。

② 原边整流滤波电路：由 QL_1、$C_4 \sim C_7$、L_1、L_2 等元器件组成。QL_1 是一个三相整流桥，其作用是将三相交流电变为纹波较小的直流电。$C_4 \sim C_7$、L_1、L_2 等元器件主要起中频滤波的作用，$C_4 \sim C_7$ 是逆变电焊机专用的中频电解电容器，维修时不要随便找代用品替换。

③ 限压电路板 PCB1：用于限制快速晶闸管 VTH_3、VTH_4、C_3、$C_8 \sim C_{11}$ 等元器件两端的电压，当 B 点电位高于 A 点 250V 时 VTH_1 导通，当 C 点电位高于 B 点 250V 时 VTH_2 导通。

④ 逆变器：由快速晶闸管 VTH_3、VTH_4，换向电容器 C_3、$C_8 \sim C_{11}$，中频变压器 T_2 等元器件组成。逆变器正常工作时，VTH_3、VTH_4 轮流导通，改变流经 T_2 的电流方向，把直流电变成中频交流电。ZX7-400S/ST 电焊机逆变器是一种变频系统，其工作频率为 0.5Hz～4kHz，其工作频率与电焊机输出功率成正比，即逆变器工作频率越高，则电焊机输出功率就越大，反之亦然。

⑤ 副边整流滤波电路：由快恢复整流管 VD_3、VD_4，电抗器 L_3、L_4，中频电解电容器 $C_{17} \sim C_{20}$ 等元器件组成。经中频变压器降压后的中频交流电，由 VD_3、VD_4 整流变为直流电，再经电抗器 L_3、L_4，电解电容器 $C_{17} \sim C_{20}$ 等元器件滤波后，变为适用于焊接的直流电流。

(2) ZX7 系列可控硅逆变弧焊整流器工作原理

为便于分析逆变器工作原理，把主电路简化为图 8-3 所示的电路。简化电路中原边"整流滤波电路"用电源 E（约 520V）代替，限压电路板 PCB1 用 D_1、D_2、RY_1（压敏电阻）组成的等效电路代替，换向电容器 C_3、$C_8 \sim C_{11}$ 简化为 C_1、C_2，快速晶闸管 VTH_3、VTH_4 不变，主变压器以电感 L 代替。因为 R_1、R_2、C_1、L_1、L_2、QS_2、PCB3 板在分析原理时，其作用可忽略不计，故省去。

设快速晶闸管 VTH_3 在 t_1 时刻被触发而开始导通，VTH_3 导通后的简化电路见图 8-4（为分析方便，省去了电阻 R）。VTH_3 导通后电流 i 通过 L 向 C_2 其充电。如果限压电路不起作用，电路从 t_1 开始的过渡过程与普通的串联 LCR 电路的过渡过程相似。

电流 i 的流向是：

$E(+) \rightarrow VTH_3 \rightarrow L$（从上至下）$\rightarrow C_2 \rightarrow E(-)$。

当 $t=t_1$ 时，由于电容器上的电压不能突变，所以 $U_L=E$，又由于电感中的电流不能突变，所以在 t_1 时刻 $i=0$。

在 t_1 到 t_2 期间，i 按正弦规律上升，由于随着 i 的上升 di/dt 逐渐下降，所以 U_L 也逐渐降低，而 U_{C2} 在此期间按正弦规律上升。

当 $t=t_2$ 时，$di/dt=0$，所以 $U_L=0$。因为 $U_L+U_{C2}=E$（图 8-4），所以此时 $U_{C2}=E$。

在 t_2 到 t_3 期间，i 按正弦规律下降，由于 $di/dt<0$，所以 U_L 按正弦规律下降。因为 $U_L+U_{C2}=E$，所以 U_{C2} 在此期间继续按正弦规律上升。

当 $t=t_3$ 时，U_{C2} 上升到 $E+250V$，B 点电位就比 A 点高 250V，此时压敏电阻 RY_1 被击穿而导通，RY_1 导通瞬间相当于 C_2 被旁路，使 U_{C2} 不再上升，此时的电路结构类似于一阶 LR 电路，由于 C_2 不起作用，电路时间常数比原来的 LCR 电路小得多，所以使 i 迅速下降到零，从而使 VTH_3 关断。快速晶闸管 VTH_4 导通时的工作过程与 VTH_3 导通的工作过程相似。其电流流向是：

$E(+) \rightarrow C_1 \rightarrow L$（从下至上）$\rightarrow VTH_4 \rightarrow E(-)$。

逆变器工作过程的主要波形如图 8-5 所示。

由图 8-5 可见，快速晶闸管 VTH_3 关断后其阳极与阴极之间承受了 $-250V$ 的电压。

采用的这种串联半桥式逆变器电路的结构比较特殊，它是介于自然换向式电路与全逆变式电路之间的一种电路，可称其为半逆导串联半桥式逆变器。

这种半逆导式电路相对于其他电路有以下优点：

① 对换向电容器的耐压要求低；

② 对快速晶闸管的耐压要求低；

③ 可利用晶闸管关断后所承受的反向电压作为关断信号，信号取样简单可靠。

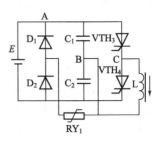

图 8-3 主电路原理简化图

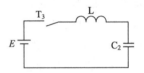

图 8-4 晶闸管 VTH_3 导通后的简化图

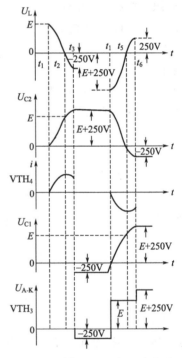

图 8-5 工作过程的主要波形图

8.1.2 KEMPPI 公司 Mastertig 1500/2200 型直流手工焊/脉冲氩弧焊两用逆变弧焊机工作原理

Mastertig 1500 型电焊机和 Mastertig 2200 型电焊机原理如图 8-6、图 8-7 所示。这两种电焊机的工作原理基本相同，不同点仅在于 Mastertig1500 型电焊机是输入单相 220V 交流电源，而 Mastertig 2200 型电焊机输入的是三相 380V 交流电源。

Mastertig 1500 型电焊机原理简述如下。

① 三相交流电源或单相电源经开关 S001 进入电焊机，先由三相或单相全桥整流后经电容器滤波送给逆变器。该线路采用半桥式 PWM 逆变方式，开关器件选用 IGBT 模块，工作频率为 20kHz，然后由中频变压器 T001 降压，再经二极管组 G002 整流，电抗器滤波后输出直流电进行焊接。

② A001 为逆变电焊机的主控板，经主回路副边分流器 R001 采回的电流反馈信号与电流给定信号相比较，其差值的大小决定了 IGBT 管导通的宽窄，从而保证输出电流达到所需

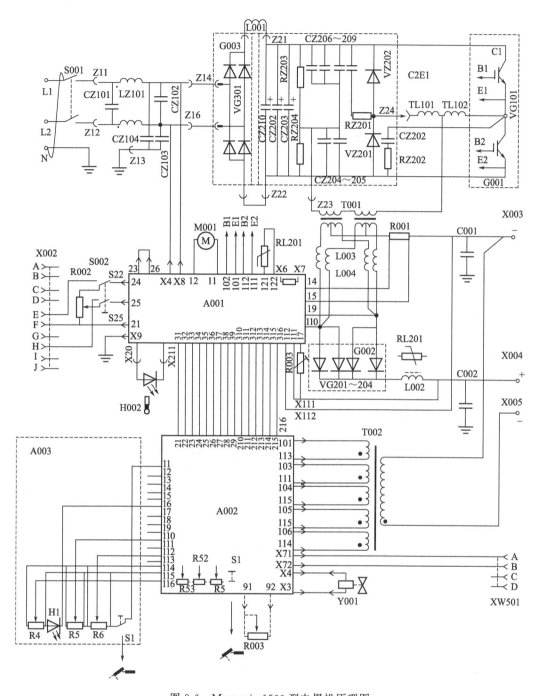

图 8-6 Mastertig 1500 型电焊机原理图

值。该控制板上还提供了手工焊时的推力电流调节,以适应短路过渡的需要。主控板 A001 上的 PWM 芯片采用的是 SG3526N。

③ 原理图中的 A002 为氩弧焊时的程序(含高频引弧)控制板,它提供氩弧焊时所需的各种脉冲及高频引弧的功能。

a. 在常规氩弧焊时,主要控制程序为预通气时间、焊接电流缓升时间、焊接电流缓降时间、延时断气时间等。

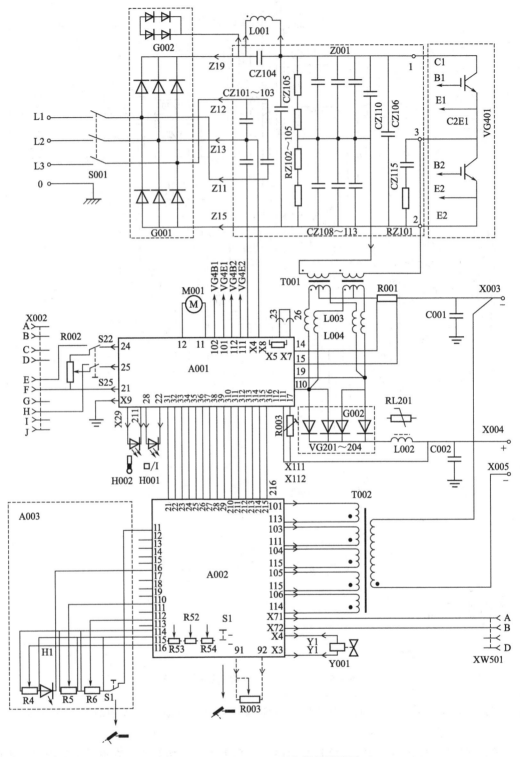

图 8-7 Mastertig 2200 型电焊机原理图

b. 在脉冲氩弧焊时,可控制脉冲周期、脉冲峰值电流、脉冲基值电流以及脉冲占空比。该控制板还包括引弧用高频发生器、控制电路等。

8.2 其他逆变式氩弧焊机电路图及技术参数

8.2.1 其他逆变式氩弧焊机电路图

(1) ZX7-400（500）型逆变弧焊机（IGBT）电气原理（图8-8、图8-9）

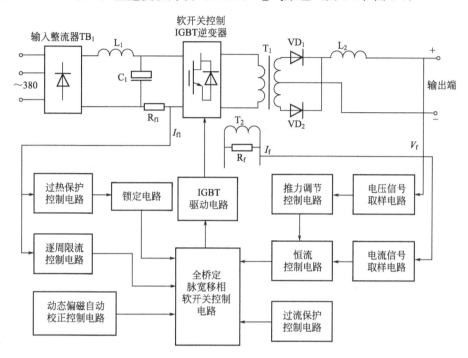

图8-8　ZX7-400（500）型逆变弧焊机（IGBT）主电路图

(2) WSM-160型直流脉冲氩弧焊机电气原理（图8-10）
(3) WSM5系列逆变式直流脉冲氩弧焊机原理（图8-11）
(4) 场效应管-晶体管双逆变交流方波电源主电路（图8-12）

8.2.2 逆变式氩弧焊机维护及技术参数

(1) 逆变式氩弧焊机维护

① 按电焊机标牌或使用说明书上规定的负载持续率及相应的电流值使用，防止电焊机过载。

② 避免焊条与焊件长时间短路，以免烧毁电焊机内部的元器件。

③ 通风机停止运转时，不应该进行焊接工作。安放电焊机的场所应有足够的空间，使电焊机通风良好。

④ 不宜在雨雪天室外及粉尘多的场地使用弧焊机。

⑤ 定期对电焊机进行维护（电焊机的绝缘电阻检测）并对接线端子进行检查（接线牢固）。

⑥ 使用电焊机时避免剧烈地振动或移动，更不允许对电焊机进行敲击，以免损坏线路板上的元器件，造成电焊机不能使用。

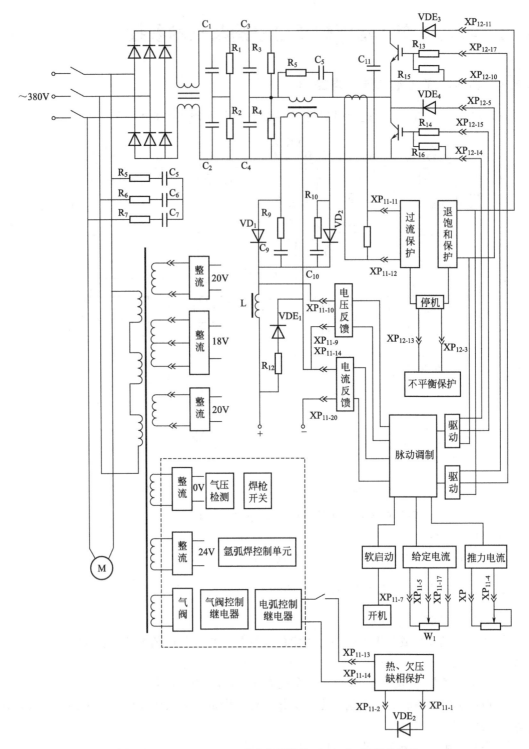

图 8-9 ZX7-400（500）型逆变弧焊机（IGBT）氩弧焊部分

⑦ 根据焊接的工艺技术要求，要正确选择电焊机的接线方式（正接法时，应将电焊机的正极接工件，负极接焊条；反接法时，应将电焊机的负极接工件，正极接焊条）否则，电焊机将产生电弧不稳定和飞溅大的现象。

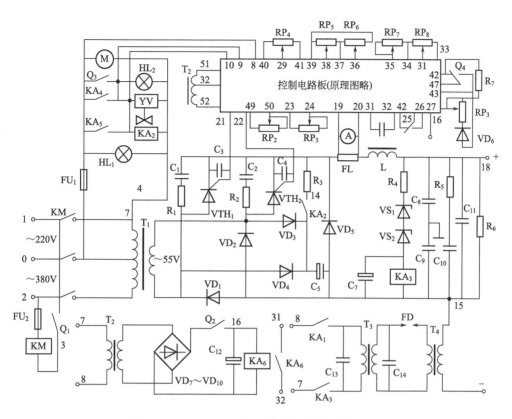

图 8-10 WSM-160 型直流脉冲氩弧焊机电气原理

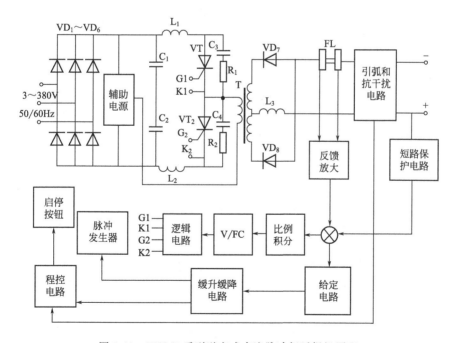

图 8-11 WSM5 系列逆变式直流脉冲氩弧焊机原理

⑧ 逆变弧焊机的电源引入线可采用 BXR 型橡皮绝缘铜芯软电缆或 YHC 型三相四芯移动式橡套软电缆,导线截面可按表 8-1 来选用。

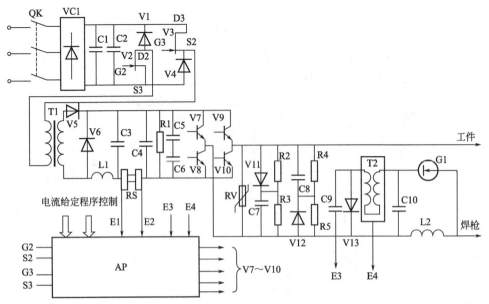

图 8-12 场效应管-晶体管双逆变交流方波电源主电路

表 8-1 逆变弧焊机电源导线截面的技术参数

电焊机额定容量/kV·A	5以下	6~10	11~20	21~40
相数及电压/V	三相380V	三相380V	三相380V	三相380V
根数×导线截面积/mm²	3×4+1×2.5	3×6+1×4	3×10+1×4	3×25+1×10

(2) 逆变式氩弧焊机技术参数（表 8-2~表 8-6）

表 8-2 晶闸管式逆变式弧焊机技术参数

	型号	ZX7-250[3]	ZX7-400[3]	ZX7-400/ST[3]	ZX7-315S/ST[3]	PS6000[1]	PSS3000[1]	CAPRYWELD-350[2]
输出	额定焊接电流/A	250	400	400	315	500	300	350
	电流调节范围/A	50~250	50~400	Ⅰ挡 40~140 Ⅱ挡 115~400	Ⅰ挡 30~105 Ⅱ挡 115~315	10~500	10~300	25~350
	空载电压/V	70	80	80	80	80	80	71
	额定工作电压/V	22~30	36			40	34	32
	额定负载持续率/%	60	60	60	60	60	60	35
输入	电网电压/V	380	380	380	380	380/415	380/415	380
	相数	3	3	3	3	3	3	3
	频率/Hz	50	50	50	50	50/60	50/60	50/60
	额定输入电流/A	—	—	32	26.6	—	—	12
	额定容量/kV·A	9	21.3	21.3	17.5	27.3	18	7.9
功率因数		0.95	0.95	0.95	0.95	0.9	0.9	—
效率/%		83	85.7	83	83	85	80	
质量/kg		33	75	66	59	93	100	42
外形尺寸/mm	长	470	600	700	700	710	710	645
	宽	276	360	355	355	360	360	293
	高	490	460	540	540	580	610	413
用途		钨极氩弧焊	手工焊、钨极氩弧焊	手工焊、钨极氩弧焊	手工焊、钨极氩弧焊	手工焊、微机控制的各种气体保护电弧焊	手工焊、微机控制的各种气体保护电弧焊	脉冲熔化极气体保护电弧焊

① 生产厂为芬兰 KEMPPI。
② 生产厂为瑞士 ERIL TRONIC。
③ 国内生产。

表 8-3　晶体管式弧焊逆变器技术数据

	型　号	EUROTRANS50	ACCUTIG300P	LHL315	ISI5	TIG304
输出	额定焊接电流/A	500	300	315	200	300
	电流调节范围/A	50～500	4～300	8～315	3～200	4～300
	空载电压/V	50	80	65	40～80可调	60
	额定工作电压/V	15～40	30	—	—	—
	额定负载持续率/%	60	40	35	60	—
输入	电网电压/V	380	380	380	380/400	380/415
	相数	3	3	3	3	3
	频率/Hz	50/60	50/60	50/60	50/60	50/60
	额定一次相电流/A	—	—	—	—	11
	额定容量/kV·A	19	16.5	10.5	6.5	11.8
	功率因数	0.92	—	0.94	—	0.8
	效率/%	88	—	85	—	33
	质量/kg	100	64	28	13.5	—
外形尺寸/mm	长	920	390	—	460	—
	宽	530	555	—	180	—
	高	830	690	—	325	413
	用途	各种气体保护电弧焊，脉冲惰性气体保护电弧焊，手弧焊	钨极氩弧焊，碱性焊条焊	钨极氩弧焊，手弧焊	手弧焊，脉冲直流钨极氩弧焊	钨极氩弧焊，手弧焊
	生产厂	德国 Messer Griesheim	日本 OTC	瑞典 ESAB	德国 Lorch	德国 L-TEC

表 8-4　场效应管式弧焊逆变技术数据

	型　号	ZXC-63③	ZX6-160③	LUB315①	LUC500①	500ADT-CXP2②
输出	额定焊接电流/A	63	160	315	500	500
	电流调节范围/A	3～63	5～160	8～315	8～500	50～500
	空载电压/V	50	50	56	65	—
	额定工作电压/V	16	24	—	—	16～42
	额定负载持续率/%	60	60	60	60	60
输入	电网电压 V	220	380	380	380	380
	相数	1	3	3	3	3
	频率/Hz	50/60	50/60	50/60	50/60	50/60
	额定容量/kV·A	—	—	9.8	21.7	25.6
	功率因数	0.99	0.99	0.95	0.97	—
	效率/%	82	83	85	83	—
	质量/kg	9	16	58	72	53
外形尺寸/mm	长	430	500	—	—	310
	宽	180	220	—	—	580
	高	270	300	—	—	540
	用途	钨极氩弧焊	手弧焊、钨极氩弧焊	微机控制的各种气体保护电弧焊、手弧焊	微机控制的各种气体保护电弧焊、手弧焊	脉冲熔化极氩弧焊、活性气体保护电弧焊

① 生产厂为瑞典 ESAB。
② 生产厂为日本 HITACHI。
③ 国内生产。

表 8-5 场效应管（含 IGBT）式弧焊逆变器技术数据

	型号	LDH160	ACTTVA320	CPVP-350	DPC-500MS	DPC300S
输出	额定焊接电流/A	160	320	350	500	300
	电流调节范围/A	5~160	5~320	40~350	—	—
	空载电压/V	75	—	—	67	67
	额定工作电压/V	28		15~36		40
	额定负载持续率/%	60	60	60		100
输入	电网电压/V	380/415	380/415	380	380	380
	相数	3	3	3	3	3
	频率/Hz	50/60	50/60	50/60	50/60	50/60
	额定一次相电流/A	—	—	—	36	21
	额定容量/kV·A	4(kW)		22		
功率因数		0.7				
效率/%		90				
质量/kg		—	30	82	120	50
外形尺寸/mm	长	470	585	380		
	宽	170	305	640		
	高	26	425	615		
用途		手弧焊、钨极氩弧焊	手弧焊、钨极氩弧焊	熔化极各种气体保护电弧焊	熔化极各种气体保护电弧焊、惰性气体保护电弧焊	手弧焊
生产厂		丹麦 MIGATRONIC	美国 CERLIKON	日本 OTC	意大利 CEBORA	意大利 CEBORA

表 8-6 WSM5 系列逆变式脉冲氩弧焊机技术参数

序号	型号	WSM5-200	WSM5-315	WSM5-400	WSM5-500
1	电源电压/V	三相 380			
2	频率/Hz	50/60			
3	额定输入功率/kV·A	8.75	16	21	30
4	额定输入电流/A	13.3	24.3	32	45.3
5	额定输出电流/A	200	315	400	500
6	额定负载持续率/%	60			
7	电流调节范围/A	20~200	30~315	40~400	50~500
8	输出空载电压/V	30(手工焊:75V)			
9	缓升时间/s	1~5			
10	缓降时间/s	2~7			
11	低值电流/A	0.01~1			
12	峰值电流/A	0.01~1			
13	结构方式	焊接电源+控制箱			
14	引弧方式	高频或接触引弧			
15	质量/kg	66+15		75+15	

8.3 逆变式弧焊机的故障处理

8.3.1 ZX7 系列逆变式弧焊机的故障处理（图 8-2）

(1) **故障现象**：接通电源后开机风机正常运转，但面板上工作指示灯不亮，但电压表有 70~80V 指示，且电焊机能工作。

故障原因：指示灯 EL 接触不良或损坏。

故障处理：更换指示灯 EL（6.3V/0.15A）。

(2) **故障现象**：开机后指示灯不亮，风机也不运转，但面板上的空气开关 QS_1 处于合位置。

故障原因：缺相；空气开关损坏。

故障处理：检查电路；更换空气开关（C45N/40A）。

(3) **故障现象**：电焊机在开机后能工作，但焊接电流小，且电压表指示不到 70~80V。

故障原因：① 可能是换向电容 $C_8 \sim C_{11}$ 中某些失效。

② 使用的焊把电缆截面太小。

③ 三相（380V）电源缺相。

④ 有可能是三相整流桥 QL_1 损坏（按原型号、规格）。

⑤ 控制电路板 PCB2 损坏（按原型号、规格）。

故障处理：① 更换损坏的换向电容器（C88-8μF/500V）。

② 更换焊接电缆（$70mm^2$）。

③ 检查用户配电板或配电柜。

④ 更换三相整流桥 QL_1（SQL19-100A/1000V）。

⑤ 更换控制电路板 PCB2。

以上要更换的元器件一定按原型号、规格进行更换。

(4) **故障现象**：电焊机在开机后，电焊机无空载电压输出（70~80V）。

故障原因：① 控制电路板 PCB2 损坏。

② 快速可控硅 VTH_3、VTH_4 损坏。

故障处理：① 维修或更换控制电路板 PCB2。

② 更换快速可控硅 VTH_3、VTH_4（KK200A/1200V）。

以上要更换的元器件一定按原型号、规格进行更换。

(5) **故障现象**：当一接通电焊机电源，自动开关就立即自动断电。

故障原因：① 快速可控硅 VTH_3、VTH_4 损坏。

② 快恢复整流二极管 VD_3、VD_4 损坏。

③ 三相整流桥 QL_1 损坏。

④ 压敏电阻 R_1 损坏。

⑤ 控制电路板 PCB2 故障。

⑥ 电解电容器 $C_4 \sim C_7$ 中某一个失效。

故障处理：出现这种情况时应先关掉配电板或配电柜上的电源开关，然后合上电焊机的自动开关，如果仍立即断电，可进行如下处理：

① 更换快速可控硅 VTH_3、VTH_4（KK200A/1200V）。

② 更换快恢复整流二极管 VD_3、VD_4（ZK300A/800V）。

③ 更换三相整流桥 QL_1（SQL19-100A/1000V）。

④ 更换压敏电阻 R_1（MY31-820V/3kA）。

⑤ 更换控制电路板 PCB2。

⑥ 更换失效的电容器（CD13A-F-350V/470μF）。

以上要更换的元器件一定按原型号、规格进行更换。

(6) **故障现象**：电焊机无论怎样调节焊接电流，焊接过程中均出现连续断弧。

故障原因：电抗器 L_4 匝间绝缘不良，有匝间短路的。

故障处理：此故障短路不易查找，可以联系制造厂家购买新的电抗器（按原型号、规格）；也可以自行拆下来，进行修理（要仔细记录原始数据以及相关的数据）绕好后要浸漆干燥，合格后方可安装。

(7) **故障现象**：电焊机在使用中发现电焊机内有烧焦味，此时电流不稳，无法焊接。

故障分析及处理：打开电焊机，发现 PCB1 板的 10Ω/50W 电阻烧断而且因该电阻的长时间过热造成 PCB1 板烧焦，于是按实际尺寸和具体元器件（电阻、电容以及各个元器件）进行复制，故障消除，其 PCB1 各个元器件的具体参数见图 8-13。

(8) **故障现象**：一送电焊机电源，电焊机内就听到放电声，而且无焊接电压输出同时电焊机内有烧焦味。

故障分析及处理：切断电焊机电源开关，拆开电焊机，检查发现机内最下方变压器及主板的电容因放电（虚焊）使电容器漏油损坏。经过修理

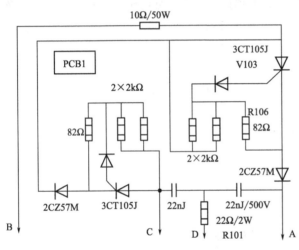

图 8-13 PCB1 各元器件具体参数

（更换原规格、型号的电容器）故障消除。

8.3.2 IGBT-ZX7-400（500）型逆变电焊机的故障处理（图 8-9）

(1) **故障现象**：当合上电焊机电源时，电焊机的空气开关就跳闸。

故障原因：① 一次整流模块损坏。

② 滤波电容器击穿损坏。

③ IGBT 模块损坏（烧断、短路）。

故障处理：① 经检测确认后，更换新的整流模块。

② 更换新的滤波电容器。

③ 更换新的 IGBT 模块。

以上损坏器件一定要原规格、型号进行更换，切不可随意更换，最好用原厂家的。

(2) **故障现象**：电焊机电压异常，但指示灯亮。

故障原因：电网电源电压欠压、过压或缺相造成的。

故障处理：检查确认电网电压是否正常，要仔细查找其欠压、过压或缺相的部位并进行处理。

（3）**故障现象**：电焊机在工作时电流忽大忽小，但电源指示灯亮。

故障原因：① 因长时间工作或是风机有故障（时有时无接地等）。

② 过流报警环节太灵敏。

③ IGBT 模块损坏或主变压器损坏。

故障处理：① 故障发生时，要停止工作一段时间（3~5min）即可，也要检查一下风机的好坏，当出现时有时无的接地故障时，要修理好风机。

② 进行检查确定后更换其过流报警板（或其中的损坏器件等）。

③ 更换新的 IGBT 模块（原规格、型号）或主变压器（有条件的可以自行修理）。

（4）**故障现象**：电焊机在使用过程中发现，该机时不时地温度异常，指示灯亮。

故障原因：① 温度报警系统有问题；IGBT 模块长时间工作造成温度升高，使温度报警系统太灵敏所致。

② 风机停转造成电焊机过热。

故障处理：① 检查该温度报警系统器件对有问题的进行修理或更换，或是更换其温度报警板和相关的元器件。

② 检查风机的好坏，如果烧坏，要及时修理或更换。

（5）**故障现象**：电焊机在空载时电流偏低。

故障原因：① 电流表有问题（误差大或表头有问题）。

② 电焊机的 IGBT 驱动板损坏或有问题。

③ 二次整流模块烧坏。

故障处理：① 检查电流表进行处理或是更换新的电流表。

② 更换新的 IGBT 驱动板。

③ 更换新的整流模块。

以上更换的器件一定要原规格、型号，切不可随意更换。

8.3.3　WSM 系列多功能电焊机故障处理（图 8-10）

（1）**故障现象**：当接通电焊机电源开关 Q_1，听不见交流接触器 KM 动作的响声；电源指示灯 HL_1 不亮；冷却风机 M 不动作。

故障分析及处理：检查电焊机供电电源电压是否正常；刀闸或空气开关是否完好；电焊机进线接线柱 380V、220V 接法是否正确、牢靠；电焊机电源开关是否损坏；电焊机熔断器 FU_1、FU_2 是否损坏、接触是否良好。

（2）**故障现象**：接通电焊机电源开关 Q_1，按下焊炬开关 Q_3，中间继电器 KA_2 不工作。

故障分析及处理：首先，断开电焊机电源开关 Q_1、检查电焊机熔断器 FU_1 是否损坏或松动；如控制电路板 8 号、10 号两点电压正常，说明 KA_2 线圈及其引线正常，则故障在控制电路（图略）上中间继电器 KA_5（继电器 KA_5 在控制板上），检查维修 KA_5 或更换控制板。

（3）**故障现象**：氩弧焊时，钨极与工件接近，没有高频火花产生。

故障分析及处理：先检查高频产生器的 T_3 初、次级绕组和耦合变压器 T_4 的振荡绕组和耦合绕组是否完好；如 T_3、T_4 正常，则检查振荡电容 C_{14} 是否损坏；火花放电器 FD 间隙是否合适，其固定钨棒的螺母是否松动；7号、8号线是否有交流 220V 电压输入；如输入电压正常，则故障在 KA_1 或 KA_3 上，检查维修或更换 KA_1、KA_3。KA_1 在控制板上，其工作与否受 KA_6 控制。

(4) **故障现象**：焊接电弧不稳定、焊缝成形差。

故障分析及处理：检查输出电缆的正、负极性是否接错，电流大小是否合适；氩弧焊时检查钨极是否烧损，保护气体是否正常。

8.3.4　Thyarc 牌 WSM5 系列逆变式直流脉冲氩弧焊机故障处理

(1) **故障现象**：开机后指示灯不亮，但电焊机能正常工作。

故障原因：指示灯接触不良或损坏。

故障处理：检查或更换指示灯（6.3V、0.15A 螺口）。

(2) **故障现象**：指示灯亮，有空载电压指示，但气路不通。

故障原因：电磁气阀损坏。

故障处理：更换电磁气阀（工作电压：交流 36V）。

(3) **故障现象**：指示灯亮，但气路不通，亦无空载电压指示。

故障原因：① 焊枪开关损坏。

② 电磁气阀损坏。

③ 控制电路板故障。

故障处理：① 更换焊枪开关。

② 更换电磁气阀（工作电压：交流 36V）。

③ 更换控制电路板。

(4) **故障现象**：指示灯亮，气路正常，但无空载电压指示。

故障原因：① 控制电路板故障。

② 温度继电器（型号 JUC-1M65℃）损坏。

故障处理：① 更换控制电路板。

② 更换温度继电器。

(5) **故障现象**：一接通电焊机电源，焊接电源后面板上的自动空气开关就立即自动断电。

故障原因：① 自动空气开关太灵敏。

② 快速晶闸管（型号：KK200A/1200V）损坏。

③ 快恢复整流管（型号：ZK300A/800V）损坏。

④ 三相整流桥（SQL19-100A/1000V）损坏。

⑤ 压敏电阻（型号：820V/5kA）损坏。

⑥ 控制电路板故障。

故障处理：出现这种情况时，应先关掉配电板或配电柜上的电源开关，然后合上电焊机上的自动开关，再用配电板或配电柜上的电源开关开机，若自动空气开关仍立即自动断电，则可按以下几条进行。

① 更换自动空气开关。

② 更换快速晶闸管（型号：KK200A/1200V）。

③ 更换快恢复整流管（型号：ZK300A/800V）。

④ 更换三相整流桥（型号：SQL19-100A/1000V）。

⑤ 更换控制电路板。

（6）**故障现象**：焊接过程中焊接电源后面板上的自动空气开关自动断电。

故障原因：① 快速晶管（型号：KK200A/1200V）损坏。

② 快恢复整流管（型号：ZK300A/800V）损坏。

③ 三相整流桥（型号：SQL19-100A/1000V）损坏。

④ 压敏电阻（型号：820V/5kA）损坏。

⑤ 电解电容器中某一个失效。

⑥ 控制电路板故障。

故障处理：① 更换快速晶管。

② 更换快恢复整流管。

③ 更换三相整流桥。

④ 更换压敏电阻。

⑤ 更换失效的电解电容器。

⑥ 更换控制电路板。

（7）**故障现象**：大规范焊接时，焊接电流达不到设定值，而小规范焊接正常。

故障原因：① 快速插头接触不良，焊接电缆截面积太小。

② 三相 380V 电源缺相。

③ 换向电容器中的某一个失效。

④ 三相整流桥损坏。

⑤ 自动空气开关某一组接触不良或损坏。

故障处理：① 将快速插头接好或更换 $70mm^2$ 的焊接电缆。

② 检查用户配电板或配电柜。

③ 更换损坏的换向电容器（型号：C88-500V-8μF）。

④ 更换三相整流桥（型号：SQL19-100A/1000V）。

⑤ 更换自动空气开关（型号：C45N63A Type2-415）。

8.3.5 TIG160、180、125、135 型逆变式氩弧焊机故障处理

（1）**故障现象**：电源开关打开，指示灯不亮，风机不转，按焊枪开关内无任何反应。

故障原因分析及处理：首先测量外供电电压是否正常，电源是否断路，接头是否良好；检查电源开关及熔丝是否损坏。

故障处理：检查外供电源（220V AC 电压）；检查接头并拧紧；对电源开关及熔丝进行更换。

（2）**故障现象**：电源开关打开，指示灯亮，风机不转或转几下又停了，按焊枪开关无任何反应。

故障分析：电源开关到底板接插线未接好；供电电压过高或过低，引起过压保护；电源输入线过细过长，造成电压不稳定，引起过压保护；主板主回路 24V/30A 继电器吸合不良，消磁电阻或热敏电阻阻值变大；上板辅助电源损坏，无 DC 12V 输出；丢波时间内连续开关，导致启动电阻过热。

故障处理：检查接插插头，并接好插好；检查电压是否接入 380V，或者电网电压过低辅助电源不工作；加粗电源线；处理主板主回路 24V/30A 继电器吸合不良故障；检修更换辅助电源；丢波时间内连续开关，导致启动电阻的过热，停机 3min 就可以处理好。

（3）**故障现象**：开机指示灯亮，风机转，按焊枪开关无反应。

故障原因：焊枪开关或控制线松断；航空插座接触不良或连接线松断；底板整流滤波是否正常，主回路继电器有无吸合，有无 DC 307V 输出；辅助电源损坏；硅桥（二极管）开路。

故障处理：对以上故障进行检查更换，便可正常。

（4）**故障现象**：开机正常，按焊枪开关有气出，红灯不亮，无高频。

故障分析：首先检查电焊机输出端，拔掉高频控制线看一下，有无 DC 55V 空载电压，如果有 DC 55V 时，插上线看一下能否接触起弧，应重点检查高频起弧部分。

① 上板到底板升压变压器接插线是否松动，变压器是否开路。

② 高压硅粒、高压输出电容是否击穿损坏。

③ 高压放电嘴是否粘连，间隙过大或表面严重氧化。

④ 高频引弧器是否损坏，其供电电路是否正常。

⑤ 高频控制继电器是否损坏，其供电电路是否正常。

⑥ ARC/TIG 转换开关是否良好。

a. 控制模块有无驱动信号输出。

b. 驱动转换、驱动模块是否正常工作。

c. 场管及主变和主电流连接线是否松断。

故障处理：对以上①、②、④、⑤故障进行检查更换；对第④故障要进行调整更换，故障可以排除。

（5）**故障现象**：开机指示灯亮，风机转，按焊枪开关有气出，红灯亮。

故障原因：

① 工作中过流保护。

② 工作中过热保护。

③ 逆变电路和引弧板故障（关机后先拔掉 MOS 板上引弧变压器的供电插头（靠近风机 VH-03），开机按焊枪开关。

a. 如果红灯不亮，则是引弧变压器短路，也可能是增压起弧，二极管击穿。

b. 如果红灯亮，则是逆变电路有问题，关机再拔掉中板变压器供电插头（靠近风机 VH-07）。

c. 开机按焊枪开关，红灯亮则是逆变板上个别场效应管损坏，同时应检查驱动模块有无元器件损坏。

d. 红灯不亮，则是中频变压器或整流管短路，变压器可用电桥检测其电感和 Q 值。$L=0.9\sim1.6$mH，$Q>35$，整流管逐个检查排除。

故障处理：①、② 故障关机 5min 后重新开机即可。

③ 故障中，a 更换新的二极管及损坏的变压器；b 检查逆变电路损坏的器件或更换新的器件；c 同 b 故障进行处理；d 对损坏的器件进行检查，电感过小则更换，并仔细检查每个元器件的好坏，对有问题的器件进行更换。

（6）**故障现象**：开机正常，电焊机能起弧，但焊点发黑。

故障原因：① 检查电磁阀及其气管有无被异物堵塞。

② 电磁阀损坏。

③ 电磁阀供电控制电路损坏。

④ 拆焊枪、气电接头，按焊枪开关，如果有气出则是焊枪损坏。

⑤ 焊枪电缆线导流能力差，散弧、偏弧等。

⑥ 钨针质量差、氩气不纯。

故障处理：① 项清理异物；②、③、④、⑤、⑥项进行检查更换，故障可以排除。

（7）**故障现象**：焊接电流不稳定，不受控制，时大时小。

故障原因：① 电位器接触不良或损坏。

② 底版滤波电容漏电或损坏。

③ 带遥控转换开关放置在遥控位置。

④ 输入电缆或输出电缆过长过细引起电流小不稳定。

⑤ 接插件接触不良或松断。

故障处理：故障①、②、⑤仔细检查后进行更换即可；故障③放置到正确的位置上；故障④电缆应加大该导线的截面。

（8）**故障现象**：开机掉闸。

故障原因：①整流桥短路；②电源线松脱短路。

故障处理：整流桥短路需要更换新的二极管；电源线松脱短路故障进行检查，消除其松脱短路点。

（9）**故障现象**：按焊枪开关，气阀马上关断，没有延时，封波慢。

故障原因及处理：气阀控制继电器供电二极管 IN4001 短路，仔细检查并更换新的二极管即可。

（10）**故障现象**：按焊枪开关，有高频放电声，无焊接电流输出。

故障原因：① 焊枪地线接触不良或松断。

② 地线输出端和气电接头内部松脱或到中板连线松断。

故障处理：认真检查并拧紧或更换有问题的器件。

（11）**故障现象**：起弧不好。

故障原因：① 放电间隙过大、过小或表面氧化。

② 高压输出电容容量偏低，高压有短路现象。

③ 引弧器匝比不对或匝间漏电。

④ 氩气不好或钨针质量不好。

⑤ 焊枪有松断现象。

故障处理：故障①清理表面的氧化层并进行调整（间隙）；故障②、③、④、⑤仔细检查更换处理。

（12）**故障现象**：开机正常，一工作红灯就亮。

故障原因：① 对线路板进行检查发现该负反馈电路开路。

② 主电流传输电路或功率器件接触不良，引起过流保护。

故障处理：对负反馈电路开路进行补焊；对主电流传输电路或功率器件接触不良引起过流保护的功率器件进行焊牢或更换新的功率器件。

（13）**故障现象**：开机有高频。

故障原因：① 手开关控制光耦 PC817（或三极管 8050）损坏。

② 焊枪开关或控制线短路。

故障处理：更换损坏的光耦 PC817（或三极管 8050）；对焊枪开关或控制线短路的进行处理，消除故障。

（14）**故障现象：**焊接中高频不断。

故障原因：①高频控制继电器损坏。②输出电压有尖峰干扰。③高频自锁。

故障处理：对损坏的高频控制继电器进行更换，拧紧反馈线和控制线；对高频自锁故障，加大高频变压器吸收，加大高频继电器线圈的端子电容。

第 9 章　空气等离子切割机检修

9.1　苏达牌 CUT 系列空气等离子切割机

9.1.1　特点与用途简介

（1）特点

苏达牌 CUT 系列空气等离子切割机具有操作简单、能耗省、切割速度快、切口窄而光滑、工件变形小、使用安全可靠、设备投资低等优点。

（2）用途

苏达牌 CUT 系列空气等离子切割机是各种普通碳钢、不锈钢、铝、钛、镍、复合金属、铸铁等几乎所有导电金属板管材料的理想切割设备，可广泛用于船舶修造、车辆制造、金属结构、锅炉、压力容器及管道制造、轻工机械制造、医疗机械及食品机械制造等诸多行业中。

9.1.2　技术参数及工作原理

（1）技术参数

苏达牌 CUT 系列空气等离子切割机技术数据见表 9-1。

（2）各部分主要功能（见图 9-1）

① 主接触器：控制切割主电源的启动和停止。

② 三相整流变压器：将三相输入交流电变换成所需要的交流电。

③ 三相桥整流器：将三相整流变压器输出的交流电变换成切割所需的直流电。

④ 引弧器：产生用以引燃等离子弧的高频高压。

⑤ 控制变压器：提供控制电路所需的电压。

⑥ 程序控制电路：按规定程序控制主电源工作、压缩空气通气、等离子弧引燃、切割气体延时关闭等过程。

⑦ 温度保护：当主机尤其是三相整流变压器切割时间过长，温度过高，保护部分立即动作，使主机处于停机状态（故又称过温保护）。

⑧ 非转移弧发生：用以发生非接触引弧时所需要的非转移弧电能。

⑨ 过滤减压器：把输入压缩空气中的水分、油分过滤干净，并将供入机内的空气压力降低和稳定在 0.455MPa 左右。

⑩ 气压开关：当输入压缩空气压力降低至 0.25MPa 时，为保护主机和割炬不受损坏所设置的自动保护关机电路。

⑪ 电磁阀：控制输入压缩空气的开启和关闭。

⑫ 割炬：用以发生等离子弧束。

表 9-1 苏达牌 CUT 系列空气等离子切割机技术数据

机型(CUT系列)	单机								并机					
	15	40	60	100	120	160	200	250	60/120	80/120	100/200	120/250	160/315	200/100
输入电流/A	8	12	20	30	42	62	80	86	20	30	32	42	62	80
切割厚度/mm 碳钢、不锈钢、铸钢	0.1~3	0.3~120	0.2~22	1~32	1~42	1~55	1~65	1~80	0.5~42	1~55	1~65	1~80	1~95	1~115
切割厚度/mm 铝	0.1~2	10	16	25	32	40	50	60	32	40	50	60	70	80
切割厚度/mm 铜	0.1~2	6	12	16	20	26	30	38	20	26	30	38	45	55
外形尺寸/cm 长	40	64	64	64	115	115	115	115	64	64	64	115	115	115
外形尺寸/cm 宽	30	44	44	44	64	64	64	64	44	44	44	64	64	64
外形尺寸/cm 高	22	58	58	58	77	77	77	77	58	58	58	77	77	77
质量/kg	15	85	115	160	260	310	345	360	115×2	140×2	160×2	260×2	310×2	345×2
输入交流电压/V	380±10%													
频率、相数	50Hz 三相													
交流空载电压/V	220	165	170	190	230	240	250	255	170	175	190	230	240	250
直流工作电压/V	100	90	100	110	130	130	140	140	100	105	110	130	130	140
直流工作电流/A	15	40	60	100	120	160	200	250	120	160	200	250	315	400
持续工作率/%	70													
计算周期/min	60													
空气压力/MPa	0.5													
空气流量/(L/min)	300													

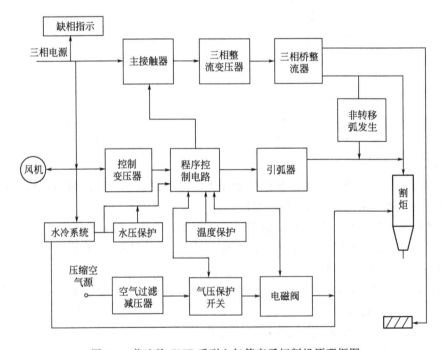

图 9-1 苏达牌 CUT 系列空气等离子切割机原理框图

⑬ 水冷系统：用以冷却割炬相互间产生的余热。
⑭ 水压保护：当循环水工作不正常时，使主机处于自动保护关机状态。

(3) 工作原理（图 9-2）

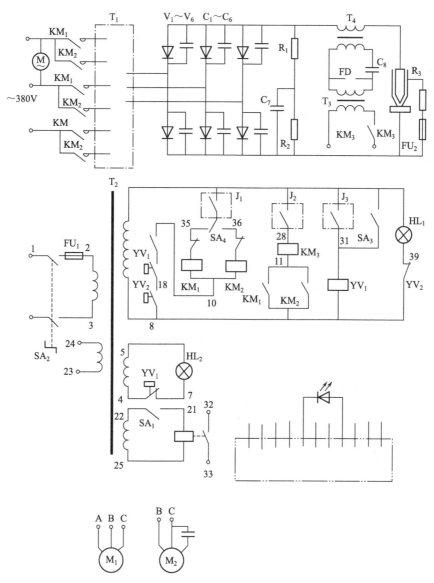

图 9-2 苏达牌 CUT 系列空气等离子切割机工作原理图
注：SA_1（控制器接口）在控制把上。

接通输入三相电源和输入压缩空气源，打开主机"电源"开关及割炬开关，电磁阀导通，压缩空气经过空气过滤减压器过滤并减压后，流经电磁阀，至割炬，并从喷嘴中喷出，约延时 0.2s 以后，主接触器吸合，三相变压器通电工作，变压后的交流电输入三相桥式整流电路，使其成为直流电，供割炬发生等离子弧束用。与此同时，引弧器及非转移弧发生器开始工作，产生引弧时所需的高频高压电，引弧时间约 0.5～1s 左右。当等离子弧引弧成功，割炬喷嘴中喷出高温高速的等离子弧，在喷嘴的机械压缩效应、弧的热收缩效应和磁感应的作用下，形成直径很细的等离子弧束，将工件局部迅速熔化，而高速的气流将熔化的金属吹离基体,形成切口,完成切割过程。切割完毕,关闭割炬开关,压缩空气延时喷出一段时间后,自动停止。

为加快主机的散热速度,机内设有冷风扇,用以冷却主变压器及主机的热量,为防止主机过热而损坏三相整流变压器,机内设有温度保护电路。为保证割炬工作正常,机内还设有气压不足保护停机机构。

该机在切割厚板时,一般情况下采用水冷式割炬切割。此时,水冷系统内循环开始工作,用以冷却割炬及电极,提高耐用度。

为使水冷割炬不致缺水损坏,机内设置水压不足指示及保护电路。当水冷系统水压低于下限值时,自动保护关机。

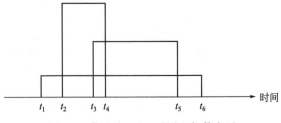

图 9-3 苏达牌 CUT 系列空气等离子切割机工作过程曲线

$t_1 \sim t_6$—压缩空气喷出时间;
$t_3 \sim t_5$—切割时间; $t_2 \sim t_3$—引弧时间

等离子切割机工作过程曲线如图 9-3 所示。

(4) 安装注意事项

① 将主机的输入电源线接入相应的供电线路,并按用电有关规定安装保护装置。供电线路容量应参考技术参数,输入交流电压不低于 380V,电源输入为三相四线制,安全接地线必须可靠接地,以保证安全。

② 主机外壳后背有一安全接地螺钉,必须按用电有关规定可靠接地。

③ 在主机后背"空气过滤减压器"的输入连接口上,接通输入压缩空气,请注意空气压力不低于 0.45MPa,流量不小于 300L/min。

④ 把主机用垫块垫高,空间高度不小于 100mm。

⑤ 将主机上"切割地线"夹头夹紧在工件或与工件导电良好的金属上。

⑥ 安装好割炬,并注意一定要拧紧各连接螺母及接口,不得松动。

⑦ 水箱中加满洁净的自来水,并将水泵电源线插头插在主机后面板上对应的插座中。

⑧ 单机安装参考图 9-4,其中 CUT40、60、100 型无冷却水箱。

⑨ CUT60、90、100 型并机安装参考图 9-5、图 9-6,其中 CUT40 型无切厚选择开关、冷却水泵、7,CUT60 型无冷却水泵。

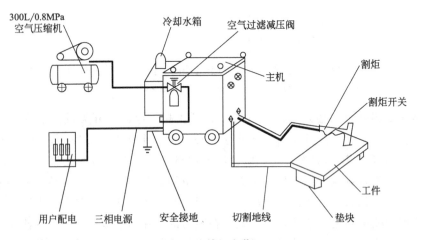

图 9-4 单机安装

第 9 章 空/气/等/离/子/切/割/机/检/修 197

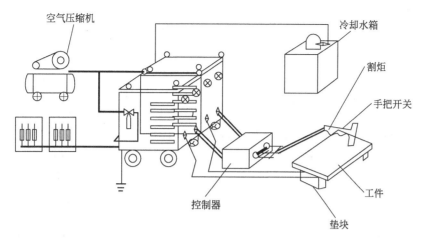

图 9-5 CUT60、90、100 型并机安装图

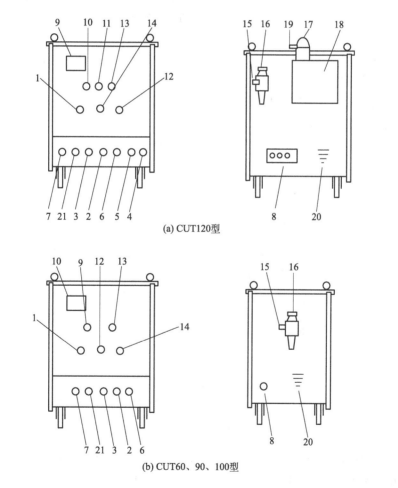

图 9-6 CUT60、90、100、120 型并机安装图

1—电源开关；2—保险插座；3—控制口；4—出水口；5—进水口；6—输出接口；7—非转移弧接口；
8—电源输入；9—输入交流电压表；10—电源指示灯；11—水压不足指示；12—切厚选择开关；
13—气压不足指示；14—试气开关；15—进气接口；16—空气过滤减压阀；17—冷却水泵；
18—冷却水箱；19—接线盒；20—接地螺栓；21—切割地线

⑩ CUT120 型以上安装参考图 9-6。

9.1.3 操作过程

(1) 准备工作

① 按图 9-4 所示连接设备，并仔细检查，若一切正常，即可进行下一步操作。

② 闭合供电开关，向主机供电。当三相供电正常后，主机内冷却风扇应按箭头所指方向转动。若转动向相反，应将输入三相电源相位调换任意两相，即能改变转向。

③ 将主机面板上电源开关置于"开"的位置，此时，电源开关灯应点亮。

④ 向主机供气，并置于"试气"位置。此时割炬喷嘴中应喷出压缩空气。试验 3min，此间，气压不足红灯不应点亮，检查空气过滤减压器上压力表指示值不应低于 0.45MPa，否则，表明气源压力不足 0.45MPa，或流量不足 300L/min，也可能是供气管路内孔太小，气压降太大，若存在上述问题，应检查解决。另外请注意空气过滤减压器是否失调，若失调，应重新调整。调整方法为：顺时针方向旋转手柄，压力增高，反之则降低。将压力表上的指示值调至 0.45MPa，若供气正常，气压不足的指示灯熄灭。这时，请将切割、试气开关置于"切割"位置。

⑤ 打开主机电源开关观察冷却水泵转向是否合乎规定，若转向相反，应调整水泵电源相序。水泵转向合乎要求后，检查水箱回水管道口回水是否正常，如回水顺利，表明循环水冷系统工作正常（此刻水压不足指示灯点亮）。

(2) 手动非接触式切割

① 将割炬滚轮接触工件，喷嘴离工件平面间距调整至 3～6mm，见图 9-7(a)。主机上切厚选择开关置于高挡，接近工件。

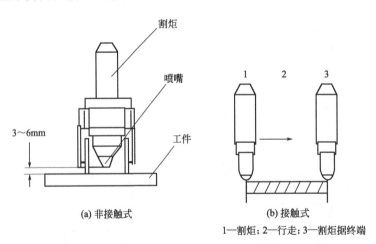

1—割炬；2—行走；3—割炬据终端

图 9-7 手动切割

② 开启割炬开关，引燃等离子弧，切透工件后，向切割方向匀速移动。切割速度以切穿为宜，太快则切不透工件，而太慢将影响切口质量，甚至产生断弧现象。

③ 切割完毕，关闭割炬开关，等离子弧熄灭，这时，压缩空气延时喷出，以冷却割炬，数秒后，自动停止喷出。移开割炬，完成切割全过程。

(3) 手动接触式切割

① 切割选择开关置于低挡，单机切割较薄板材时使用，见图 9-7(b)。

② 将割炬喷嘴置于工件被切割起始点。开启割炬开关，引燃等离子弧，并切透工件，然后，沿切缝方向匀速移动即可。

③ 切割完毕，关闭割炬开关，此时，压缩空气仍在喷出，数秒后，自动停止喷出。移开割炬，完成切割全过程。

(4) 自动切割

① 自动切割采用非接触式切割方式，切割选择开关至于高挡。

② 把割炬滚轮卸去后，按图9-8（割炬与半自动切割机连接图）所示方法连接紧固，随机附件中备有连接件。

③ 把半自动切割机电源连接妥，根据工件形状，接好导轨或半径杆（若为直线切割，应采用导轨；若切割圆或圆弧，则应该选用半径杆）。

④ 将割炬开关航空插头拔下，换上遥控开关插头（随机附件中备有）。

⑤ 根据工件厚度，调整合适的行走速度。并将半自动切割机上"倒"、"顺"开关置于切割方向。

⑥ 将喷嘴与工件之间距离调整至3～6mm，并将喷嘴中心位置调整至工件切缝的起始点上。

⑦ 开启遥控开关，切穿工件后，开启半自动切割机电源开关，即可进行切割。切割的起始阶段，应随时注意切缝情况，调整至合适的切割速度。

⑧ 切割完毕，关闭遥控开关及半自动切割机电源开关。至此，完成切割全过程。

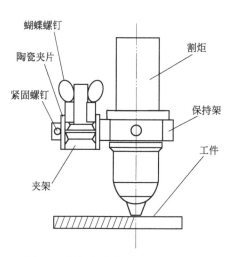

图9-8 割炬与半自动切割机连接图

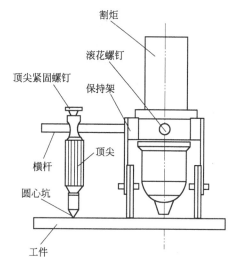

图9-9 手动割圆规的安装图

(5) 手动割圆

① 根据工件材质及纯度决定"切割选择"开关位置。并选择对应的切割方法（接触式或非接触方式）。

② 根据图9-9（若为接触式切割卸去滚轮；若为非接触式切割应保留滚轮）。把随机附件中的横杆（M6外螺纹端）拧紧在割炬保持架上的M6螺孔中。若一根长度不够，可逐根连接至所需半径长度并紧固。然后，根据工件半径长度，调节顶尖至割炬喷嘴中心孔之间的距离（应考虑割缝宽度的因素），调整妥当后，拧紧顶尖紧固螺钉，以防松动，放松保持架紧固滚花螺钉。

③ 至此，即可对工件进行割圆。

(6) 切割注意事项

① 为降低能耗，提高喷嘴及电极寿命，当切割较薄工件时，尽量选择低挡。

② 当切厚选择开关位于高挡时，宜采用非接触式切割（特殊情况除外），并优先选择水冷割炬。

③ 当必须调换切厚选择开关高挡或低挡时，一定要关断电源开关后才可操作，以防损坏机件。

④ 当装拆或移动主机时，一定要先关断输入电源供电开关方可进行，以防发生危险。

⑤ 当装拆主机上任何附件时（如割炬、切割地线、电极、喷嘴以及其他零件等）一定关断主机上的电源开关。

⑥ 避免反复快速地开启割炬开关，以免损坏系统或相关元件。

⑦ 当需要从工件中间开始引弧切割时，如果工件厚度22mm以下（指不锈钢或碳钢，如是其他材质，应按切割厚度能力适当减低），可以直接穿孔切割。方法为：把割炬置于切缝起始点上，并使割炬喷嘴轴线与工件平面呈约75°夹角，然后，合上割炬开关，引弧穿孔。切穿工件后，调整割炬轴线与工件平面之间角度为垂直，进入正常切割状态。但是，如果工件厚度超过22mm时需要从中间开始切割，则必须在切割起始点上转一小孔（直径不限），从小孔中引弧切割。否则，容易损坏割炬喷嘴。

⑧ 主机持续率70%，若连续工作过长而导致温度过高时，温度保护系统将自动关机，必须冷却20min左右才能继续工作。

⑨ 当压缩空气压力低于0.3MPa时，设备立即属于保护关机状态，此时应检修供气系统，排除故障后，压力恢复0.45MPa时方能继续工作。

⑩ 当水冷系统循环不良时，主机将处于停机保护状态，此时应检查解决，须将水压恢复正常后，水箱回水口回流顺畅，方能继续使用水冷割炬。

⑪ 每五件4～8h（间隔时间应视压缩空气干燥度定），应将空气过滤减压器放水螺钉拧紧排放净积水，以防过多的积水进入机内或割炬内引起故障。

(7) 切割速度参考曲线图（图9-10）

图9-8中工件厚度所对应材质为不锈钢或碳钢。若为铝则乘以0.8，若为纯铜则乘以0.3。

(8) 切割中常见问题及原因

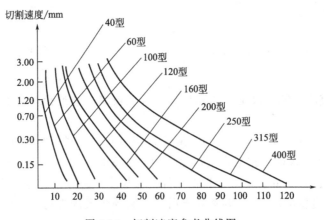

图9-10 切割速度参考曲线图

① 切不透

a. 工件超过额定最大厚度。

b. 割炬轴线与工件平面不垂直，引起等离子弧轨迹过长。

c. 压缩空气压力不正常。空气过滤减压器上压力表指示值应在 0.45MPa 左右。

d. 割炬电极喷嘴或其他零件损坏。

e. 输入三相交流电压过低或线径容量太小。

f. 喷嘴型号差错。

② 等离子弧弧束不稳定

a. 割炬移动速度过慢。

b. 输入三相交流电压过低或线径容量太小。

c. 切割地线与工件之间导电不良。

d. 割炬中喷嘴电极烧损严重。

e. 压缩空气供气压力不正常。

f. 喷嘴离工件平面之间距离过大。

g. 压缩空气中水分太多。

h. 电极漏水（指水冷式割炬）。

9.1.4 割炬安装、维护及零件更换

(1) 割炬更换

注意：割炬装拆及零件更换以前，一定要把主机电源开关置于"关"的位置。

① 割炬零件安装顺序可参照图 9-11。安装时请注意：分配器不能装反，压帽一定要拧紧，但不能使用扳手，过大的压力易将分配器压碎。形圈是水冷式割炬专用件。

② 喷嘴的中心孔烧损到一定程度而影响切缝质量时，应及时更换。

③ 电极损耗至减短 4mm 左右时，应及时更换，否则，可能损坏割炬。

④ 如发现割炬中保护套、压帽、分配器等零件损坏时，应及时更换。

⑤ 割炬的电缆、工作气管、护套、电线有破损时，应及时更换。

⑥ 当需要装拆割炬时，先卸下手把上的 M3 紧固螺钉，再拆去绝缘管，后拆下连接口及非转移弧线。再重新连接时，应注意各连接口不得松动，凡有裸露导电体处，应按原来样子，都包上色缘胶带并套上绝缘管。胶带应包至少四层以上，以免引弧时割炬高压击穿。

⑦ 水冷割炬在更换电极时，一定要检查并保证 O 形橡胶密封圈完好，并安装正确，以防漏水。

(2) 安全注意事项

① 在未阅读和理解说明书以前，不得操作和维修设备。

② 主机外壳一定连接好安全接地线。

③ 装拆或移动主机时，一定要切断输入电源开关。

④ 安装或更换割炬喷嘴电极等零部件时，必须关闭主机电源开关。

⑤ 主机通电后，不得触摸机内带电部位。

⑥ 在试验引弧用非转移弧时，应避开人体，以免伤到皮肤或人体。

⑦ 操作人员应穿戴好防护服装以及防护眼镜。

⑧ 切割时不准切换切厚选择开关。

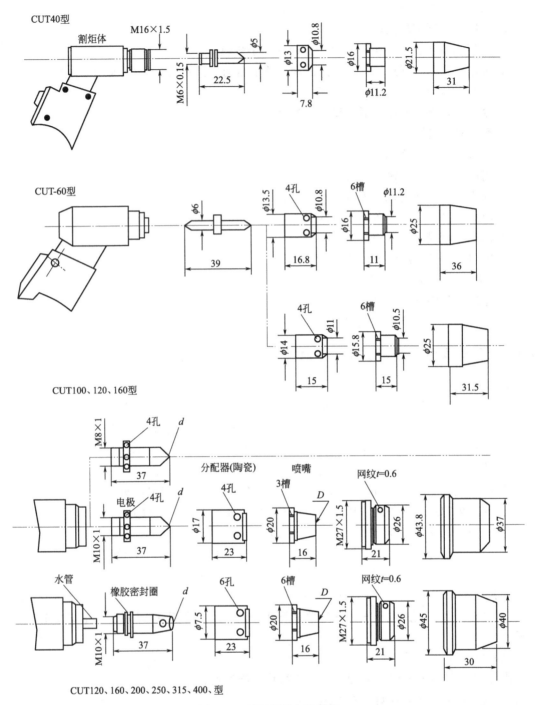

图 9-11 割炬零件安装顺序

⑨ 经常检查水冷系统，不得存在渗漏现象，以防漏电或损坏设备。

(3) 维护与保养

① 保持主机及割炬的日常清洁，定期清除主机的积尘，特别是高压引弧部分的清洁尤为重要，注意清理前一定要切断电源。

② 经常检查气路及割炬电缆的完好程度，不得漏气，以免影响正常工作，甚至损坏机

件现象,如发现问题应及时解决。

③ 冷风机每年需加注 20 号机械油数滴。

④ 切割机在运输或转移中应防止强烈振动。

⑤ 每切割 4~8h,必须将空气过滤减压器里的积水排放净。

⑥ 冷却水箱应定期换水、清洗,以保证清洁。

9.1.5 故障检修

常见现象、故障原因及排除方法表见 9-2。

表 9-2 苏达牌 CUT 系列空气等离子切割机常见现象、故障原因及排除方法

序号	故障现象	故障原因	排除方法
1	打开主机电源开关后,电源指示灯不亮	① 电源指示灯坏 ② 2A 熔丝坏 ③ 无输入三相 380V 电压 ④ 电源开关坏 ⑤ 控制板或主机坏	① 更换指示灯 ② 更换熔丝 ③ 检修电源 ④ 更换电源开关 ⑤ 检修或更换控制板
2	接通输入三相电源后,风扇不转,但电源指示灯亮	① 输入三相电源缺相 ② 风扇叶被异物卡住 ③ 风扇电源插头松动 ④ 风扇引线断 ⑤ 风扇损坏	① 检查电源 ② 清除异物 ③ 重新插好插头 ④ 接好引线 ⑤ 更换或检修风扇
3	接通三相输入电源后,电源指示灯亮,风扇转正常但开启试气开关后,割炬喷嘴中无气流	① 无输入压缩空气 ② 主机后背空气过滤减压器失调,压力指示表指示值为零压不足指示红灯亮 ③ 试气开关坏 ④ 主机内电磁气阀坏 ⑤ 供气管道漏气或断路	① 检修气源及供气管道 ② 重新调整压力,顺时针方向转动空气过滤减压器手轮为增高,反之为降低 ③ 更换试气开关 ④ 检修或更换电磁气阀 ⑤ 检修供气管路
4	开启试气开关后,喷嘴中有气流,而当开启切割开关,闭合割炬开关后,却无气流喷出,有无主机程序动作	① 切割开关坏或开关连线断 ② 切割开关坏 ③ 主机控制线路板损坏 ④ 主机控制变压器或相关线路及元件损坏 ⑤ 主机因气压不足、温度过高等原因处于保护停机状态 ⑥ 水冷系统工作不正常,或水箱、水源断水,引起水压不足,使主机处于保护停机状态	① 更换或检修切割开关 ② 更换切割开关 ③ 检修主机线路板 ④ 检修主机变压器线路及元件 ⑤ 待气压恢复正常或主机温度恢复正常后即自行恢复正常 ⑥ 检查水冷系统
5	开启割炬开关,喷嘴中有气流,但高挡与低挡均不能切割	① 输入三相电源缺相 ② 空气压力不足 0.45MPa ③ 空气流量过小 ④ 切割地线夹头与工件间导电不良,或切割地线导线断线 ⑤ 割炬中喷嘴电极或其他零件损坏 ⑥ 切割方法不正确 ⑦ 割炬电缆断路 ⑧ 主机 FD 火花放电器间隙过大或短路 ⑨ 主机中相关部分线路或元件损坏 ⑩ 中控制线路板失调或损坏 ⑪ 割炬损坏	① 检修电源 ② 将空气压力调至正常 ③ 增加空气流量至 300L ④ 重新夹紧或检修导线 ⑤ 更换新零件 ⑥ 应将割炬喷嘴置于工件切割起始点上后再开启割炬开关 ⑦ 更换电缆 ⑧ 重新调整钨棒间隙为 0.5~0.8mm,三钨棒型应适当减少(允许两间隙相加等于 0.5~0.8mm) ⑨ 检修线路及更换元件 ⑩ 检修中控线路板 ⑪ 检修或更换割炬

续表

序号	故障现象	故障原因	排除方法
6	接触式可以切割，但非接触式不能切割，试验非转移弧无火花喷出喷嘴	① 15A熔丝熔断 ② 空气过滤减压器上指示过高 ③ 割炬中电极喷嘴或其他零件损坏 ④ 割炬受潮湿压缩气水分含量大 ⑤ 引弧接口至割炬之间的导线断路 ⑥ 割炬损坏 ⑦ 非转移弧发生器系统有故障	① 更换熔丝 ② 将空气压力调至正常 ③ 更换损坏零件 ④ 将割炬进行干燥处理，并将压缩空气干燥处理后再通入机内 ⑤ 更换导线 ⑥ 检修或更换割炬 ⑦ 检修非转移弧发生器系统
7	切厚选择开关至于某一挡能切割，但另一挡不能工作	① 切厚选择开关或导线坏 ② 主机内交流接触器其中一只坏 ③ 整流主变压器坏或相关导线断路	① 更换选择开关或导线 ② 更换或维修接触器 ③ 维修变压器或更换导线
8	工作时电弧不稳定	① 气压过低或过高 ② 割炬喷嘴或电极烧损 ③ 输入交流电压过低 ④ 切割地线与工件导电不良 ⑤ 切割移动速度过慢 ⑥ 火花发生器不能自动断弧 ⑦ 主机中相关元件工作不正常	① 重新调整气压 ② 更换喷嘴或电极 ③ 调整输入交流电压 ④ 连接妥当 ⑤ 调整移动速度 ⑥ 正常时，开启割炬开关火花发生器放电时间应为0.5s，然后自动停止，否则，表明控制线路板失调 ⑦ 检修控制线路或故障元件
9	切割厚度达不上额定指标	① 输入三相电源达不到380V ② 输入电源容量太小，切割时线压降太大 ③ 输入压缩空气压力太低或过高 ④ 输入压缩空气流量太小，工作时压力表显示值从正常下降至0.3MPa左右，停止工作关闭电源开关后，压力马上恢复正常 ⑤ 切厚选择开关所选择的挡位不合适 ⑥ 切割速度太快 ⑦ 工件材质差错 ⑧ 喷嘴损坏 ⑨ 电极已烧损 ⑩ 喷嘴型号不对 ⑪ 气路系统或割炬电缆破损漏气，这时喷嘴内空气流量明显减少	① 调整输入电压 ② 应加大输入容量 ③ 调整空气压力至0.45MPa ④ 加大输入压缩空气流量至300L/min ⑤ 调换至高挡 ⑥ 减慢切割速度 ⑦ 调整工件材质 ⑧ 调换喷嘴 ⑨ 更换电极 ⑩ 调换型号正确的新喷嘴 ⑪ 维修气路系统或更换电缆
10	切口偏斜	① 喷嘴、电极已损坏 ② 喷嘴、电极安装位置不同轴 ③ 切割速度过快 ④ 喷嘴轴线与工件平面不垂直	① 更换喷嘴、电极 ② 重新正确安装 ③ 适当减慢切割速度 ④ 调整解决不垂直
11	切口过宽切口质量欠佳	① 切割速度过慢 ② 喷嘴、电极已烧损 ③ 工件材质、厚度与切厚选择开关位置不符 ④ 喷嘴型号不正确，内孔太大	① 调整切割速度 ② 更新喷嘴、电极 ③ 调整位置 ④ 调整不正确的喷嘴
12	割炬烧坏	① 金属压帽未压紧 ② 割炬导电连接处松动，电缆气管破裂、水冷割炬接口漏水 ③ 割炬接头处绝缘不良 ④ 割炬上陶瓷保护套损坏后未及时更换 ⑤ 压缩空气中水分过多	① 更换电极、喷嘴后应及时压紧 ② 及时检查解决 ③ 应保证连接处绝缘良好 ④ 应及时更换保护套 ⑤ 及时排放空气过滤减压器中积水，如果压缩空气中水分含量过多，应考虑加装过滤器
13	整流二极管经常烧坏	① 二极管反向耐压太低 ② 整流变压器损坏 ③ 割炬已损坏	① 应选择反向耐压大于1200V的二极管 ② 更换或维修整流变压器 ③ 更换割炬

9.2 逆变式切割机的维修

9.2.1 瑞佳 CTU30、40 型逆变式切割机的维修

(1) **故障现象**：电源开关打开，指示灯不亮，风机不转，按切割枪开关，机内无任何反应。

故障原因：外部供电电路不正常；电源线断路；接头接触不好；电源开关损坏。

故障处理：仔细检查外部电压，检测电源线以及接头，对已损坏的电源开关进行更换。

(2) **故障现象**：电源开关打开，指示灯亮，但风机不转或转几下就停了，按切割枪开关，机内无任何反应。

故障原因：电源开关到底板接插线未插好，供电电压过高或过低，引起过压保护；电源输入线过细过长，造成电压不稳定，引起过压保护；主板回路 24V/30A 继电器吸合不良，消磁电阻或热敏电阻阻值变大；上板辅助电源损坏，无 DC 24V 输出；丢波时间内连续开关，导致焊枪开关无反应。

故障处理：检查电源开关到底板接插线插头，检查电压是否接错（380V）或是电网电压低于 180V；对输入电源线过长，应加粗电源线（符合该设备的电源线）；对继电器、电阻、热敏电阻及上板辅助电源损坏的要进行更换（一定要按原型号、规格的器件进行更换）。

(3) **故障现象**：开机指示灯亮，风机转，按切割枪开关无反应。

故障原因：① 焊枪开关或控制线松断。

② 航空插座接触不良或连线松断。

③ 底板整流滤波器不正常，主回路继电器不吸合，无 DC 307V 输出。

④ 辅助电源损坏。

故障处理：① 检查焊枪，如果焊枪无法修理就更换，对控制线松动处拧紧。

② 将航空插座重新插牢或是更换，对连线松动处拧紧或接牢。

③ 如果是底板整流滤波器、主回路继电器损坏可将它们更换新的（要按原厂家同型号、同规格更换），并查找其无输出原因后进行处理。

④ 仔细检测确定其故障所在，并进行更换或修理。

(4) **故障现象**：开机正常，按切割枪开关，有气出，红灯不亮，无高频。

故障原因：首先检查电焊机输出端，有无 DC 240V 空载电压，如果有 DC 240V 电压时，又能接触起弧，应重点检查高频起弧部分。

① 上板到底板升压变压器接插线松断，变压器开路。

② 高压硅堆、高压输出电容击穿损坏。

③ 高压放电嘴粘连，间隙过大或表面严重氧化。

④ 高频引弧器或接插线松断。

⑤ 高频控制继电器损坏，其供电电路不正常。

故障处理：① 将松断的接插线端插紧，如果变压器损坏要按变压器的修理标准进行修理或更换。

② 对高压硅堆、高压输出电容击穿损坏要按原型号、规格更换。

③ 清理高压嘴的粘连物，并调整其间隙使符合规定，如果表面严重氧化确实无法使用，

就要更换新的高压放电嘴。

④ 将松断的接插线端插紧。

⑤ 更换损坏的继电器（按原型号、规格）更换，对供电电路进行检查处理。

(5) **故障现象**：开机指示灯亮，风机转动正常，按切割枪开关，有气出，红灯亮。

故障原因：① 工作中过流保护动作。

② 工作中过热保护动作。

③ 逆变电路和引弧板故障（关机后先拔掉 MOS 板上引弧变压器的供电插头），开机，按焊枪开关：

a. 如果红灯不亮，则是引弧变压器短路，也可能是增压起弧，二极管损坏击穿；

b. 如果红灯亮，则是逆变电路有问题，关机再拔掉中板变压器供电插头（靠近风机 VH-07）；

c. 开机，按焊枪开关，红灯亮则是逆变板个别场效应管损坏，同时应检查驱动模块有无元器件损坏；

d. 红灯不亮，则是中板变压器或整流管短路，变压器可用电桥检测其电感量和 Q 值。$L=0.9\sim1.6\mathrm{mH}$　$Q>35$，整流管要逐个排查并排除。

故障处理：① 关机 5min 后重新开机即可。

② 停止工作 5min 后再重新开机即可。

③ 故障处理如下：

a. 对引弧变压器进行重绕或更换一台新的变压器（按原规格、数据），并对损坏的二极管进行更换（按原型号、规格）；

b. 如果是逆变电路有问题，要认真检查其损坏的器件并对其更换（按原型号、规格）。

c. 更换损坏的场效应管和其他有问题的器件（按原型号、规格）进行。

d. 更换损坏的变压器和整流管。

(6) **故障现象**：电焊机开机正常，按切割枪开关无气出。

故障原因：① 电磁阀及其气管通道被异物堵塞。

② 电磁阀损坏。

③ 电磁阀控制供电电路损坏。

④ 拆下切割枪气电接头，有气出则是切割枪损坏。

⑤ 空压机气压有但无气送出。

故障处理：① 更换新的电位器。

② 更换新的电磁阀。

③ 检测并确定其损坏元器件同时进行更换或处理。

④ 更换新的切割枪。

⑤ 仔细检查气路并进行处理，使其气路正常，空压机有问题时，要进行修理，使其完好。

(7) **故障现象**：电焊机焊接电源不稳，不受控制，时大时小，无法工作（焊接）。

故障原因：① 电位器接触不良或损坏。

② 底板滤波电容器漏电或损坏。

③ 电网电压低。

④ 输入电缆过长过细引起电流不稳。

⑤ 接插件接触不良或松断。

故障处理：① 更换电位器（按原型号、规格）。

② 更换新的滤波电容器。

③ 调节到正常工作电压。

④ 选择符合该电焊机规格的电源电缆（加粗）。

⑤ 重新把插件拔插一次，使其牢固接触。

(8) **故障现象**：电焊机在使用过程时，一松开焊枪开关，气阀马上关断，没有延时。

故障原因：气阀控制继电器供电二极管 2N4004 短路。

故障处理：更换新的二极管（2N4004）。

(9) **故障现象**：电焊机起弧不好或断弧。

故障原因：① 放电嘴间隙过大过小或表面氧化。

② 高压输出电容容量偏低，高压硅堆有短路现象。

③ 引弧器匝间漏电或匝数比不对。

④ 气压偏低或偏高。

⑤ 电极喷嘴氧化或损坏。

⑥ 切割枪体有接触不良现象。

⑦ 电网电低。

⑧ 底板电容器 470μF/450V 变质。

故障处理：① 重新调整放电嘴间隙，并及时清理氧化层。

② 更换新的电容器、高压硅堆。

③ 更换符合标准的引弧器。

④ 调整到正常的气压（标准在 4 个气压）。

⑤ 清理电极喷嘴氧化层或更换新的电极喷嘴。

⑥ 检查并处理切割枪体接触不良处。

⑦ 调节到正常电源电压。

⑧ 更换新的电容器（470μF/450V）。

(10) **故障现象**：开机正常，但一工作红灯就亮。

故障原因：① 负反馈电路连接线松断或中板线路烧断。

② 主电源传输线路或功率器件接触不良。

故障处理：① 把松断处及线路烧断处进行处理（焊牢或连接好）。

② 重新插牢或重新拔插处理，使其接触良好。

9.2.2　瑞佳 CTU60、70、100、120 型逆变式切割机的维修

(1) **故障现象**：电焊机在开机后，风机不转，表头无显示，无切割电流输出。

故障原因：① 空气开关故障。

② 三相电源故障。

③ 辅助变压器或辅助电源损坏。

故障处理：① 更换空气开关。

② 检修三相电源。

③ 更换新的辅助变压器和修理辅助电源。

(2) **故障现象**：按切割开关，指示灯异常。

故障原因： ① 过热保护动作。

② 过流保护动作。

③ 逆变电路和引弧板故障。

a. 关机拔掉引弧变压器的供电插头（靠近风机的 VH-03），重新开机红灯不亮则是引弧变压器线间短路。

b. 红灯亮，则是逆变电路的故障（如果是双逆变器，先关机，再拔掉其中一个逆变器上板的供电电源，靠近风机的 VH-07 的插头），开机，按焊枪开关，红灯不亮则故障在拔掉电源的逆变器上，红灯亮则故障在未拔掉的逆变器上。

c. 关机，插上有故障的逆变器的供电插件，拔掉中板变压器的供电插件（靠近风机的 VH-07），开机，按焊枪开关，红灯亮则是 MOS 板上的个别场管损坏，同时检查驱动模块上的元器件有无损坏，如果红灯不亮，则故障在中板变压器和整流管上。

故障处理： ① 关机 5min 后重新开机即可。

② 电焊机停止工作 5min 后在重新开机即可。

③ 对逆变电路和引弧板出现的故障中的元器件，在确定损坏后，更换新的同型号、规格的变压器、驱动模块以及场效应管等。

（3）**故障现象：** 带微弧功能的切割机起弧不好。

故障原因： ① 切割枪电极、喷嘴氧化或损坏。

② 气压偏高或偏低。

③ 放电嘴间隙过大或过小，表面氧化。

④ 微弧电阻烧断或阻值过大，微弧能力弱或无。

⑤ 微弧控制继电器损坏。

⑥ 切割枪损坏。

故障处理： ① 更换新的切割枪电极及喷嘴，对氧化的喷嘴进行清理去掉氧化层。

② 调整气压，达到标准。

③ 调整放电间隙，达到要求，对表面氧化的要及时清理氧化层，使其好用。

④ 更换新的电阻（按原规格、型号）。

⑤ 更换新的继电器。

⑥ 更换新的切割枪。

附表 电焊机常用配套件

附表1 快速接头

产品名称	型号	电流范围/A	配电缆截面积/mm²	插座安装尺寸/mm L	插座安装尺寸/mm M	插座安装尺寸/mm N	参考价/(元/副)	说明	生产厂家
快速连接器	DKJ10-1	50～125	5、10、16	25	5	28	14.00	1. DKJ系列快速接头与国产焊机相对应规格插头插座互换。 2. DKJE系列能与伊萨公司等欧洲国家同一规格互换。 3. DKB系列与南京康尼机电新技术公司相同规格互换。 4. DKC系列是最新产品，插头内胀式接触导电，防止了松脱现象。 5. DKL、DKLE快速连接器的插头能与相对应的快速接头的插头进行互换。 6. 快速连接器由连接器座和插头组成，能快速连接两根电缆的器件，螺旋槽端面接触，产品符合IEC国际标准和GB 15579.12—1998国家标准。 7. 1998年通过国家安全认证，证书编号：CH0029270—98	温州市瓯海电焊设备厂（原浙江瓯海电焊设备厂）
	DKJ16-1	100～160	10、16、25	27	5	30	15.40		
	DKJ35-1	160～250	25、35、50	32.5	5	36	17.60		
	DKJ50-2	200～315	35、50、70	33	6	37	20.00		
	DKJ70-1	250～400	50、70、95	35	6	37	22.50		
	DKJ95-1	315～500	70、95、120	35	6.5	39	32.10		
	DKJ120-1	400～600	95、120、150	40	7	46	46.20		
	DKJE-35	160～250	16、25、35	32.5	5	36	20.00		
	DKJE-50	200～315	25、35、50	33	6	37	22.5		
	DKJE-70	250～400	50、70、95	35	6	39	24.9		
	DKC-35	160～250	25、35、50	32.5	5	36	19.4		
	DKC-50	200～315	35、50、70	33	6	37	21.9		
	DKC-70	250～400	50、70、95	35	6	39	24.7		
	DKC-95	315～500	70、95、120	35	6.5	39	35.3		
	DKC-120	400～600	95、120、150	40	7	46	50.50		
	DKB-16	160(150)	10、16、25	24	6	44	17.00		
	DKB-35	250	16、25、35	28	7	50	19.80		
	DKB-50	400	35、50、70	30	6	32	22.00		
	DKB-70	400	50、70、95	31.5	6	34	25.00		
	DKB-95	630	70、95、120	31.5	6.5	34	32.00		
	DKL-16	100～160	10、16、25	—	—	—	16.80		
	DKL-35	160～250	25、35、50	—	—	—	19.10		
	DKL50	200～315	35、50、70	—	—	—	21.40		
	DKL-70	250～400	50、70、95	—	—	—	25.30		
	DKL-95	315～500	70、95、120	—	—	—	38.50		
	DKL-120	400～600	95、120、180	—	—	—	46.20		
	DKLE-50	200～315	25、35、50	—	—	—	23.70		
	DKLE-70	250～400	50、70、95	—	—	—	25.90		

附表 2　冷却风扇

产品名称	型号	电源电压/V	最大输入功率/W	额定电流/A	输出功率/W	电容/(μF/V)	风叶外径/mm	同步转速/(r/min)	风量/(m²/min)	噪声/dB	工作制	绝缘等级	温升/℃	用途	生产厂家
轴流风机	NEF-254P	380	—	0.25	45	1/750	—	1400	20	55	—	B级	—	由 50Hz，380V 和 220V 电压电机与叶轮、风框、风罩等组成的轴流风机，适用于电焊机及其他电气设备、壁面或板壁安装作通风散热	江苏省张家港市机械配件福利厂
	NRF-254P	220	—	0.4	45	2/500	—	1400	20	55	—	B级	—		
	NEF-304P	380	—	0.25	45	1/750	—	1400	30	57	—	B级	—		
	NRF-304P	220	—	0.4	45	2/500	—	1400	30	57	—	B级	—		
	NEF-354P	380	—	0.5	120	1.8/750	—	1400	43	58	—	B级	—		
	NRF-354P	220	—	0.8	120	5/500	—	1400	43	58	—	B级	—		
	NEF-404P	380	—	0.5	120	1.8/750	—	1380	52	60	—	B级	—		
	NRF-404P	220	—	0.8	120	5/500	—	1380	52	60	—	B级	—		
轴流式冷却通风机	YT300P-21	220	150	—	—	2/630	300	3000	>38	<78	连续	B级	<40	50Hz，220V 和 380V 交流供电，单相异步电动机驱动，风量大、噪声小、温升低，广泛被焊机行业采用。安装尺寸按焊机专用冷却风机相关标准，也可根据用户要求经商定后作适当调整	成都市 68 信箱机械分厂
	YT300L-21	220	150	—	—	2/630	300	3000	>38	<78	连续	B级	<40		
	YT300L-41	220	120	—	—	2/630	300	1500	>28	<73	连续	B级	<40		
	YT300L-41	220	120	—	—	2/630	300	1500	>28	<73	连续	B级	<40		
	YT300P-22	380	150	—	—	1/850	300	3000	>38	<78	连续	B级	<40		
	YT300L-22	380	150	—	—	1/850	300	3000	>38	<78	连续	B级	<40		
	YT300P-42	380	120	—	—	1/850	300	1500	>28	<73	连续	B级	<40		
	YT300L-42	380	120	—	—	1/850	300	1500	>28	<73	连续	B级	<40		
	YT400P-41	220	150	—	—	2/630	400	1500	>42	<75	连续	B级	<40		
	YT400L-41	220	150	—	—	2/630	400	1500	>42	<75	连续	B级	<40		
	YT400P-42	380	150	—	—	1/850	400	1500	>42	<75	连续	B级	<40		
	YT400L-42	380	150	—	—	1/850	400	1500	>42	<75	连续	B级	<40		

附表 3　焊钳

产品名称	型号	工作电流/A	夹持拉力/N	连接电缆截面积/mm²	额定负载持续率/%	适用焊条直径/mm	手柄温升最高值/℃	工作环境温度/℃	空气相对湿度/(℃/%)	外形长度尺寸/mm	质量/kg	用途	参考价/(元/把)	生产厂家
电焊钳	HQ-200	200	60	16～25	60	2～4	≤50	40	20/90	200	0.54	适用于≤250A 手工焊	12	温州市瓯海电焊设备厂（原浙江省瓯海电焊设备厂）
	HQ-300	300	80	35～70	60	2.5～5	≤50	40	20/90	220	0.6	适用于≤300A 手工焊	14	
	HQ-500	500	100	70～95	60	4～8	≤50	40	20/90	260	0.8	适用于≤500A 手工焊	16	
电焊钳（普通、压接、加长、不烫手）	—	300～600	—	—	—	—	—	—	—	—	0.3～0.46		9.50～15.50	宁波隆兴集团宁波隆兴电焊机制造有限公司

附表4 焊枪

产品名称	型号	长度/mm	结构形式	质量/kg	用途	参考价/(元/台)	生产厂家
焊枪	CQB-1-350A	3	大阪型（气电一体化接口）	4	适用于 CO_2、Ar 及混合气体等保护焊机焊接用	450	南京电焊设备厂
	CQB-1-500A	3	大阪型（气电一体化接口）	5		550	
	CQB-2-250A	3	大阪型	3		380	
	CQB-2-350A	3	大阪型	4		450	
	CQB-2-500A	3	大阪型	5		550	
	CQS-1-250A	3	松下型	3		380	
	CQS-1-350A	3	松下型	4		450	
	CQS-1-500A	3	松下型	5		550	

附表5-1 氩弧焊焊炬（一）

产品名称	型号	适用互换电极直径/mm	可配喷嘴规格 螺纹	可配喷嘴规格 长度/mm	可配喷嘴规格 口径/mm	用途	参考价/(元/套)	生产厂家
气冷式手工氩弧焊炬	QQ-85°/200	1.6、2、3	M18×1.5	45、53	7、9、12	用于有缝管的自动焊接	160	温州电焊设备总厂
	QQ-85°/150	1.6、2、2.5、3	M10×1	45、60	6、8		155	
	QQ-75°/150	1.6、2、2.5、3	M10×1	45、60	6、8		155	
	QQ-85°/150-1	1.6、2、2.5、3	M10×1	45、60	6、8		165	
	QQ-0-90°/150	1.6、2、3	M14×1.5	60	9		200	
	QQ-85°/100	1.6、2	M12×1.25	27	6、9		150	
	QQ-65°/75	1.2、1.6	M12×1.25	17	6、9		125	
气冷式Ar、CO_2双用焊炬	ZQS-0°/500A	—	—	—	—	用于有缝管的自动焊接	730	
水冷式手工氩弧焊炬	QS-75°/500	4、5、6	M28×1.5	43	13、15、17	焊炬出厂电缆一般5m，如需另加长电缆，每米收工料费15～25元，订电极夹头、喷嘴请注明焊炬型号	255	
	QS-75°/400	3、4、5	M20×2.5	41	9、12		210	
	QS-75°/350	3、4、5	M20×1.5	40	9、12、16		200	
	QS-65°/300	3、4、5	M20×2.5	41	9、12		195	
	QS-85°/300	3、4、5	M20×2.5	41	9、12		195	
	QS-85°/250	2、3、4	M18×1.5	53	7、9、12		190	
	QS-65°/200	1.6、2、3	M12×1.25	27	6、9		185	
	QS-85°/150	1.6、2、3	M14×1.5	30	6、9		180	
	QS-65°/150	1.6、2、3	M14×1.5	30	6、9		180	
	QS-0°/150	1.6、2、2.5	M10×1.5	48	6、9		160	
新型气冷式氩弧焊炬	QQ-65°/100A-C	1.6、2、2.5	M10	47	6.3、8、9.6	新型氩弧焊炬系列引进国外先进焊炬生产工艺，枪体采用硅橡胶材料制成。本焊炬绝缘性、耐热性、密封性、引弧性、气体保护性能全部达到国家专业标准	160	
	QQ-85°/160A-C	1.6、2、2.5	M10	47	6.3、8、9.6		155	
	QQ-85°/20A-C0	1.6、2、2.5	M10	47	6.3、8、9.6		155	
气冷式Ar、CO_2双用焊炬	QS-85°/160A-C	1.6、2、2.5	M10	47	6.3、8、9.6		165	
	QS-65°/200A-C	2、2.5、3	M10	47	6.3、8、9.6		200	
	QS-85°/250A-C	2、2.5、3	M10	47	6.3、8、9.6		150	
	QS-85°/315A-C	2.5、3、4	M10	47	9.6、11、12.6		125	
	QS-75°/400A-C	2.5、3、4	M10	47	9.6、11、12.6		730	
	QS-75°/500A-C	4、5、6	M28	70	16		255	

附表 5-2 氩弧焊焊炬（二）

产品名称	型号	额定电流/A	角度/(°)	可夹持钨极直径/mm	可配喷嘴规格 螺纹	可配喷嘴规格 长度/mm	可配喷嘴规格 口径/mm	用途	参考价/(元/套)	生产厂家
气冷式氩弧焊焊炬	QQ-50	50	85	0.8、1.0、1.6	M12×1.25	27	6、9	1. 氩弧焊炬分水冷式和气冷式两大类。 2. QQ-150-1、QQ-200-1、QQ-150-2配有氩气开关，为接触引弧。QQ-150-1S、QQ-150-S可进行深坡口(150mm)焊接。 3. C为新型氩弧焊炬	160	温州市瓯海电焊设备厂（原浙江省瓯海电焊设备厂）
	QQ-75	75	65	0.8、1.0、1.6	M12×1.25	27	6、10		200	
	QQ-150	150	10、85	1.4、2、2.5	M10×1	45/60	8、6		245	
	QQ-100（广州150A）	100/150	85	1.4、2、2.5	M14×1.5	30	6、9		200	
	QQ-150-1	150	85	1.6、2、2.5、3	M10×1	45/60	8、6		280	
	QQ-150-2	150	85	1.6、2、2.5、3	M10×1	45/60	8、6		300	
	QQ-200	200	75、85	1.6、2、2.5、3	M18×1.5	50	8、10		260	
	QQ-200-1	200	85	1.6、2、2.5、3	M18×1.5	50	8、10		280	
	QQ-300 同体	300	65、85	2、3、4	M20×1.5	40	9、12、16		280	
	QQ-300 分体	300	65、85	2、3、4	M20×1.5	40	9、12、16		345	
	QQ-100-C	100	85	1、2、2.5	M10×1.5	47	6.3、8、9.6		255	
	QQ-160-C	160	85	1.6、2、2.5、3	M10×1.5	47	6.3、8、9.6		280	
	QQ-200-C	200	85	1.6、2、2.5、3	M10×1.5	47	6.3、8、9.6		295	
	QQ-150A-1S	150	85	1.6、2、2.5、3	M10×1.5	73/43	10、8		290	
	QQ-150A-S	150	85	1.6、2、2.5、3	M10×1.5	73/43	10、8		300	
水冷式氩弧焊焊炬	QS-150	150	85	1.6、2、2.5、3	M14×1.5	30	6、9		280	
	QS-200	200	85	1.6、2、2.5、3	M10×1.5	40/30	6、8		290	
	QS-250	250	75、85	1.6、2、2.5、3	M18×1.5	47	7、9、12		295	
	QS-300	300	65、75、85	2、3、4	M20×2.5	41	9、12、16		295	
	QS-350	350	75、85	3、4、5	M20×1.5	40	9、12、16		310	
	QS-400	400	75、85	3、4、5	M20×1.5	40	9、12、16		340	
	QS-500	500	75	5、6、7	M27×1.5	43	14、16、18		410	
	QS-600	600	75	5、6、7	M27×1.5	41	14、18、21		460	
	QS-160-C	160	85	1.6、2、2.5、3	M10×1.5	47	6.3、8、9.6		330	
	QS-200-C	200	75、85	1.6、2、2.5、3	M10×1.5	47	6.3、8、9.6		335	
	QS-250-C	250	75、85	2、2.5、3	M10×1.5	47	8、9.6、11		340	
	QS-315-C	315	75、85	2、2.5、3、4	M10×1.5	47	9.6、11、12.6		345	
	QS-400-C	400	75、85	4、5、6	M10×1.5	47	9.6、11、12.6		370	
	QS-500-C	500	75	4、5、6、7	M27×1.5	41	16、12.5		430	

附表 6 空气等离子弧切割炬

产品名称	型号	额定电流/A	角度/(°)	切割厚度/mm 不锈钢碳钢	切割厚度/mm 铝	切割厚度/mm 紫铜	切割厚度/mm 铸铁	可配喷嘴规格 螺纹	可配喷嘴规格 长度/mm	可配喷嘴规格 口径/mm	可配分流器规格/mm 内径	可配分流器规格/mm 外径	可配分流器规格/mm 高	用途	参考价/(元/套)	生产厂家
HP系列抛丸除锈机	LG-40	40	75	12	8	3	10	M16×1.5	30	89	5.1	8.7	5.6	接触式切割	320	温州市瓯海电焊设备厂（原浙江省瓯海电焊设备厂）
	LG-50	50	75	15	10	8	12	M20×1	26	11	7	13	9.5	接触式切割	500	
	LG-60(63)	60	75	20	15	10	15	M13×1.5	17.5	35	8.2	11.5	10.8	接触式切割	450	
	LG-100	100	75	30	20	15	25	M19	27.5	36.5	19	27.5	39.5	非接触式切割	550	
	LG-200	200	75	60	50	40	55	M32×1.5	30	24	13.5	17	23.5	非接触式切割	750	
	LG-60（天宗）	60	75	20	15	10	15	树脂 M20×2	25.5	28.5	3	5	35.5	非接触式切割	480	
	LG-100（天宗）	100	75	30	20	15	25	M20×2	25.5	28.5	3	5	35.5	非接触式切割	580	

附表 7　碳弧气刨枪

产品名称	型号	电流范围/A	碳棒型式	碳棒直径/mm	使用电源 焊机	使用电源 极性	风源 风压/(N/cm²)	风源 风量/(m³/min)	刨削效率/(kg/min)	用途	参考价/(元/把)	生产厂家
碳弧气刨枪	TBQ-500	400~600	圆或扁	5~10	常用手工弧焊直流焊机 AX-500 或 ZXG-500 或用两台 300A 焊机并联	反接	40~60	0.41	≥0.94	适用于金属切割、开槽、清根及焊缝缺陷返修	200	温州市瓯海电焊设备厂（原浙江省瓯海电焊设备厂）
碳弧气刨枪	TBQ-800	700~1000	圆或扁	6~12				0.51	≥1.23		240	

附表 8　面罩

产品名称	型号	面罩材质	可配镜片尺寸 长×宽/mm	观察窗/mm	质量/kg	外形尺寸/mm 长	外形尺寸/mm 宽	外形尺寸/mm 高	参考价/(元/台)	用途	生产厂家
手持式电焊面罩	HZ-1	红钢纸	110×50	40×90	260	310	240	130	12	供手工施焊	温州市瓯海电焊设备厂（原浙江省瓯海电焊设备厂）
头戴式电焊面罩	HZ-2	阻燃塑料	110×50	40×95	445	305	220	145	38	镜片框可开可闭，罩身可上下翻动，帽带可大小松紧	
头戴式软皮面罩	HZ-3	软全皮	110×50	40×90	300	300	220	120	55	镜片盒可开可闭，适用于狭小或困难位置焊接	

附表 9　导电嘴

产品名称	型号	规格	材料	适用焊丝/mm	制造工艺	表面处理	产品特点	硬度/HRB	电导率/(mS/m)	软化温度/℃	抗拉强度/(N/mm²)	延伸率/%	质量/g	用途	参考价/(元/件)	生产厂家
三角孔型导电嘴	—	$\phi(6\sim10)\times(25\sim45)\times(M5\sim M8)$	T_2QCr	0.6~2.2	冷挤压	用化学抛光工艺代替传统的三酸表面处理。无废污染，符合绿色环保标准，产品表面光洁度高，能在自然状态中保持一年以上	采用先进的冷挤压工艺代替传统的钻孔加工，使产品分子结构更加紧密，耐磨性提高，内孔光滑，走丝畅通，孔径标准稳定	—	—	—	—	—	10~20	CO_2 气体保护焊机	0.80~3	南京大中电极实业有限公司
圆孔型导电嘴	—							—	—	—	—	—	10~20			
CO_2导电嘴	OTC Panasonic MB 36KD	$\phi8\times40\times M6$ $\phi8\times45\times M6$ $\phi10\times30\times M8$	铬锆铜	—	—	—	—	76~82	43~48	550	450~550	10~20		配NBC系列、OTC、松下、宾采尔焊枪	334	
埋弧焊导电嘴	林肯	$\phi13\times40$ $\phi16\times47$	铬锆铜	—	—	—	—	76~82	43~48	550	500~600	10~20		埋弧焊机、林肯埋弧焊机	630	
螺柱焊夹头	引、拉弧式	$\phi12\times40$	DZ合金	—	—	—	—	100~110	≥30	650	700~800	6~12		螺柱焊送钉夹头	60	

附表 10　CO_2 气体减压流量计

产品名称	型号	额定输入压力/MPa	额定输出压力/MPa	额定输出流量/(L/min)	空载升温时间/min	预热恒温温度/℃	安全保护压力/MPa	工作电压/V	加热功率/W	结构形式	质量/kg	用途	生产厂家
CO_2 气体减压器	YQC-1	15	0.16	30	—	—	—	—	—	双表式,不带加热装置	—	—	成都市高新仪器厂
CO_2 电加热式气体减压器	YQC-4A	15	0.16	30	—	70±5	—	36、42、110、220	100 140 190	双表式,陶瓷发热元件,自动恒温	—	—	
CO_2 气体减压流量计	YQC-5A	15	0.2	15 30 45	—	—	—	36、42、110、220	100 140 190	双表带流量计指示	—	—	
CO_2 气体减压器	YQC-2T	—	—	40~120	—	—	—	220	500	双表带流量计	—	—	

附表 11　氩气减压流量调节器

产品名称	型号	额定输入压力/MPa	额定输出压力/MPa	额定输出流量/(L/min)	安全保护压力/MPa	结构形式	质量/kg	用途	生产厂家
氩气减压流量调节器	YQYL-1	15	0.16	30	—	双表式	—	—	成都市高新仪器厂
	YQYL-2	15	0.2	15、30、45	—	浮标流量计指示	—	—	
	AT-15	15	0.45±0.05	15	≤0.8	—	0.81~1.4	氩弧焊氩气减压流量控制调节	温州市瓯海电焊设备厂(原浙江省瓯海电焊设备厂)
	AT-30	15	0.45±0.05	30	≤0.8	—	0.81~1.4		
	BP-15	—	0.45±0.05	15	≤0.8	—	1		
	ALT-25	—	0.45±0.05	25	≤0.3	—	1		
		15	0.2~0.25	25	≤0.5	—	—		温州电焊设备总厂

附表 12　混合气体配比器

产品名称	型号	混合气体	进气压力/MPa	最大输出流量/(L/min)	配比精度/%	配比范围/%	用途	生产厂家
混合气体配比器	HQP-2	$Ar+CO_2(O_2、H_2、He$ 等)两元气体混合	0.12	45	±1.5	0~100 可调	—	成都市高新仪器厂
	HQP-2A	$Ar+O_2(H_2、He),O_2$ 采用微型流量计	0.12	45	±1	0~100 可调	—	
	HQP-3	$Ar+CO_2+O_2(H_2、He)$ 三元或多元气体混合	—	—	—	—	流量计指示,并可分别调节	
	HQP-1A	$Ar+CO_2$ 两元气体混合	0.8~1	20~30	—	—	适用于管道或集中供气	

附表 13　电磁气阀

产品名称	型号	工作压力/MPa	额定空气流量/(m³/h)	额定电压/V 交流	额定电压/V 直流	线圈温升	用途	参考价/(元/只)	生产厂家
电磁气阀	二位二通 QXD-22	0.8	1~2.5	36、110、220	24	当环境温度不超过 40℃时,温度小于 80℃	气动系统中被广泛采用的元件	38	温州市瓯海电焊设备厂(原浙江省瓯海电焊设备厂)
	二位三通 QXD-23	0.8	1~2.5	36、110、220	24	当环境温度不超过 40℃时,温度小于 80℃		42	

附表 14　电极及材料

产品名称	型号	规格	材料	硬度/HRB	电导率/(mS/m)	软化温度/℃	抗拉强度/(N/mm²)	延伸率/%	最大电极压力/kN	用途	参考价/(元/件)	生产厂家
标准直流电极	J、Y、M、O、P	φ13×40	铬锆铜	78~88	44~50	550	500~600	10~20	4	低碳钢、合金钢、镀锌薄板点焊	6	南京大中电极实业有限公司
		φ16×50							6.3		9	
		φ20×60							10		15	
标准电极帽	A、B、C、D、E、F、G	φ13×18	铬锆铜	78~88	44~50	550	500~600	10~20	2.5	低碳钢、不锈钢、镀锌薄板点焊	4	
		φ16×20							4		5	
		φ20×22							6.3		6	
DN系列电极	DN-25等	φ17×63 上	铬锆铜	75~85	43~48	550	500~600	10~20	10	钢、铜、铝合金钢点焊	12	
		φ20×54 下							16		13	
UN系列电极	UN-100等	80×60×30	铬锆铜	76~82	43~48	550	400~500	10~25	—	钢结构、铜、铝合金对焊	130	
FN系列电极	FN-150等	φ290×18 上	铬镍铜	76~82	43~48	550	380~460	18~22	8	薄板、镀层薄板滚焊	800	
		φ110×18 下									200	
TN系列电极	TN-250等	φ25×55	铬锆铜	75~85	43~48	550	500~600	10~20	16	有色金属、钢凸焊	30	
特种微型电极	J、M	(φ3~9)×(20~60)	DZ合金	100~110	≥30	650	700~800	6~12		镀层板、不锈钢、有色金属(显像管、灯管、电器)强规范点焊	4~12	
电极材料	—	棒、块、轮	铍镍铜	90~100	≥25	600	600~700	8~16		合金钢、防腐钢、镍合金焊接,模具	—	
	—	棒、块、轮	铬锆铜	75~85	43~50	550	380~600	10~25		阻焊电极、电极臂、轴、握杆	—	

附表 15　携带充气式小钢瓶

产品名称	型号	容量/L	工作压力/N	爆破压力/N	质量/kg	外形尺寸/mm 直径	外形尺寸/mm 长	用途	参考价/(元/只)	生产厂家
携带充气式小钢瓶	CP-1	4.5	1500	4800~5300	7.8	114	610	用自备的大钢瓶气体对小钢瓶充气。携带式解决流动焊接搬运大钢瓶难题	245	温州市瓯海电焊设备厂(原浙江省瓯海电焊设备厂)
	CP-2	4.5	1500	4800~5300	7.8	114	610	用自备的大钢瓶气体对小钢瓶充气。除携带方便外,还配有浮标式流量计	285	

附表 16　电焊条保温筒

产品名称	型号	型式	适用电压/V	加热功率/W	恒温温度/℃	可容焊条 长度/mm	可容焊条 质量/kg	质量/kg	外形尺寸/mm 直径	外形尺寸/mm 长	外形尺寸/mm 宽	外形尺寸/mm 高	用途	参考价/(元/只)	生产厂家
电焊条保温筒	TRB-2.5	立式	25～90	100	135±15	400	2.5	3	172	600	—	—	用焊机的二次电源加热,恒温180℃±20℃保持焊条现场施焊时干燥	—	温州电焊设备总厂
		手提立式	60～90	300	180	400	2.5	2.8	60	410	—	—		102	温州市瓯海电焊设备厂(原浙江省瓯海电焊设备厂)
	TRB-5	手提立式	60～90	300	180	400	5	3	190	480	—	—		120	
		立式	25～90	100	135±15	400	5	3.5	182	620	—	—			温州电焊设备总厂
	TRB-2.5B	背包式	25～90	100	135±15	400	2.5	1.8	—	85	120	470			
	W-3	立卧	25～90	100	135±15	400	5	2.3	115	480	—	—			
	TRB-5W	卧式	25～90	100	135±15	400	5	4	140	170	480				
	TRB-5	卧式	60～90	300	180	400	5	2.8	160	480	—	—	用焊机的二次电源加热,恒温180℃±20℃保持焊条现场施焊时干燥	120	温州市瓯海电焊设备厂(原浙江省瓯海电焊设备厂)
	TRB-5	立卧双用活轮式	60～90	300	180	400	5	2.8	160	480	—	—		130	
	TRB-10	手提立式	60～90	450	180	400	10	5.4	210	580	—	—		220	
电焊条烘干筒	TRB-10	手提立式	110,220	450	400	400	10	5.4	210	580	—	—	可用直流110V或交流220V电压加热,用温度继电器进行无级调温控温在30～400℃	550	

附表 17　焊剂烘干机

产品名称	型号	额定功率/kW	电源电压/V	加热功率/kW	上料机功率/kW	可烘焊剂容量/kg	最高工作温度/℃	吸料速度/(kg/h)	温度上升速度/(℃/h)	保温时间调节范围/h	烘干后含水量/%	工作环境温度/℃	质量/kg	外形尺寸/mm 长	外形尺寸/mm 宽	外形尺寸/mm 高	用途	参考价/(元/台)	生产厂家
吸入式自控焊剂烘干机	YJJ-A-100	4.5	380	—	1.5	100	450	180	200	0～10	0.05	—	260	1160	700	1620	自动上料、微粉清除、远红外辐射加热、自动控制	9000	温州市瓯海电焊设备厂(原浙江省瓯海电焊设备厂)
	YJJ-A-200	5.4	380	—	1.5	200	450	180	200	0～10	0.05	—	300	1160	700	1720		9700	
	YJJ-A-300	7.2	380	—	1.5	300	450	180	200	0～10	0.05	—	400	1160	700	2000		10200	
	YJJ-A-500	9	380	—	1.5	500	450	180	200	0～10	0.05	—	450	1220	700	2100		11000	
旋转式焊剂烘干机	XYZH-60	0.75	380	4.8	—	60	450	—	—	10	—	0～45	240	1450	510	1250	采用远红外辐射加热,自动控温报警。在旋转下对焊剂均匀加温,适用于焊剂烘焙	9600	
	XYZH-100	0.75	380	4.8	—	100	450	—	—	10	—	0～45	280	1600	610	1400		12500	
	XYZH-150	0.75	380	4.8	—	150	450	—	—	10	—	0～45	310	1750	710	1550		13500	

附表 18-1 焊条烘干设备（一）

产品名称	型号	电源电压/V	额定功率/kW	最高工作温度/℃	温度误差/℃	可装焊条容量/kg	控制方法	焊条长度/mm	质量/kg	外形尺寸/mm 控制箱 长	宽	高	炉体 长	宽	高	用途	参考价/(元/台)	生产厂家
自控远红外电焊条烘干炉	RDL4-40	380	3.2	450	±10	40	程控	≤450	130	380	470	270	810	580	1100	烘干电焊条	6500	温州焊接机械总厂
	RDL4-60	380	4.0	450	±10	60	程控	≤450	150	380	470	270	810	620	1200		7500	
	RDL4-100	380	5.8	450	±10	100	程控	≤450	180	430	590	270	810	660	1350		8500	
	RDL4-150	380	7.0	450	±10	150	程控	≤450	220	430	590	270	810	700	1400		9900	

附表 18-2 焊条烘干设备（二）

产品名称	型号	电源电压/V	额定功率/kW	最高工作温度/℃	温度误差/℃	可装焊条容量/kg	质量/kg	外形尺寸/mm 炉体 长	宽	高	用途	参考价/(元/台)	生产厂家
自控远红外电焊条烘干炉	ZYH-10	220	1.2	—	—	10	70	370	740	650	温度数字显示烘干保温控制	2850	温州市瓯海电焊设备厂（原浙江省瓯海电焊设备厂）
	ZYH-15	220	1.2	—	—	15	75	400	740	650		3500	
	ZYH-20	220	1.8	—	—	20	90	400	750	780		4100	
	ZYH-30	220	2.6	—	—	30	115	450	750	800		4600	
		220	3.2	450	±15	30	165	500	350	500		—	温州焊接机械总厂
	ZYH-40	220	3.8	—	—	40	128	570	750	1050		5600	温州市瓯海电焊设备厂（原浙江省瓯海电焊设备厂）
	ZYHC-60	220	4.1	—	—	60	148	620	750	1050		6800	
		220	5.8	450	±15	60	195	500	450	500		—	温州焊接机械总厂
	ZYH-100	220	5.4	500	—	100	205	670	750	1170		8300	温州市瓯海电焊设备厂（原浙江省瓯海电焊设备厂）
		220	7.8	450	±15	100	290	500	615	980		—	温州焊接机械总厂
	ZYHC-20	220	2.0	—	—	20	110	400	740	1120	温度数字显示配备贮藏保温箱	4500	温州市瓯海电焊设备厂（原浙江省瓯海电焊设备厂）
	ZYHC-30	220	3.8	—	—	30	170	5700	750	1350		5500	
		220	2.8	450	±15	30	185	580	1325	780		—	温州焊接机械总厂
	ZYHC-40	220	4.4	—	—	40	192	580	750	1350		6500	温州市瓯海电焊设备厂（原浙江省瓯海电焊设备厂）
	ZYHC-60	220	7.0	—	—	60	231	620	750	1350		8100	
		220	5.8	450	±15	60	220	500	450	500		—	温州焊接机械总厂
	ZYHC-100	220	9.0	—	—	100	260	950	750	1250		9300	温州市瓯海电焊设备厂（原浙江省瓯海电焊设备厂）
	ZYHC-150	220	7.4	—	—	150	373	1050	750	1450		10800	
		220	9.0	450	±15	150	350	1225	1520	780		—	温州焊接机械总厂
	ZYHC-200	220	8.4	—	—	200	405	1150	750	1270		12800	温州市瓯海电焊设备厂（原浙江省瓯海电焊设备厂）

附表 19　印刷电动机

产品名称	型号	电压/V	电流/A	输出功率/W	转速/(r/min)	质量/kg	用途	参考价/(元/台)	生产厂家
印刷电动机	120SN01-C	24	5	65	144	2.8	用于 CO_2/MAG 气保焊机送丝机	—	中外合资南通振康机械有限公司
	120SN02-C	24	4.2	65	144	1.6		—	
	120SN03-C	28	4.2	70	144	1.6		—	
	120SN05-C	18.3	5.5	50	130	2.8	用于埋弧焊机头并可配双驱动送丝装置	—	
	120SN010-C	24	5.5	85	130	3		—	
	120SN01	24	5	75	3600	1.2	用于各类自动/半自动 CO_2 气保焊机、埋弧焊机送丝机,也适用于工业自动控制,办公设备和汽车电器	—	
	120SN02	24	4.2	70	3600	0.65		—	
	120SN03	28	4.2	80	4000	0.65		—	
印刷直流减速电动机	154SN-J01/J02	—	—	—	130	2.4	用于 CO_2 气保焊送丝机	660	天津市天工新技术开发公司
	154SN-J03	18.3/24/32/36	5.5/4.5/4.5/8.5	—	130	3.5	适用于药芯焊丝、大规格(2.0~2.4)焊丝及长电缆焊枪送丝	980	
	154SN-01	—	—	—	3000/4800	1.2	用于 CO_2 气保焊送丝机	300	
	154SN-05	—	—	—	2800/4800	1.3	适用于送丝机和电动机自行车	350	

附表 20　电器元件

产品名称	型号	通态平均电流/A	峰值电压/V	门极触发电流/MA	门极触发电压/V	用途	生产厂家
普通整流管	ZP	5~2500	100~3000	—	—	产品体积小、重量轻,单价按电流大小计算,散热器另配	浙江长江股份·乐清市东方整流器厂
普通晶闸管	KP	5~2000	100~3000	15~300	0.7~3		
双向晶闸管	KS	5~500	100~1400	15~300	0.7~3		

参 考 文 献

[1] 梁文广主编. 电焊机维修简明问答. 北京：机械工业出版社，1996.
[2] 刘竹，肖介光主编. 逆变式弧焊机. 成都：四川科技技术出版社，1994.
[3] 中国机械工程学会设备维修分会《机械设备维修问答丛书》编委会编. 电焊机维修问答. 北京：机械工业出版社，2003.
[4] 陈荣幸，孔云英编著. 工厂电气故障与排除方法. 北京：化学工业出版社，2000.
[5] 周希章主编. 电气维修使用技术手册. 北京：海洋出版社，1998.

化学工业出版社电气类图书推荐

书号	书名	开本	装订	定价/元
09150	电力系统继电保护整定计算原理与算例	B5	平装	29
09682	发电厂及变电站的二次回路与故障分析	B5	平装	29
05400	电力系统远动原理及应用	B5	平装	29
06669	电气图形符号文字符号便查手册	大32	平装	45
06935	变配电线路安装技术手册	大32	平装	35
07881	低压电气控制电路图册	大32	平装	29
03742	三相交流电动机绕组布线接线图册	大32	平装	35
05678	电机绕组接线图册	横16	平装	59
05718	电机绕组布线接线彩色图册	大32	平装	49
08597	中小型电机绕组修理技术数据	大32	平装	26
07126	电动机维修	大32	平装	15
07436	电动机保护器及控制线路	大32	平装	18
01079	三相异步电动机检修技术问答	大32	平装	18
01362	直流电动机检修技术问答	大32	平装	18
02363	防腐防爆电机检修技术问答	大32	平装	21
01535	高压交流电动机检修技术问答	大32	平装	18
02363	防爆防腐电机检修技术问答	大32	平装	23
03224	潜水电泵检修技术问答	大32	平装	27
03968	牵引电动机检修技术问答	大32	平装	28
05081	工厂供配电技术问答	大32	平装	25
07733	实用电工技术问答	大32	平装	39
00911	图解变压器检修操作技能	16	平装	35
9333	化工设备电气控制电路详解	16	平装	25
9334	工厂电气控制电路实例详解	16	平装	25
04212	低压电动机控制电路解析	16	平装	38
04759	工厂常见高压控制电路解析	16	平装	42
08271	低压电动机控制电路与实际接线详解	16开	平装	38
01696	图解电工操作技能	大32	平装	21
09669	简明电工操作技能手册	大32	平装	48
08051	零起点看图学--电机使用与维护	大32	平装	26
08644	零起点看图学--三相异步电动机维修	大32	平装	30
08981	零起点看图学--电气安全	大32	平装	18
09551	零起点看图学--变压器的使用与维修	大32	平装	25
08060	零起点看图学--低压电器的选用与维修	大32	平装	25

以上图书由**化学工业出版社 机械·电气出版分社**出版。如要以上图书的内容简介和详细目录，或者更多的专业图书信息，请登录 www.cip.com.cn。

地址：北京市东城区青年湖南街13号 （100011）

购书咨询：010-64518888

如要出版新著，请与编辑联系。电话：010-64519265　E-mail：gmr9825@163.com